PROBLEME DER TECHNISCHEN MAGNETISIERUNGSKURVE

VORTRÄGE

GEHALTEN IN GÖTTINGEN IM OKTOBER 1937

VON

R. BECKER · K. J. SIXTUS · W. DÖRING · M. KERSTEN
J. L. SNOEK · G. RICHTER · H. SCHULZE · G. MASING
W. GERLACH · H. LANGE

HERAUSGEGEBEN VON

R. BECKER

GÖTTINGEN

MIT 102 ABBILDUNGEN

BERLIN

VERLAG VON JULIUS SPRINGER

1938

ISBN-13:978-3-540-01259-7   e-ISBN-13:978-3-642-94548-9

DOI: 10.1007/978-3-642-94548-9

Vorwort.

Am 29. und 30. Oktober 1937 fand auf meine Veranlassung im hiesigen Physikalischen Institut ein Kolloquium über Probleme der Magnetisierungskurve statt, bei welchem die in diesem Buch zusammengefaßten Vorträge gehalten wurden. Zunächst konnten natürlich lebhafte Zweifel darüber bestehen, ob ein so eng umgrenztes Thema als ausreichende Unterlage für eine Tagung anzusehen ist. Durch den überraschend starken Besuch dieser Sondertagung (etwa 80 auswärtige Teilnehmer) und die Lebhaftigkeit der Diskussionen innerhalb und außerhalb des Hörsaales wurden solche Zweifel völlig widerlegt. Der Ferromagnetismus ist ein besonders lehrreiches Beispiel eines Spezialgebietes, welches erst einer intensiven Zusammenarbeit zwischen den verschiedensten Disziplinen, insbesondere der theoretischen und experimentellen Physik, Elektrotechnik und Metallkunde, seine fruchtbare Entwicklung verdankt. Dementsprechend erhielt die Tagung ihr besonderes Gepräge dadurch, daß sie Vertreter dieser verschiedenen Fachrichtungen zusammenführte und in Vorträgen und Diskussionen zu Wort kommen ließ.

Es sei mir gestattet, auch an dieser Stelle allen Teilnehmern der Tagung und insbesondere den Vortragenden meinen lebhaften Dank dafür auszusprechen, daß sie durch ihre Mitarbeit dem magnetischen Kolloquium einen guten Erfolg gesichert haben. Dieses Buch möge sie erinnern an einige angeregte und frohe Stunden der gemeinsamen Unterhaltung.

Göttingen, April 1938.

R. BECKER.

Inhaltsverzeichnis.

Zur Einführung.

Von **R. BECKER**-Göttingen.

Mit 4 Abbildungen.

Wir verstehen unter dem Wort „technische Magnetisierungskurve" den Zusammenhang zwischen der wirksamen Feldstärke und der beobachtbaren Magnetisierung. Als Ausgangspunkt zu ihrer Erklärung dient heute allgemein die zuerst von P. WEISS aufgestellte und experimentell gut fundierte Hypothese, daß ein Ferromagnetikum unterhalb seines CURIE-Punktes stets zum Betrage der spontanen Magnetisierung J_s magnetisiert ist. Die ausrichtende Kraft, welche entgegen der desorientierenden Temperaturbewegung die Parallelrichtung der Elementarmagnete aufrechterhält, wurde von WEISS zunächst durch eine besondere Hypothese ad hoc in die Theorie eingeführt. Heute wissen wir, daß ihr ein typisch quantenmechanischer Effekt, das sog. Austauschintegral zugrunde liegt. Wir werden hier von dieser theoretischen Begründung des Ferromagnetismus nicht weiter sprechen, sondern die spontane Magnetisierung als gegeben annehmen. Als Aufgabe bleibt dann, von hier aus die bekannte Gestalt der technischen Magnetisierungskurve qualitativ und nach Möglichkeit auch quantitativ zu deuten.

Aus der Tatsache, daß Eisen nach Abkühlung von höherer Temperatur zunächst keine pauschale Magnetisierung besitzt, müssen wir schließen, daß die spontane Magnetisierung in den verschiedenen Teilen des Stückes verschieden gerichtet ist, so daß ihre Wirkung nach außen sich im Durchschnitt gerade aufhebt. Durch ein von außen angelegtes Magnetfeld erfolgt eine Bevorzugung der Richtung des Feldes und damit eine beobachtbare Magnetisierung. Bei Feldern von der Größenordnung 1000 Oersted ist die völlige Gleichrichtung von J_s in allen Teilen des Stoffes und damit die technische Sättigung erreicht, welche also mit der spontanen Magnetisierung identisch ist. Der Betrag von J_s hängt von der Temperatur ab; er fällt von einem als J_∞ bezeichneten Wert beim absoluten Nullpunkt (gelegentlich auch als absolute Sättigung bezeichnet) mit wachsender Temperatur erst langsam, dann schneller ab; bei der CURIE-Temperatur und darüber ist $J_s = 0$.

Eine Steigerung der ·pauschalen Magnetisierung über J_s hinaus durch extrem starke Felder ist grundsätzlich durchaus möglich und in der Nähe der Curie-Temperatur auch beobachtbar. In dem uns hauptsächlich interessierenden Fall von Eisen oder Nickel bei Zimmertemperatur dagegen gehören zu einer solchen Steigerung ungeheuer große Werte von H, z. B. konnte Kapitza selbst bei Feldern bis zu einigen 100000 Ø kein Anwachsen von J über den Wert von J_s hinaus beobachten.

Zur Deutung der technischen Magnetisierungskurve hat man zunächst die Aufgabe, die Richtungen der spontanen Magnetisierung (des Vektors $\mathfrak{J}_s$) in den verschiedenen Teilen des Materials zu beschreiben. Dazu gehört die Angabe der Energien, welche die Bevorzugung gewisser Richtungen bewirken. Solange noch kein äußeres Magnetfeld vorhanden ist, kommen im Innern des Materials zwei Arten von Vorzugslagen des Vektors $\mathfrak{J}_s$ in Betracht, nämlich diejenigen, welche durch die kristallographische Anisotropie bedingt sind, und diejenigen, welche durch elastische Verzerrungen künstlich erzeugt werden können. Beide sind der experimentellen Messung dann zugänglich, wenn man erreichen kann, daß die Vorzugsrichtungen im ganzen Materialstück die gleichen sind. Magnetisiert man nämlich ein solches Stück nach einer willkürlichen Richtung zur Sättigung, so kann man aus der aufzuwendenden reversiblen Magnetisierungsarbeit ($\int H\,dJ$) den Energieunterschied zwischen der Vorzugslage und jener willkürlichen Richtung entnehmen.

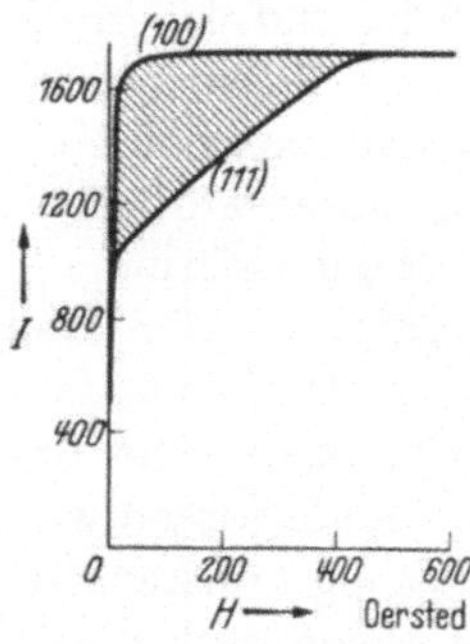

Abb. 1. Magnetisierungskurven von Eisen nach der leichten (100)- und nach der schwereren (111)-Richtung.

Hinsichtlich der Kristallenergie hat man zu diesem Zweck Einkristalle zu wählen. Abb. 1 zeigt die bekannten Magnetisierungskurven von Eisen für verschiedene kristallographische Richtungen. Die kristallographische Vorzugsrichtung ist die Würfelkante. Erst durch ein Feld von etwa 500 Ø läßt sich die Magnetisierung in die (111)-Richtung hineindrehen. Die Fläche zwischen den beiden Kurven für (100) und (111) gibt direkt den Energieunterschied für die entsprechenden Lagen des Vektors $\mathfrak{J}_s$ an. Sie ist gleich $\tfrac{1}{3}K$, wo man K kurz als Konstante der Kristallenergie bezeichnet. Zur entsprechenden Messung des Einflusses der elastischen Verzerrung untersucht man zweckmäßig Drähte unter Zugspannung. Die Abb. 2 und 3 mögen an die hier zu beobachtenden Phänomene erinnern: Bei Nickel (Abb. 2)[1] wird die Schleife immer flacher, je größer der Zug wird. Schließlich artet sie zu einer Geraden aus, deren Neigung dem Zug umgekehrt proportional ist. Die Magnetisierungsarbeit *wächst* mit wachsendem Zug. Die Zugspannung erzeugt

---

[1] Nach R. Becker u. M. Kersten: Z. Physik **64**, 660 (1930).

offenbar Vorzugslagen, welche senkrecht auf der Drahtachse stehen und welche um so ausgeprägter sind, je größer die Zugspannung σ ist. Dieser Effekt ist aufs innigste verknüpft mit der Magnetostriktion λ, d. h. mit der bei der Magnetisierung beobachtbaren Dehnung. Bei negativer Magnetostriktion (Nickel) ergibt sich theoretisch — in vorzüglicher Übereinstimmung mit dem Experiment — als Magnetisierungsarbeit für Nickel unter Zug der Wert

$$\int_0^{J_s} H\,dJ = \tfrac{3}{2}\,|\lambda|\,\sigma$$

Mit $J = \chi H$ folgt daraus für die Suszeptibilität χ von Nickel unter Zug

$$\chi = \frac{J_s^2}{3\,|\lambda|\,\sigma}\,.$$

Das Gegenbeispiel[1] in Abb. 3 zeigt das Verhalten eines Materials mit positivem λ. Hier werden durch den Zug die WEISS-schen Bezirke bereits in die Richtung der Drahtachse gebracht. Die Wirkung des Feldes besteht hier lediglich darin, die antiparallelen Bezirke in parallele umzuwandeln. Da aber — vom Standpunkt

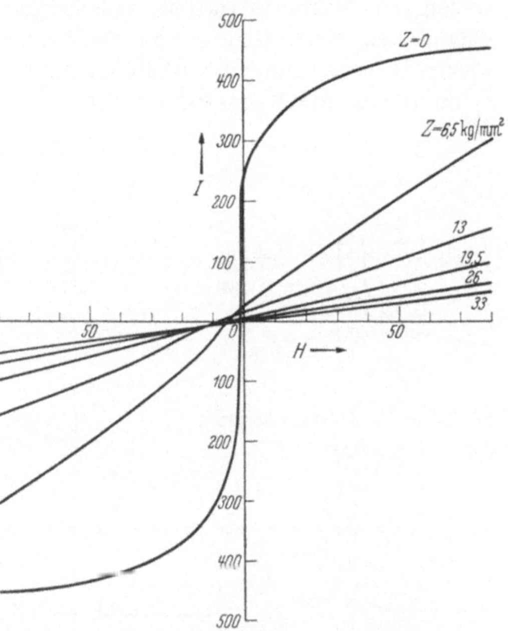

Abb. 2. Kurven von Nickeldraht unter verschiedenen Zugspannungen (von 0 bis 33 kg/mm²). Es ist stets nur die linke Hälfte der Hystereseschleife dargestellt.

der Zugspannung — zwei um 180° verdrehte Bezirke energetisch gleichwertig sind, so ist mit der Magnetisierung überhaupt keine Energieänderung verbunden. Die reversible Magnetisierungsarbeit ist gleich Null; die Schleife nimmt bei starkem Zug reine Rechteckform an. Die beiden Beispiele der Abb. 2 und 3 sind so ausgewählt, daß in ihnen die Kristallenergie K relativ klein ist gegenüber dem Einfluß der Zugspannung.

Wir haben so das Bild, daß im spannungsfreien Material die Vorzugslagen allein durch die kristallographische Anisotropie bestimmt sind und in ihrer Stabilität durch die aus Abb. 1 zu entnehmende Kristallenergie K zahlenmäßig gekennzeichnet sind. Im Fall des Eisens existieren z. B. die sechs energetisch gleichberechtigten Lagen nach den sechs Kantenrichtungen des Würfels $(x, -x, y, -y, z, -z)$. Im

---

[1] Nach F. PREISACH: Physik. Z. **33**, 913 (1932).

anderen Extremfall, bei überwiegender Spannungsenergie, d. h. wenn $\lambda\sigma \gg K$ ist, existieren zwei Vorzugsrichtungen, welche im Fall positiver Magnetostriktion in der Zugrichtung liegen und zueinander antiparallel sind. Im Übergangsgebiet ist noch von besonderer Wichtigkeit der Fall, daß zwar ein Zug vorhanden ist, daß aber $\lambda\sigma \ll K$ ist. Dieser Fall liegt vor bei einem gut ausgeglühten Eisen, in welchem teils eben wegen der Magnetostriktion, teils wegen kleiner Unregelmäßigkeiten chemischen, thermischen oder mechanischen Ursprungs immer noch kleine Restspannungen vorhanden sind. In diesem Fall kleiner Verspannung ist die Magnetisierung immer noch fest an die Richtung der

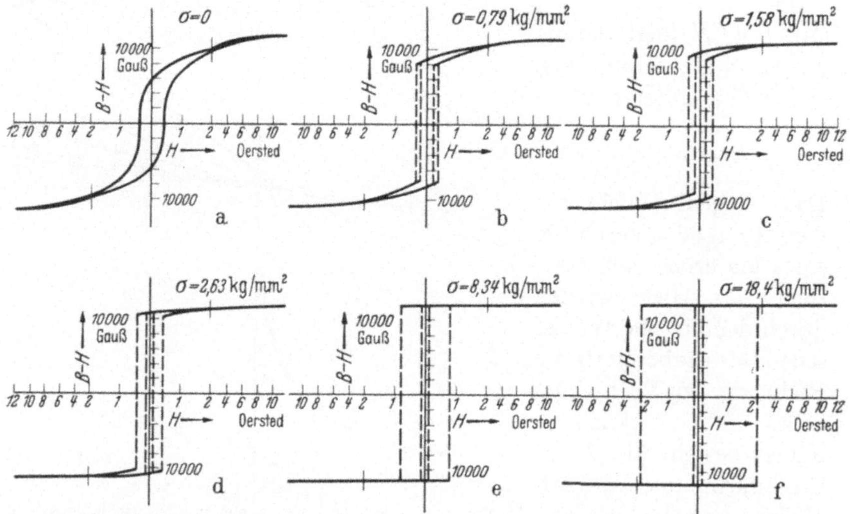

Abb. 3. Kurven von Permalloydraht (21,5% Ni, 78,5% Fe) bei verschiedenen Zugspannungen.

Würfelkanten gebunden. Der Einfluß einer kleinen in der x-Richtung wirkenden Zugspannung besteht darin, daß jetzt die sechs Würfelkanten nicht mehr gleichberechtigt sind, sondern daß die x- und $-x$-Richtungen energetisch etwas begünstigt werden gegenüber den y- und z-Richtungen.

Nach dieser Übersicht über die energetischen Vorzugslagen kommen wir jetzt zum eigentlichen Problem der Magnetisierungskurve, d. h. zu einer detaillierten Beschreibung der Vorgänge, welche sich in den verschiedenen Stadien der Magnetisierung abspielen. Dabei sollen zunächst diejenigen Vorgänge hervorgehoben werden, welche wir grundsätzlich zu verstehen glauben. Es sind das insbesondere die reversible Permeabilität und die Remanenz. Wesentlich ungünstiger ist unsere Lage augenblicklich hinsichtlich der irreversiblen Teile der Magnetisierungskurve, also insbesondere der Koerzitivkraft, welche sich dadurch in den Vordergrund unseres Interesses schiebt. Aus diesem Grunde werden sich die nächsten drei Vorträge ausschließlich mit dem Mechanismus der irreversiblen Vorgänge befassen, zu deren quantitativer Behandlung sich erst in allerletzter Zeit die geeigneten Grundlagen andeuten.

Es mag daher zweckmäßig sein, in diesem einleitenden Vortrag kurz diejenigen Gesichtspunkte anzudeuten, welche uns den Zugang zu den reversiblen, in den folgenden Vorträgen nicht mehr behandelten Vorgängen ermöglicht haben.

Auf Grund der WEISSschen Hypothese müssen wir die Magnetisierung eines Ferromagnetikums nach einer hervorgehobenen Richtung (etwa $+x$) beschreiben durch die Größe V der einzelnen Bezirke und durch den Winkel ϑ, welche ihre spontane Magnetisierung J_s mit der x-Richtung bildet. Sind $V_1, V_2, \ldots$ die Volumina der einzelnen Bezirke, $\vartheta_1, \vartheta_2, \ldots$ die entsprechenden Winkel, so ist die pauschale Magnetisierung in der x-Richtung gegeben durch

$$\bar{J} = V_1 \cos\vartheta_1 + V_2 \cos\vartheta_2 + \cdots$$

(Dabei soll $V_1 + V_2 + \cdots = 1$ sein, d. h. wir betrachten die Magnetisierung der Volumeneinheit.)

Eine kleine Änderung von $\bar{J}$ kann nun grundsätzlich auf zwei verschiedenen Arten vor sich gehen:

1. *Drehprozesse:* Die Ausdehnungen $V_1, V_2, \ldots$ der Bezirke bleiben konstant; es ändern sich nur die Winkel ϑ_1, ϑ_2 von J_s gegen x um die Beträge $\delta\vartheta_1, \delta\vartheta_2, \ldots,$

2. *Wandverschiebungen:* Die Winkel $\vartheta_1, \vartheta_2, \ldots$ ändern sich nicht, sondern nur die Volumina $V_1, V_2, \ldots,$ etwa so, daß ein Volumen V_1 sich auf Kosten seines Nachbarn V_2 ausdehnt. Die Wand verschiebt sich etwa um die kleine Strecke ds. In der von der Wand dabei überstrichenen Schicht von der Dicke ds erfolgt ein „Umklappen" aus der Richtung ϑ_2 in die Richtung ϑ_1.

Typische Fälle von Drehprozessen finden wir bei Nickel unter Zug (Abb. 2) (Herausdrehen aus der Querorientierung) sowie kurz vor der Sättigung bei jeder normalen Magnetisierungskurve. Hier handelt es sich wie im Fall der (111)-Kurve der Abb. 1 um das Herausdrehen aus der Vorzugslage in die Feldrichtung.

Zu Vorgängen der Wandverschiebung werden wie geführt, wenn wir das Zustandekommen der Anfangspermeabilität von weichem Eisen zu deuten versuchen. Es ist CIOFFI gelungen, hier Werte von μ_0 zu erreichen, welche 10000 noch wesentlich überschreiten; d. h. aber, daß bei $H = 1 \varnothing$ schon fast die halbe Sättigung erreicht ist. Nach Abb. 1 ist jedoch die Kristallenergie von Eisen so groß, daß ein merkliches Herausdrehen aus der Würfelkante bei 1 Oersted noch nicht in Frage kommen kann. Wir beschreiben daher[1] in diesem Fall die Anfangs-permeabilität nach dem Schema der Abb. 4, in welcher zwei benach-barte Bezirke dargestellt sind, von denen der eine nach $+x$, der andere nach $+y$ magnetisiert sei und welche der Wirkung eines nach $+x$ ge-richteten Feldes H ausgesetzt werden sollen. Wir berücksichtigen, daß im Material stets kleine innere Spannungen σ_i vorhanden sind, welche in unregelmäßiger Weise von Ort zu Ort variieren. Von den verschie-denen Würfelkanten werden dann immer diejenigen bevorzugt sein, welche der Richtung der größten Dehnung am nächsten benachbart sind. Aus unserer Abbildung entnehmen wir also, daß der Bezirk 1 in der x-Richtung gedehnt ist, der Bezirk 2 dagegen in der y-Richtung. Die punktierte Kurve im oberen Teil der Abbildung mag den örtlichen Verlauf der Größe $\sigma_{ix} - \sigma_{iy}$, d. h. die Differenz der Zugspannungen in der x- und y-Richtung, im Bereich dieser beiden Bezirke andeuten. Die Wand zwi-schen 1 und 2 muß bei Abwesenheit eines äußeren Feldes an der Stelle $\sigma_{ix} - \sigma_{iy} = 0$ liegen. Beim Einschalten eines schwachen Feldes H wird nun die x-Richtung ener-getisch noch weiter begünstigt. In einem schmalen, an die Wand angrenzenden Streifen des Bezirks 2 ist der Betrag von $\sigma_{ix} - \sigma_{iy}$ noch so klein, daß nunmehr hier eine Ein-stellung in die x-Richtung energetisch günstiger wird. So wird es ver-ständlich, daß bei kleinem H die Wand um einen zu H proportionalen Betrag nach rechts verschoben wird und daß sie nach Abschalten von H wieder in ihre Ausgangslage zurückkehrt. Wir können die Wand geradezu auffassen als eine Membran, welche elastisch an ihre Gleich-gewichtslage gebunden ist und auf welche das Magnetfeld einen zu H proportionalen einseitigen Druck ausübt. Bezeichnet man mit σ_i' die Amplitude des sinusförmigen gedachten Spannungsverlaufs, so läßt sich aus diesem Bild leicht ein zahlenmäßiger Wert für die Anfangssuszepti-bilität ableiten. Man erhält

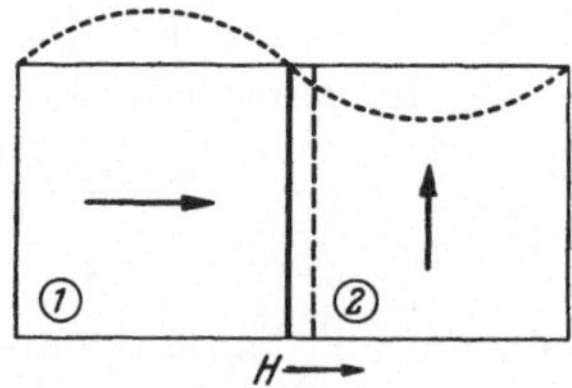

Abb. 4. Schema zur reversibeln Verschiebung einer 90°-Wand bei sinusförmigem Verlauf der inneren Spannung.

$$\chi_0 = \frac{4}{3\pi} \frac{J_s^2}{\lambda \sigma_i'}.$$

Schon früher hatte KERSTEN eine ähnliche Formel abgeleitet unter der Annahme, daß nur Drehprozesse bei der Magnetisierung wirksam sind, eine Annahme, welche modellmäßig nur dann gerechtfertigt ist, wenn die inneren Spannungen groß gegen die Kristallenergie sind. KERSTENS Formel lautet

$$\chi_0 = \frac{2}{9} \frac{J_s^2}{\lambda \sigma_i},$$

---

[1] BECKER, R.: Physik. Z. **33**, 905 (1932).

wo σ_i einen Mittelwert der inneren Spannung bedeutet. Man sieht, daß beide Formeln, trotz der Verschiedenheit des zugrunde gelegten theoretischen Bildes, sehr nahe miteinander übereinstimmen. Eine experimentelle Kontrolle dieser Formeln setzt eine anderweitige Kenntnis von σ_i voraus. Eine solche läßt sich z. B. gewinnen durch Messung der Zugabhängigkeit der Remanenz oder durch Messung der zur Sättigung erforderlichen Magnetisierungsarbeit. Zum mindesten im Fall des Nickels waren die Ergebnisse solcher Prüfung durchaus zufriedenstellend.

Eine weitere Kontrolle bietet die Frage nach der höchst erreichbaren Permeabilität. Das bedeutet nach unseren Formeln: Wie klein kann man σ_i günstigstenfalls machen? Nun, wenn bei der Abkühlung unter die CURIE-Temperatur sich die spontane Magnetisierung allmählich von verschiedenen Stellen her ausbildet, so ist mit diesem Prozeß wegen der Magnetostriktion notwendig das Auftreten von Verzerrungen und damit von elastischen Verspannungen verknüpft, deren Größenordnung durch λE gegeben sein muß, wenn E den Dehnungsmodul bezeichnet. Tatsächlich gibt nun der Ausdruck

$$\chi_0 = \frac{2}{9}\,\frac{J_s^2}{\lambda^2 E}$$

überraschend gut die bisher erzielten Höchstwerte der Anfangspermeabilität in der ganzen Eisen-Nickel-Reihe wieder[1].

Die ganzen an die Abb. 4 anknüpfenden Überlegungen versagen nun vollständig, wenn die Magnetisierung von zwei benachbarten Bezirken antiparallel ist, wenn also die Wand zwei Gebiete trennt, in welchen die $\mathfrak{J}_s$-Vektoren einen Winkel von $180°$ miteinander bilden. Während nämlich bei $90°$-Wänden nach dem Schema der Abb. 4 Gleichgewichtslagen angegeben werden können, ist dies in der gleichen Weise bei $180°$-Wänden nicht möglich, da sowohl die Spannungs- wie auch die Kristallenergie gegenüber einer Drehung um $180°$ unempfindlich ist. Nach unserem einfachen Schema sollte daher eine $180°$-Wand bei der geringsten Feldstärke den ganzen Nachbarbezirk durchlaufen, was aber erfahrungsgemäß nicht der Fall ist. Tatsächlich ist die endliche Feldstärke, welche zum Durchtreiben der $180°$-Wände durch das Material erforderlich ist, im wesentlichen gleichbedeutend mit der Koerzitivkraft. Die dadurch gegebene Problemstellung wird in den nächsten drei Vorträgen von der experimentellen wie von der theoretischen Seite behandelt. Herr SIXTUS zeigt, wie man $180°$-Wände sozusagen in Reinkultur herstellen und mit ihnen experimentieren kann. Herr KERSTEN untersucht, wie man, fußend auf Ansätzen von BLOCH, zu einem theoretischen Bild über die Gleichgewichtslagen der $180°$-Wände gelangen

---

[1] KERSTEN, M.: Z. techn. Physik **12**, 665 (1931).

kann. Es ist für den Erfolg entscheidend, daß man darauf verzichtet, die Wand als eine mathematische Ebene zu betrachten, wie wir es bisher taten. Man muß sie vielmehr betrachten als eine Schicht von einer durchaus endlichen Dicke mit einer wohldefinierten Eigenenergie, die ihrerseits wieder von der Gitterkonstanten und damit von der elastischen Verzerrung abhängt. Herr Döring wird zeigen, wie man experimentell jene Eigenenergie der Wand, welche man als eine besondere Art Oberflächenspannung anzusehen hat, zahlenmäßig ermitteln und mit den Aussagen der Theorie vergleichen kann.

Versuche über große Barkhausen-Sprünge.

Von **K. Sixtus**-Berlin-Reinickendorf.

Mit 11 Abbildungen.

1. Allgemeines über große Magnetisierungssprünge.

In ferromagnetischen Werkstoffen verläuft ein großer Teil der Induktionsänderung beim Durchlaufen der Hystereseschleife in der Form von Barkhausen-Sprüngen. Jeder dieser Induktionssprünge besteht in einer diskontinuierlichen Richtungsänderung des Induktionsvektors in kleinen Materialbereichen von etwa 10^{-8} cm³ Größe, den Weissschen Bezirken. Durch eine elastische Verspannung der Probe können die Sprünge vergrößert werden, wie Forrer[1] und besonders Preisach[2] gezeigt haben. In Material mit positiver Magnetostriktion kann man durch Anlegen einer genügend hohen Zugspannung sogar erreichen, daß die gesamte Ummagnetisierung in der Zugrichtung, also die ganze Induktionsänderung zwischen positiver und negativer Sättigung in einem einzigen Sprung vor sich geht. Die Ursache für diesen Wechsel im Ablauf der Induktionsänderung bei der Magnetisierung, der Ausschluß der reversiblen zugunsten der irreversiblen Vorgänge und die Vereinigung der letzteren in einen einzigen Sprung ist die folgende: Bei Abwesenheit einer äußeren Spannung bestimmen die Richtkraft der Kristallenergie und die unregelmäßigen inneren Spannungen die Vorzugsrichtung im Einzelbezirk. Eine von außen angelegte und genügend hohe Spannung zwingt jedoch alle Magnetisierungsvektoren entgegen den eben erwähnten Einflüssen in *eine* gewisse Vorzugsrichtung. Bei Stoffen mit positiver Magnetostriktion unter Zugspannung ist dies die Zugrichtung, die damit zur Vorzugsrichtung der Magnetisierung wird. Ist ein Draht in positiver Richtung gesättigt, so behält der Magnetisierungsvektor seine axiale Lage bei Schwächung des Feldes bei, die Remanenz ist gleich der Sättigung, und erst bei Erreichen einer gewissen Feldstärke in negativer Richtung wird der Magnetisierungszustand labil und das Umklappen in die entgegengesetzte Richtung tritt auf. Die Hystereseschleife ist also in diesem Falle ein Rechteck. Die Feldstärke,

---

[1] Forrer, M. R.: J. de Phys. (6) **7**, 109 (1926).
[2] Preisach, F.: Ann. Physik **3**, 737 (1929).

bei der das Umklappen eintritt, würde man gewöhnlich Koerzitivkraft nennen. Da sie aber hier eine besondere Bedeutung hat, wurde sie als Startfeldstärke H_s bezeichnet.

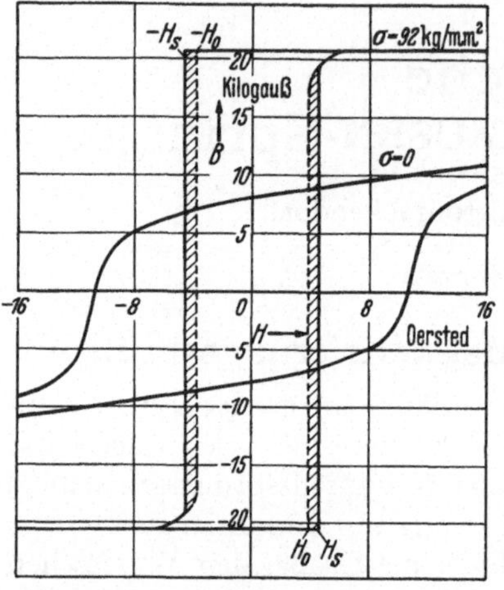

Abb. 1. Hystereseschleifen eines hartgezogenen Drahtes von 0,38 mm Durchmesser (14% Ni — 86% Fe) bei der Zugspannung $\sigma = 0$ und $\sigma = 92$ kg/mm^{-2}. Der Bereich großer Sprünge ist schraffiert.

Die vorstehend angedeuteten Versuche, die den Ausgangspunkt für die folgenden Untersuchungen bilden, wurden an hartgezogenen Drähten ausgeführt, die hohe innere Spannungen enthielten. Bei diesen läßt sich der Grenzfall der Rechteckschleife nur schwer verwirklichen. Abb. 1 zeigt die Hystereseschleifen für einen solchen Draht (14% Ni — 86% Fe) bei den Zugspannungen $\sigma = 0$ und $\sigma = 92$ kg/mm^2; obwohl die letztere nur wenig unter der Streckgrenze liegt, genügt sie nicht, um die gesamte Induktionsänderung in einem Sprung vor sich gehen zu lassen. Eine vollständige Axialität der Vorzugsrichtung ist hier offenbar noch nicht erreicht worden. Bei einem ausgeglühten, weichen Permalloydraht (78,5% Ni — 21,5% Fe) dagegen genügt schon ein Zug $\sigma = 10$ kg/mm^{-2}, also weniger als die Hälfte der Streckgrenze, um die Rechteckschleife hervorzubringen. In Abb. 2 sind die Hystereseschleifen für $\sigma = 0$ und $\sigma = 20$ kg/mm^{-2} dargestellt.

Beim Bekanntwerden von Preisachs Versuchen wies Langmuir darauf hin, daß es sehr unwahrscheinlich sei, daß das Umklappen der Magnetisierung im gleichen Moment auf der gesamten Länge des Drahtes erfolge. In Analogie zu ähnlichen Vorgängen sei anzunehmen, daß die Ummagnetisierung

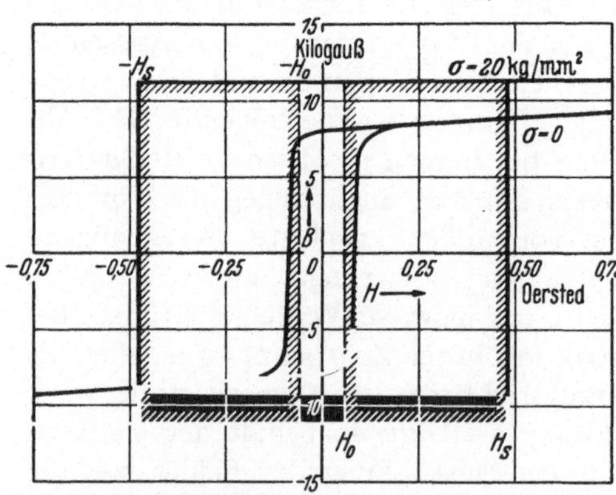

Abb. 2. Hystereseschleifen eines weichen Permalloydrahtes von 0,38 mm Durchmesser bei der Zugspannung $\sigma = 0$ und $\sigma = 20$ kg/mm^{-2}. Die Grenzen des Sprungbereichs sind schraffiert angegeben.

von einem Keim ausgehe, der sich wahrscheinlich an im Draht vorhandenen Inhomogenitäten bilden könne, und daß sie sich von dort aus mit endlicher Geschwindigkeit längs des Drahtes ausbreite. Die auf Grund von Langmuirs Vermutung von L. Tonks und dem Verfasser in Angriff genommenen Untersuchungen brachten neben einer Bestätigung dieser Gedanken eine Reihe weiterer Beobachtungen über das Wesen des Umklappvorgangs. Der vorliegende Aufsatz gibt im wesentlichen eine Zusammenfassung der in diesem Zusammenhang bei der General Electric Company durchgeführten Arbeiten[1].

Bei den ersten orientierenden Versuchen ergab sich der interessante Befund, daß zum Hervorrufen des Sprunges das Hauptfeld, welches sich über den ganzen Draht erstreckt, unter dem Wert H_s liegen kann. Man muß nur dafür sorgen, daß durch ein lokales Zusatzfeld *an einer Stelle* des Drahtes die Gesamtfeldstärke auf den Wert H_s erhöht wird. An Stelle des unkontrollierbaren natürlichen Keimes, der das Umklappen bei der Hauptfeldstärke H_s hervorruft, erzeugt man so willkürlich einen künstlichen Keim, der bei dem betreffenden H die Ausbreitung einleiten kann. Der niedrigste Wert der Hauptfeldstärke, bei der ein künstlicher Keim noch das Umklappen bewirken kann, wird als die kritische Feldstärke H_0 bezeichnet. Durch die Erzeugung von Keimen bei verschiedenen Hauptfeldstärken war es möglich, die Fortpflanzungsgeschwindigkeit der von dem künstlichen Keim ausgehenden magnetischen Welle in Abhängigkeit von der Feldstärke in einem größeren Feldbereich von H_s bis herunter zu H_0 zu messen. Hierüber wird im folgenden zuerst berichtet werden. Dann werden wir uns mit der Abhängigkeit der charakteristischen Feldwerte H_s und H_0, die man als die beobachtete bzw. als die wahre Koerzitivkraft ansehen kann, von äußeren Einflüssen befassen. Schließlich werden wir uns mit stationären Magnetisierungsbereichen beschäftigen, die man entweder durch Aufhalten oder „Einfrieren" einer Umklappwelle oder durch kurzzeitige Anwendung hoher lokaler Felder erzeugen kann. Diese Versuche geben Aufschlüsse über magnetische Grenzflächen, in denen entgegengerichtete Magnetisierungsvektoren aufeinander stoßen.

2. Fortpflanzung der Magnetisierung in Drähten.

Abb. 3 gibt schematisch die Versuchsanordnung wieder. Die Probe, die meist als Draht, selten als Band vorlag, befand sich im gespannten Zustand in einer 65 cm langen Magnetisierungsspule, die das homogene Hauptfeld H erzeugte. Am einen Ende des Hauptfeldes wurde durch eine kurze Spule ein zusätzliches Feld erzeugt. Unter geeigneten Feldverhältnissen konnte sodann von dort aus die Ummagnetisierungswelle gestartet und bei ihrer Bewegung entlang dem Drahte beobachtet wer-

<hr>

[1] I. Sixtus, K. J., u. L. Tonks: Physic. Rev. **37**, 930 (1931). — II. Dies.: Physic. Rev. **42**, 419 (1932). — III. Tonks, L., u. K. J. Sixtus: Physic. Rev. **43**, 70 (1933). — IV. Dies.: Physic. Rev. **43**, 931 (1933). — V. Sixtus, K. J.: Physic. Rev. **48**, 425 (1935).

den. Zur Geschwindigkeitsmessung wurden zwei Probespulen in bestimmtem Abstand über den Draht geschoben, in denen die Welle beim Passieren je einen Spannungsstoß induzierte. Das Zeitintervall zwischen diesen Stößen wurde in einem an die Spulen angeschlossenen

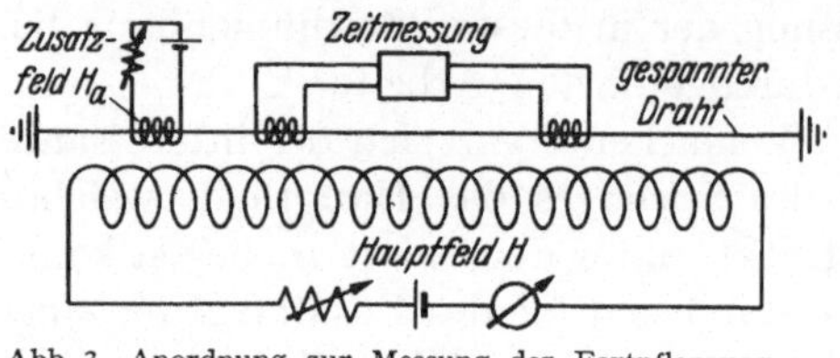

Abb. 3. Anordnung zur Messung der Fortpflanzungsgeschwindigkeit.

Röhrenkreis auf ballistische Weise gemessen und daraus die Geschwindigkeit der Umklappwelle berechnet. Die Versuche wurden an Drähten von Eisen-Nickellegierungen verschiedener Zusammensetzung, verschiedener Bearbeitung und Glühbehandlung durchgeführt. Hier sind nur die Ergebnisse an einem hartgezogenen Draht aus 14% Ni — 86% Fe und einem ausgeglühten Permalloydraht ($78,5\%$ Ni — $21,5\%$ Fe) herausgegriffen, deren Hystereseschleifen in Abb. 1 und 2 gegeben sind. Der wesentliche Unterschied zwischen beiden Drähten liegt in ihrem Gehalt an inneren Spannungen; in dieser Beziehung stellen die Proben zwei Grenzfälle dar.

Die Ergebnisse der Geschwindigkeitsmessungen sind in Abb. 4 und 5 wiedergegeben. Es ergibt sich in beiden Fällen, daß bei jeder Spannung die Geschwindigkeit v der Ausbreitung mit dem Hauptfeld zunimmt; im harten Draht, den wir zuerst behandeln wollen, ist die Zunahme ungefähr linear (Abb. 4). Die $v-H$-Kurven enden bei gegebener Spannung auf der einen Seite bei der Abszisse H_s, da hier der natürliche Keim den Start bewirkt; auf der anderen Seite sind sie auf die Geschwindigkeit 0 extrapoliert.

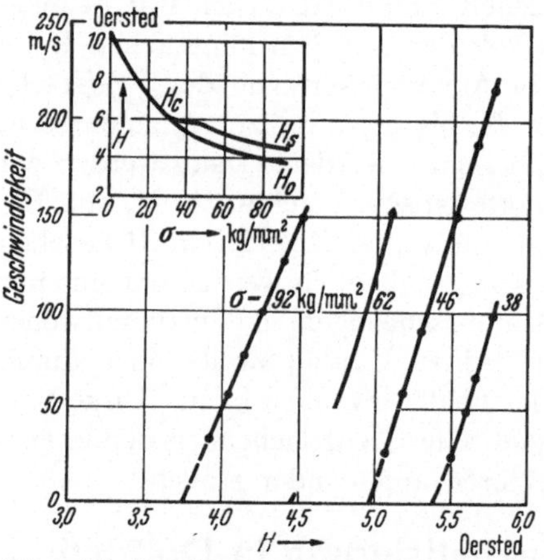

Abb. 4. Die Fortpflanzungsgeschwindigkeit der Magnetisierung in dem harten Draht (s. Abb. 1). Darüber die Änderung von H_0 und H_s mit der Zugspannung.

Die für $v=0$ erhaltene Feldstärke H_0, die sog. kritische Feldstärke, ist demnach als dasjenige Feld definiert, in dem sich ein einmal gebildeter Keim unendlich langsam ausbreiten würde. Eine Welle kann also nicht in Gebiete eindringen, in denen eine Feldstärke herrscht, die kleiner als H_0 ist. Bei wachsender Zugspannung σ wird die $v-H$-Kurve ungefähr parallel nach kleineren Feldern hin verschoben. Dies kann durch eine Beziehung zwischen H_0 und σ erklärt werden, die in Abschnitt 5 besprochen werden wird. Die Abhängigkeit der Geschwindigkeit vom Hauptfeld wird bei harten Drähten durch die Gleichung

$$v = A\,(H - H_0) \tag{1}$$

gut wiedergegeben. Hier ist A nicht nur bei gegebenem Draht und gegebener Spannung, sondern auch bei verschiedener Spannung und bei Drähten verschiedenen Durchmessers ziemlich konstant, und im Mittel gilt $A = 250\ \mathrm{m \cdot sek^{-1}\,Oe^{-1}}$ für $15\% \ \mathrm{Ni} - 85\% \ \mathrm{Fe}$.

Bei dem Permalloydraht hingegen sind die Geschwindigkeitsfeldkurven angenähert Parabeln (Abb. 5). Hier ist im Gegensatz zum harten Draht die $v - H$-Kurve höherer Zugspannung nach höheren Feldern hin verschoben, was ebenfalls in Abschnitt 5 behandelt werden wird. Die höchste Geschwindigkeit, die in Permalloydrähten beobachtet wurde, betrug etwa $10^3\ \mathrm{m \cdot sek^{-1}}$. Sie ist die größte unter allen bisher gemessenen Geschwindigkeiten, liegt aber noch wesentlich unterhalb der Schallgeschwindigkeit in Metallen ($\sim 5 \cdot 10^3\ \mathrm{m \cdot sek^{-1}}$).

An hartem Draht der Legierung $15\% \ \mathrm{Ni} - 85\% \ \mathrm{Fe}$ wurde die Temperaturabhängigkeit der Fortpflanzung gemessen. Die Kurven in Abb. 6 sind von hohen nach niedrigen Temperaturen zu aufgenommen. Sie sind deshalb nicht durch Anlaßeffekte beeinflußt und geben die reversible Temperaturabhängigkeit wieder. Sowohl auf die Neigung der Kurven als auf H_0 hat die Temperatur nur geringen Einfluß. Die Kurvensteilheit wird bei höherer Temperatur nur geringfügig größer, und überraschenderweise nimmt H_0 bei höherer Temperatur nur wenig ab. Bei normalem, weichem Eisen

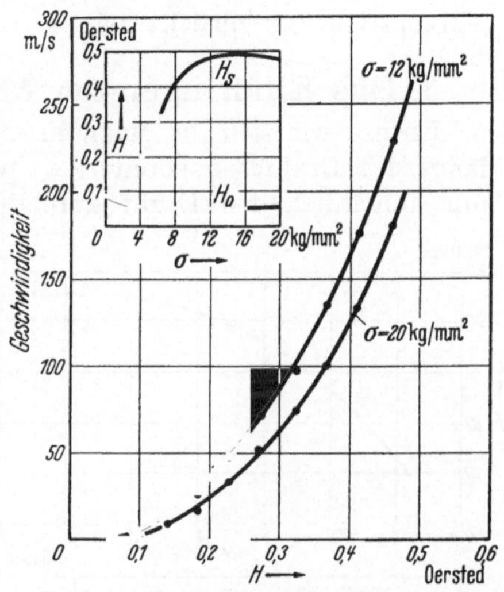

Abb. 5. Die Fortpflanzungsgeschwindigkeit in dem weichen Draht (s. Abb. 2).

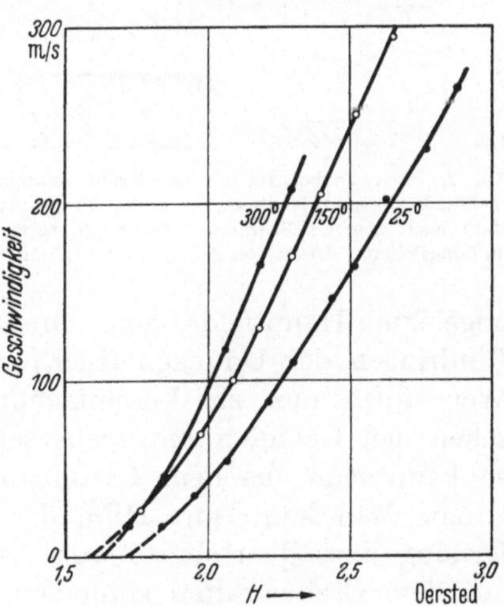

Abb. 6. Die Geschwindigkeitsfeldkurven bei verschiedenen Temperaturen für einen $15\% \ \mathrm{Ni} - 85\% \ \mathrm{Fe}$-Draht; $\sigma = 77\ \mathrm{kg/mm^{-2}}$.

sinkt im Gegensatz hierzu die Koerzitivkraft zwischen Zimmertemperatur und $300°$ C um etwa 25 %. Das abweichende Verhalten in unserem Falle ist wahrscheinlich auf die ausgeprägte magnetische Vorzugsrichtung zurückzuführen.

3. Das Eindringen der Magnetisierung in Drähte.

Ebenso wie sich die Magnetisierung mit endlicher Geschwindigkeit längs des Drahtes ausbreitet, so wird sie auch in radialer Richtung nur allmählich den Draht durchdringen. Diese Eindringzeit konnte am besten durch oszillographische Aufnahme des Spannungsverlaufs $d\Phi/dt$ in einer über den Draht geschobenen Probespule während des Passierens der Welle verfolgt werden. Bei einer Geschwindigkeit v von 10^4 cm·sek^{-1} müßte der Spannungsstoß in der 1 cm langen Spule eine Dauer von etwa 10^{-4} sek haben, wenn man ein momentanes Eindringen bis zur Drahtachse und damit eine ebene Wellenfront annimmt. Das Experiment hingegen ergab in einem bestimmten Fall eine hundertmal größere Impulsdauer und damit eine Länge des Umklappbereiches von 100 cm. Die Erklärung liegt in den durch das Umklappen erzeugten Wirbelströmen, die das

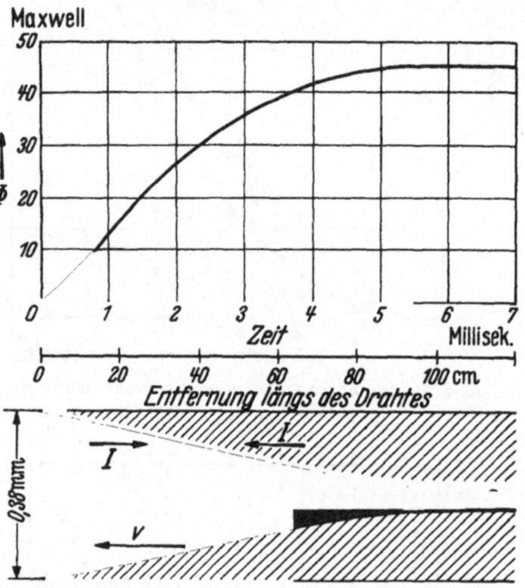

Abb. 7. Oben: Flußanstieg in einem Drahtquerschnitt (Zeitmaßstab) und längs des Drahtes (Längenmaßstab) nach dem Oszillogramm. Unten: Grenzfläche im Längsschnitt. Draht von Abb. 1 $\sigma = 92$ kg/mm^{-2}.

angelegte Hauptfeld vom Drahtinnern abschirmen und nur ein Eindringen der Ummagnetisierung von der Oberfläche her zulassen. Wenn man nun zur Vereinfachung die Dicke der Grenzfläche zwischen den Gebieten entgegengesetzter Magnetisierung vernachlässigt, so kann man aus dem Oszillogramm die Form der Grenzfläche ableiten. Man kann mit Hilfe der Gleichung $x = v \cdot t$, wo x die Entfernung eines Querschnitts von der Vorderkante der Welle angibt, das aus dem Oszillogramm gefundene $d\Phi/dt$ nach der Länge integrieren und so das zeitliche Nacheinander des Eindringens in ein räumliches Nebeneinander verwandeln. In Abb. 7 ist außer dem zeitlichen Anstieg der Induktion auch ein Längsschnitt durch den Draht an der Stelle der Grenzfläche gezeichnet, die bei den gemachten Annahmen die Form eines Beutels hat, dessen Öffnung in der Fortpflanzungsrichtung nach vorn liegt.

Die Tatsache, daß der Sprung hier kleiner als $2J_s$ ($J_s =$ Sättigungsmagnetisierung) ist, erschwert die zeichnerische Darstellung der Grenzfläche. In Abb. 7 wurde einfach angenommen, daß der noch nicht umgeklappte Bereich sich an der Drahtachse befindet.

Ein möglicher Einwand gegen das eben beschriebene Bild der Grenzfläche soll noch diskutiert werden. In dieser Fläche stoßen nach den gemachten Annahmen entgegengerichtete Magnetisierungsvektoren aufeinander; dadurch erhält sie eine Belegung mit magnetischen Polen, die ein gewisses Feld erzeugen. Es läßt sich überschlägig leicht berechnen, daß die radiale Feldkomponente, welche gegenüber der axialen Komponente allein ins Gewicht fällt, von der Größenordnung 10 Oersted ist. Man könnte glauben, daß Felder von dieser Größe eine strenge Axialität der Induktion verhindern würden; dies ist jedoch nicht der Fall. Messungen an tordierten Drähten (s. Abschnitt 5) haben gezeigt, daß die Permeabilität für Felder senkrecht zur Vorzugsrichtung praktisch den Wert Eins hat, so daß ein Feld von 10 Oersted keinen Einfluß auf die Magnetisierung hat. Die Nichtberücksichtigung dieser tatsächlich einfachen Verhältnisse kompliziert die Überlegung wesentlich und macht zum Beispiel auch die Theorie von S. KOCH[1] unnötig umständlich.

Soweit haben wir uns auf die Wiedergabe der experimentellen Ergebnisse beschränkt. Nun läßt sich die Verzögerung des Eindringens der Magnetisierung in einen Draht unter gewissen Voraussetzungen auch rechnerisch erfassen[2]. Die erste Annahme ist, daß ein Umklappen der Magnetisierung an einer Stelle nur dann eintreten kann, wenn das lokale Feld den Wert H_0 erreicht. Zweitens betrachten wir nur das Feld der durch das Umklappen erzeugten Wirbelströme, während wir das entmagnetisierende Feld und die Grenzflächenenergie vernachlässigen.

Für die gesamte Eindringzeit ergibt sich dann bei einem Draht vom Radius a

$$\delta t = 4\pi^2 a^2 \Delta I / \varrho c^2 (H - H_0)$$
$$= 3{,}94 \cdot 10^{-8} a^2 \Delta I / \varrho (H - H_0), \tag{2}$$

wo ΔI die Induktionsänderung beim Sprung und ϱ der spezifische Widerstand ist. Für ein Band von der Dicke $2b$ gilt:

$$\delta t = 7{,}88 \cdot 10^{-8} b^2 \Delta I / \varrho (H - H_0). \tag{3}$$

Ein Vergleich der aus diesen Formeln berechneten Werte mit den aus den Oszillogrammen abgelesenen Zeiten ergibt für einen Draht, bei Veränderung von $H - H_0$, einen konstanten Faktor zwischen gemessenen und berechneten Werten, wobei die gemessenen Zeiten höher sind

---

[1] KOCH, S.: Avhandl. Akad. Oslo, I. Mat.-Nat. Klasse **1935**, Nr 7, S. 36.
[2] S. Zitat S. 11 (II).

als die berechneten. Der Faktor ist um so größer, je geringer die Drahtdicke ist. Es zeigt sich also, daß die Formel zwar die Abhängigkeit des δt von ΔI, ϱ und $(H - H_0)$ richtig wiedergibt, während sie bei der Dickenabhängigkeit den Beobachtungen widerspricht. Experimentell nimmt δt linear mit kleinerwerdendem Durchmesser ab, während die Formel eine quadratische Beziehung fordert. Um die Übereinstimmung zwischen Formel und Experiment herzustellen, kann man an Stelle von a^2 eine Größe $\alpha \cdot a$ einführen, wo sich α für eine Anzahl von Drähten verschiedener Zusammensetzung und verschiedener Dicke zu 0,35 mm ergibt. Bei diesen Drähten, deren H_0 zwischen 1,40 und 8,36 Oersted liegt, betragen die Abweichungen der berechneten von den gemessenen Werten dann in den meisten Fällen nicht mehr als 20%. Spätere Messungen von Sixtus und Tonks, die noch nicht veröffentlicht sind, wurden an sehr weichen Materialien durchgeführt. Bei einem Drahtradius $a = 0,19$ mm (Draht I: 78,5% Ni — 21,5% Fe, $H_0 = 0,07$ Oersted; Draht II: 15% Ni — 85% Fe, $H_0 = 0,67$ Oersted) ergibt hier die Gleichung mit a^2 gute Übereinstimmung mit dem Experiment, während bei $a = 0,065$ mm (Draht III: 78,5% Ni — 21,5% Fe, $H_0 = 0,12$ Oersted), dies nur durch Einführung von $\alpha = 0,20$ mm erreicht werden kann. Diese neueren Ergebnisse zeigen jedenfalls, daß α keine Konstante ist, und daß die a^2-Formel bei um so geringeren Dicken gültig ist, je kleiner die kritische Feldstärke in dem betreffenden Draht ist.

Eine allgemeingültige Eindringformel wird sich erst bei Berücksichtigung der Oberflächenenergie der Grenzfläche aufstellen lassen, worauf am Ende des nächsten Abschnitts noch etwas näher eingegangen wird.

4. Die Länge der Grenzfläche.

Trotzdem noch einige Unstimmigkeiten vorliegen, hat der letzte Abschnitt gezeigt, daß sich δt im großen ganzen aus dem Wirbelstromeffekt erklären läßt. In der Gleichung $\lambda = v \cdot \delta t$, wo λ die Länge der Grenzfläche ist, ist δt also eine primäre, unabhängige Größe. Es erhebt sich nun die Frage, ob v oder λ die andere fundamentale Größe ist. Es lag an sich nahe, die Geschwindigkeit als primär anzusehen. Bisher ist es jedoch nicht gelungen, die Geschwindigkeit aus den Atomeigenschaften abzuleiten. (Versuche von I. Waller in dieser Richtung werden von Bloch[1] erwähnt.) Durch neuere Untersuchungen hat aber die Länge der Grenzfläche an Bedeutung gewonnen. Wenn sich diese Betrachtungen bewahrheiten, und λ sich aus gewissen magnetischen und energetischen Beziehungen berechnen ließe, so könnte man der Fortpflanzungsgeschwindigkeit keine fundamentale Bedeutung mehr zuerkennen.

---

[1] Bloch, F.: Z. Physik **74**, 333 (1932).

Nun erzeugt die Grenzfläche in der Nähe ihrer Vorderfront ein Vorwärtsfeld, das sich zu dem vorhandenen Hauptfeld addiert. STEINBERG[1] hat die Hypothese aufgestellt, daß sich λ bei einer fortschreitenden Grenzfläche so einstellt, daß am Vorderende das Gesamtfeld gerade den Wert H_s des Startfeldes erreicht. Diese Hypothese verliert durch neuere Untersuchungen von DÖRING (s. den folgenden Aufsatz) sehr viel an Wahrscheinlichkeit. Aus diesen kann man vielmehr schließen, daß sich λ so einstellen wird, daß die Bedingung: Wirbelstromenergie $+$ Oberflächenenergie $+$ Entmagnetisierungsenergie $= (H - H_0)\Delta I$ erfüllt wird. Die entsprechende Rechnung ist bisher noch nicht ausgeführt worden. Auch bei einer genauen Berechnung der Eindringzeit müßten alle drei Energiebeiträge berücksichtigt werden. Da nur ein Teil von $(H - H_0)\Delta I$ in Wirbelströme umgesetzt wird, wird in die Gleichung für die Eindringzeit nicht $(H - H_0)$, sondern ein Teil davon eingehen, so daß die berechneten δt größer werden und sich den gemessenen Werten wahrscheinlich besser angleichen werden.

5. Kritisches Feld und Startfeld.

Zugspannung. In den kleinen Teilbildern von Abb. 4 und 5 kann man sehen, wie sich das kritische Feld H_0, das wir zuerst behandeln wollen, beim Anlegen einer Zugspannung verhält. In beiden Fällen sinkt H_0 bei wachsendem Zug erst schnell, um dann langsamer einem Grenzwert zuzustreben, der in Abb. 5 auch erreicht wird. Die Wirkung der Zugspannung unterscheidet sich also grundlegend von der Wirkung innerer Spannungen. Es ist bekannt, daß die durch Bearbeitung und Verunreinigungen hervorgerufenen Verzerrungen die Koerzitivkraft erhöhen. Das zeigt sich auch deutlich an den beiden Versuchsdrähten, von denen der hartgezogene Draht hohe und der weiche, ausgeglühte viel geringere H_0-Werte aufweist. Gerade in Permalloy, dessen Verhalten von PREISACH[2] eingehend untersucht wurde, lassen sich die inneren Spannungen wegen seiner geringen Magnetostriktion auf einen sehr kleinen Betrag herunterdrücken; außerdem ist bei dieser Legierung die Kristallenergie, die in ähnlicher Weise wie innere Spannungen von Bezirk zu Bezirk verschiedene Vorzugsrichtungen schafft, sehr gering.

Zur Verdeutlichung der Verhältnisse ist in Abb. 8 eine weitere Kurve gegeben, die von PREISACH an ausgeglühten Permalloy gemessen wurde. Auch hier sinkt H_0 mit steigender Zugspannung σ bis auf einen Restwert H_{0R}, der bei $\sigma \sim 5\ \text{kg}\cdot\text{mm}^{-2}$ erreicht wird. Dieses σ muß den Betrag der inneren Spannungen übertreffen, damit die letzteren im wesentlichen eingeebnet werden und die Vorzugsrichtung überall in der Drahtachse liegt. Bei höherem σ bleibt H_0 konstant. In einzelnen

---

[1] STEINBERG, D. S.: Physik. Z. Sowjetunion **7**, 155 (1935).
[2] PREISACH, F.: Physik. Z. **33**, 913 (1932).

Fällen wurde allerdings ein geringer Wiederanstieg von H_0 beobachtet, der wohl durch plastische Beanspruchung des Drahtes bedingt ist und später nicht berücksichtigt wird. PREISACH hat auch den Grund für das abweichende Verhalten des harten Drahtes angeben. Hier waren die inneren Spannungen offenbar so groß, daß die Magnetisierung selbst durch eine nahe an der Streckgrenze liegende Spannung noch nicht ausgerichtet werden konnte.

H_0 zerfällt nach BLOCH und PREISACH in zwei Anteile: Einmal den Restbetrag H_{0R}, der auch bei homogener Vorzugsrichtung vorhanden ist, und die Zusatzfeldstärke H_{0Z}, die dann auftritt, wenn noch nicht im ganzen Draht die Drahtachse die Richtung leichtester Magnetisierung ist. H_{0R} muß auf lokale Schwankungen des Atomabstandes zurückgeführt werden und mißt die Energie, die die Welle zur Überwindung solcher Hindernisse braucht. H_{0Z} dagegen mißt die Arbeit, die gegen die Verspannungs- und Kristallenergie der nichtausgerichteten Gebiete geleistet werden muß. PREISACH diskutiert in seiner Arbeit ausführlich eine Modellvorstellung, mit der nicht nur das Verhalten von H_0, sondern auch der Verlauf der Remanenz und der reversiblen Permeabilität bei der Remanenz beschrieben werden kann.

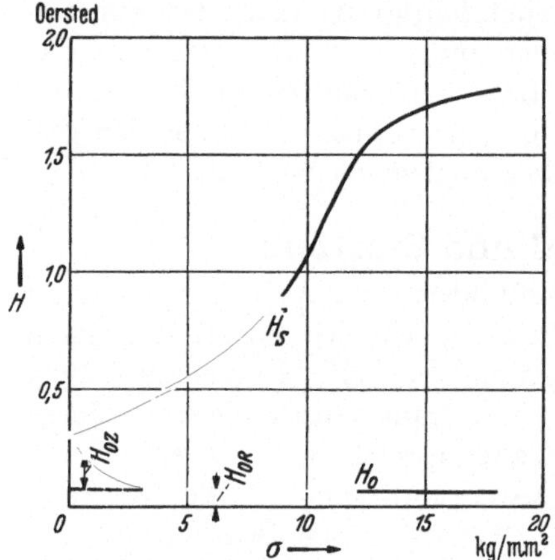

Abb. 8.   Kritische Feldstärke und Startfeldstärke in Permalloy unter Zug nach PREISACH.

In Abb. 4, 5 und 8 ist neben H_0 auch die Startfeldstärke H_s für die Grenzfälle des harten und weichen Drahtes wiedergegeben. Beim harten Draht fällt H_s, genau wie H_0, mit wachsendem Zug; beim weichen Draht dagegen steigt es mit σ an. In Abb. 8 erreicht H_s dabei das 27fache des Wertes von H_0. Es sind auch Übergangsfälle beobachtet worden, wo H_s anfänglich abfiel, um dann von einer gewissen Zugspannung an wieder zu wachsen. Die Höhe der Startfeldstärke ist, wie wir im Abschnitt 6 zeigen wollen, durch die Größe der Ummagnetisierungskeime bestimmt. Wir nehmen die Existenz solcher Keime, die dem Hauptteil des Drahtes entgegen magnetisiert sind, an, ohne ihre noch zweifelhaften Entstehungsursachen zu diskutieren. Wir wollen hier nur vorausnehmen, daß $(H_s - H_0)$ ein Maß für die Energie ist, die ein Keim benötigt, um die spontane Ummagnetisierung einzuleiten. Bei dem Draht der Abb. 8 sind die natürlichen Keime für $\sigma = 18 \text{ kg} \cdot \text{mm}^{-2}$ wahrscheinlich besonders klein, da sie eine besonders hohe Energie zum Start der spontanen Ausbreitung erfordern.

Torsion. Bisher haben wir uns nur mit solchen Fällen beschäftigt, bei denen durch Zugspannung eine magnetische Vorzugsrichtung parallel zur Drahtachse erzeugt wurde. Dabei fiel also immer die Vorzugsrichtung mit der des angelegten Feldes zusammen. Man kann aber eine Vorzugsrichtung auch unter jedem beliebigen Winkel bis zu 45° zur Achse dadurch hervorrufen, daß man den Draht nicht nur zieht, sondern auch verdrillt. Wird er nur verdrillt, dann liegt die Vorzugsrichtung unter einem Winkel von 45°. Auch die Richtung des Feldes kann beliebig verändert werden, wenn man außer dem longitudinalen noch ein zirkulares Feld anlegt, indem man Strom durch den Draht hindurchschickt. Sowohl die Verdrillung als auch das zirkulare Feld ist in einem Querschnitt allerdings nicht konstant, sondern beide nehmen von einem Höchstwert an der Drahtoberfläche auf den Wert 0 in der Achse ab. Im folgenden wählen wir die Vorzeichen für elastische Spannung und magnetisches Feld wie in Abb. 9 angegeben; bei der Angabe von Zahlenwerten sind immer die Werte an der Drahtoberfläche gemeint.

PREISACH[1] hat schon gezeigt, daß man durch Verdrillung in Nickel-Eisen-Drähten große Sprünge erzeugen kann; die Erklärung der dabei auftretenden Erscheinungen, besonders des Verhaltens der kritischen Feldstärke, wurde später durch das Studium ihrer Abhängigkeit von Zirkularfeldern ermöglicht[2]. Es wurden wieder Drähte von 0,38 mm Durchmesser verwendet, und ihre H_0-Werte für verschiedene Verdrillungen und Zirkularfelder bestimmt. In Abb. 9 stellt jeder Punkt das Feld an der Drahtoberfläche sowohl in bezug auf Größe als Richtung dar. Für verschiedene Verdrillungen des Drahtes liegen die H_0-Werte auf nahezu geraden und untereinander parallel verschobenen Linien, die einen Winkel von 45° mit den Achsen einschließen. Die Feldkomponente in der Richtung normal zu den Linien ist also für jeden Punkt auf einer der Linien nahezu dieselbe; sie gibt das wahre kritische Feld für diesen Spannungszustand an. Die Richtung jener Normalen stimmt

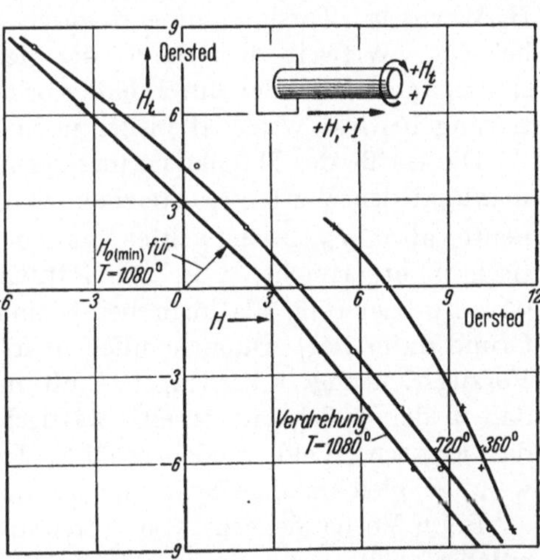

Abb. 9. Kritische Feldstärke in einem tordierten Draht bei gleichzeitiger Anwendung eines Längsfeldes (H) und eines Zirkularfeldes (H_t) in einem 15% Ni — 85% Fe-Draht von 80 cm Länge.

---

[1] S. Zitat S. 9.   [2] S. Zitat S. 11 (III).

offenbar mit der magnetischen Vorzugsrichtung überein; man sieht also, daß allein die Feldkomponente in der Vorzugsrichtung das Umklappen bewirkt, selbst wenn die dazu senkrechte Komponente viel größer ist. Dasselbe Resultat wurde auch an Drähten unter Zugspannung mit Longitudinal- und Zirkularfeld erhalten. Ein Zirkularfeld, das viermal so groß war wie das kritische Feld, hatte keinerlei Einfluß auf das letztere.

Wenn man die bei der Verdrillung auftretende Spannung und ihren Einfluß auf die kritische Feldstärke betrachtet, so stellt sich bei einem Vergleich mit dem Fall der reinen Zugspannung heraus, daß gleiche H_0-Werte bei Torsion mit geringeren Spannungen erreicht werden als bei Zug. Wieweit dies durch die gleichzeitig auftretenden Kompressionsspannungen oder durch eine vorhandene bevorzugte Kristallorientierung bewirkt wird, ist bisher noch nicht studiert worden.

Die Größe des Magnetisierungssprunges in tordierten Drähten sollte maximal den Wert $2J_s$ erreichen, wovon aber nur die axiale Komponente, also $2J_s/\sqrt{2}$ beobachtet werden würde. Dieser Wert wird praktisch nicht erreicht, z. B. hat PREISACH[1] sowohl bei einer 8% Ni — 92% Fe-Legierung als auch bei Nickel nur $0,5 \cdot (2J_s)$ gemessen. Der Grund dafür liegt wahrscheinlich in folgendem: Um in Achsennähe die Vorzugsrichtung zu erzwingen, muß man den Draht so stark tordieren, daß in der Außenzone bereits plastische Verformung einsetzt, die dort das kritische Feld wieder erhöht. Der für einen Einzelsprung notwendige, gleichmäßige Spannungszustand läßt sich also nicht herstellen.

Beim Vorhandensein von Torsion, Longitudinal- und Zirkularfeld ergeben sich, wenn die longitudinale Magnetisierung als Funktion des longitudinalen Feldes aufgetragen wird, Hystereseschleifen, die in bezug auf den Koordinatenanfangspunkt unsymmetrisch verlaufen. Die auftretenden großen BARKHAUSEN-Sprünge erfolgen auf den beiden Zweigen der Hystereseschleife bei verschiedenen Feldern und haben verschiedene Größe. Dieses Verhalten läßt sich an Hand von Diagrammen nach der Art von Abb. 9 leicht erklären.

Druck und Biegung. Verspannungen, die durch äußeren Druck oder durch Biegung erzeugt werden, können auch große Sprünge zur Folge haben. Bei Werkstoffen mit negativer Magnetostriktion würde z. B. eine reine Druckspannung zum Ziele führen; sie ist jedoch schwieriger zu erzeugen. Deswegen sind bisher hauptsächlich Versuche mit Biegung bekanntgeworden, wobei Nickel benutzt wurde. Wegen der negativen Magnetostriktion des Nickels entsteht in dem bei Biegung auftretenden Druckbereich eine axiale Vorzugsrichtung. Untersuchungen über das Verhalten von H_0 und H_s sind noch nicht durchgeführt worden. Der Sprung bei gebogenem Nickel erreicht eine Größe von $0,5 \cdot (2J_s)^2$.

---

[1] S. Zitat S. 9.   [2] KERSTEN, M.: Z. Physik **71**, 553 (1931).

Große Sprünge ohne äußere Spannung. Weiche Permalloyproben zeigen oft ohne äußere Spannung große BARKHAUSEN-Sprünge. Auch in gewissen Nickel-Eisen-Kobalt-Legierungen (z. B. 35 % Ni — 20 % Fe — 45 % Co) treten nach besonderer Wärmebehandlung große Sprünge auf. Die magnetische Fortpflanzung in dieser Legierung zeigt keine wesentliche Besonderheit gegenüber Ni-Fe-Legierungen unter Spannung[1]; Zug und Torsion bringen aber hier den Sprung zum Verschwinden.

Einkristalle haben in der Vorzugsrichtung zwar eine steile Magnetisierungskurve, aber große Sprünge konnten wegen des Einflusses des entmagnetisierenden Feldes der Enden an gewöhnlichen Proben nicht beobachtet werden. BOZORTH[2] vermied diesen Einfluß, indem er seinen Proben die Gestalt von Rahmen gab. Bei einem Eisenkristall waren die Rahmenseiten parallel zu den Richtungen leichtester Magnetisierbarkeit geschnitten; die Hystereseschleife ist dann nahezu rechteckig und hat vertikale Abschnitte, deren Länge nur wenig unter $2J_s$ liegt[3].

6. Große Gebiete mit Gegenmagnetisierung.

In den vorangehenden Abschnitten haben wir einmal die Bedingungen betrachtet, unter denen ein großer Sprung auftritt, und haben weiterhin die Ausbreitung einer magnetischen Grenzfläche während des Sprunges verfolgt. Die bei der Bewegung auftretenden Wirbelströme erschweren jedoch die Erkenntnis der wesentlichen Verhältnisse an der Grenzfläche. Es wurde deswegen versucht, Gebiete mit Gegenmagnetisierung durch Abstoppen der Welle oder durch kurzzeitiges Anlegen lokaler Felder zu erzeugen, um dann die Grenzfläche *stationär* besser studieren zu können; diese Versuche sind im folgenden beschrieben. Wir betrachten dabei nur den einfachsten Fall, wo die magnetische Vorzugsrichtung parallel zur Drahtachse ist. Unter Gebieten mit Gegenmagnetisierung verstehen wir solche Bezirke im Draht, in denen die Magnetisierung der im Hauptteil des Drahtes vorhandenen Magnetisierung entgegengerichtet ist.

Aufhalten der Ausbreitung. Das Fortschreiten der Magnetisierung längs eines Drahtes kann durch Anlegen eines lokalen Feldes aufgehalten werden[4]. Dieses lokale Feld, das etwa in einer kurzen Spule erzeugt werden kann, muß dem Hauptfeld entgegengerichtet sein und einen

---

[1] S. Zitat S. 11 (II).

[2] BOZORTH, R. M: J. appl. Phys. **8**, 575 (1937).

[3] Nach freundlicher brieflicher Mitteilung von Dr. BOZORTH wird hier ein ähnliches Verhalten wie bei Proben aus 65 % Ni — 35 % Fe nach Magnetfeldabkühlung beobachtet, die ebenfalls eine rechteckige Hystereseschleife haben [DILLINGER, J. F., und R. M. BOZORTH: Physics **6**, 279 (1935)]. Solches Material kann bei konstant gehaltenem äußeren Feld mehrere Minuten zur vollständigen Ummagnetisierung benötigen.

[4] S. Zitat S. 11 (IV).

gewissen Minimalwert haben, der in komplizierter Weise vom Hauptfeld und von der Stoppspulenlänge abhängt. Ist das lokale Feld zu schwach, so tritt zwar eine Verzögerung der Fortpflanzung an der betreffenden Stelle ein, dahinter aber wird die normale Geschwindigkeit wieder erreicht. Beim vollständigen Abstoppen der Ausbreitung ist in einer hinter der Stoppspule angebrachten Probespule überhaupt keine Ummagnetisierung zu beobachten. Wird das Stoppfeld dann wieder entfernt, so läuft die Welle weiter. Die Flußkurve der aufgehaltenen Welle, die mit einer bewegten Probespule ballistisch aufgenommen wurde, hatte dieselbe Form wie die obere Kurve in Abb. 7, nur war sie wesentlich kürzer; und zwar um so kürzer, je höher das Hauptfeld war, in dem sie eingefroren wurde. Nach der Art ihrer Entstehung werden wir die eingefrorene Grenzfläche als einen Beutel ansehen können, der sich nur in der Tiefe von der Gestalt der bewegten Grenzfläche unterscheidet.

Eine kritische Betrachtung der Meßergebnisse stützte die naheliegende Annahme, daß sich die Grenzfläche beim Stoppen so lange zusammenschiebt, bis das Gesamtfeld an jeder Stelle H_0 beträgt. Das konnte für den größeren Teil der Grenzfläche bestätigt werden: das entmagnetisierende Feld der Grenzfläche ist im größeren Teile, und zwar nach dem Ende zu, negativ, dem Hauptfeld entgegengerichtet, und angenähert gleich $(H - H_0)$; nahe dem Vorderende dagegen wird die Berechnung ungenau, hier ist es positiv und wirkt dem Stoppfeld entgegen. Allerdings wird auch hierbei die Oberflächenenergie berücksichtigt werden müssen, um die Verhältnisse vollständig zu beschreiben.

An dieser Stelle sind noch unveröffentlichte Versuche zu erwähnen, bei denen die bewegte Grenzfläche in ihrer ursprünglichen Gestalt durch Abschalten des Hauptfeldes eingefroren wurde. Dann wurde der Draht allmählich abgeätzt und bei verschiedenen Dicken der Flußverlauf längs des Drahtes aufgenommen; aus der Änderung der Flußkurve konnte die Form der Grenzfläche direkt abgeleitet werden. Der Versuch bestätigte im wesentlichen die ursprüngliche Annahme einer beutelförmigen Gestalt.

Ummagnetisierungskeime. Die bis jetzt besprochenen Gebiete mit Gegenmagnetisierung waren nur dann stabil, wenn das Feld im Draht entweder lokal durch ein Stoppfeld dauernd unter H_0 gehalten oder als Ganzes durch Abschalten unter den Wert H_0 gebracht wurde. Im folgenden wird eine Methode beschrieben, wie solche Gebiete auch bei $H > H_0$ erzeugt und stabil erhalten werden können[1].

Im Anfang war gezeigt worden, daß man im Hauptfeld H, wo $H_0 < H < H_s$, die Fortpflanzung der Magnetisierung im Drahte starten konnte, wenn man nur an einer Stelle die Feldstärke durch ein Zusatz-

---

[1] S. Zitat S. 11 (V).

feld H_{a0} auf den Wert des Startfeldes H_s brachte. Es fand sich nun, daß bei *kurzzeitiger* Anwendung des Zusatzfeldes H_{a0} ($= H_s - H$), sagen wir bei einer Dauer t_1 von 10 Millisekunden, keine Ausbreitung eintrat. Wurde bei gleichgehaltener Dauer die Größe des Zusatzfeldes über den Wert H_{a0} gesteigert, so startete die Ausbreitung bei einem gewissen Wert H_a. Bei veränderter Dauer t_2 der Einwirkung war auch ein anderes $H_a > H_{a0}$ zum Start notwendig, und es stellte sich heraus, daß bei gegebenem Hauptfeld das Produkt $(H_a - H_{a0})t$ angenähert konstant war.

Wurde dieser kritische Wert des Produktes, etwa infolge einer zu kurzen Impulsdauer, nicht erreicht, so trat zwar kein Start ein, aber es hatte doch eine Veränderung im Draht stattgefunden. Diese wurde daran bemerkt, daß das Hauptfeld jetzt nicht bis auf den Wert H_s gebracht zu werden brauchte, um die Ausbreitung zu bewirken.

Diese Beobachtungen legten die Vermutung nahe, daß ein Keim bestimmter Größe in einem bestimmten Feld die Fähigkeit erhält, die Ummagnetisierungswelle auszulösen; ihre Richtigkeit ließ sich wenigstens für größere Keime durch

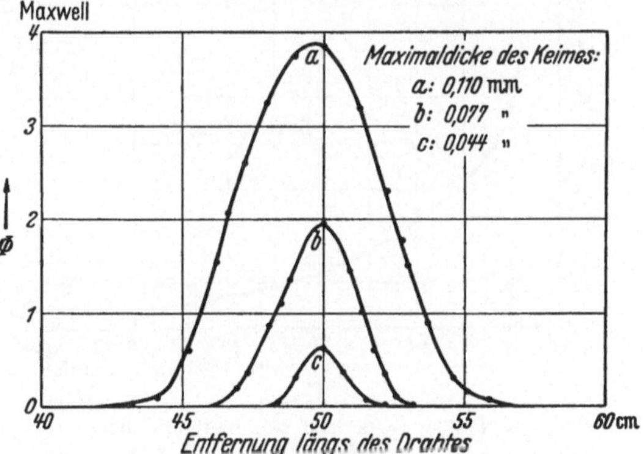

Abb. 10. Die Flußkurven von Magnetisierungskeimen verschiedener Größe in einem ausgeglühten 15% Ni — 85% Fe-Draht. Die Zahlen geben die entsprechenden Keimdicken an.

die Messung erweisen. In einem Feld $H > H_0$ wurde ein 10 mm langes Zusatzfeld $H_a > H_s - H$ für eine Zeitspanne angelegt, die nicht ganz hinreichte, um die spontane Ausbreitung einzuleiten. Die Bewegung einer Probespule über den betreffenden Drahtbereich ergab meßbare ballistische Ausschläge, die eine teilweise Ummagnetisierung des Drahtes anzeigten. Aus den gemessenen Flußkurven (Abb. 10) mußte dann auf Gestalt und Lage des Keimes geschlossen werden. Man könnte daran denken, hier, wie im Falle der spontanen Ausbreitung, ein Eindringen der Ummagnetisierung von der Oberfläche her anzunehmen, den Keim als Ring anzusehen. Es besteht aber ein wesentlicher Unterschied zwischen beiden Fällen: Solange noch kein Umklappen erfolgt, hat der Draht die Permeabilität Eins, während des Umklappens der Magnetisierung jedoch eine wesentlich höhere Permeabilität. Da die Eindringzeit der Permeabilität etwa proportional ist, so wird das Zusatzfeld praktisch in voller Stärke schon im ganzen Drahtquerschnitt vorhanden sein, bevor ein Keimwachstum erfolgt.

Wir haben deshalb die Annahme gemacht, daß ein Keim an beliebiger Stelle des Drahtquerschnitts, wahrscheinlich von einer Störstelle aus, wachsen kann. Seine *Dicke* läßt sich aus dem Maximum der Flußkurve genau ableiten, wenn man die bei langen Keimen berechtigte Annahme macht, daß der gesamte durch den Keim bewirkte Fluß die Probespule schneidet. Die Konstruktion der *Keimgestalt* aus der Flußkurve stößt jedoch auf Schwierigkeiten; wir betrachten deshalb den Keim als Rotationsellipsoid, dessen kurze Achse aus dem Flußmaximum berechnet wird und dessen lange Achse der Länge der Flußkurve entspricht. Der zur größten Flußkurve in Abb. 10 gehörige Keim hat demnach eine Länge von 135 mm und eine Dicke von 0,11 mm bei einem Drahtdurchmesser von 0,38 mm.

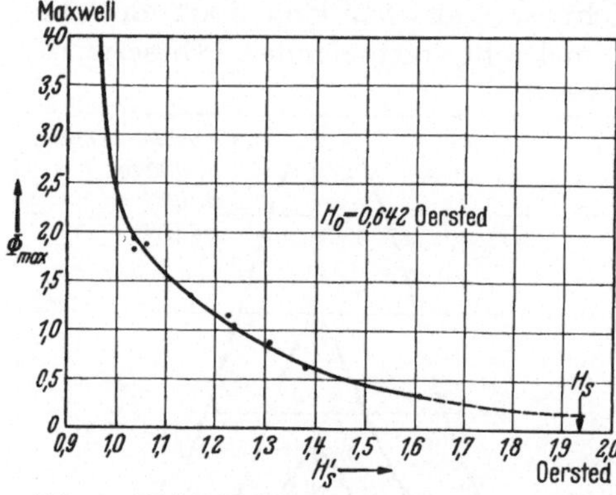

Abb. 11. Die Keimdicke, aufgetragen als das Maximum der Flußkurve (s. Abb. 10), bestimmt die Startfeldstärke H'_s.

Nach Ausmessung eines Keimes wurde das Hauptfeld langsam erhöht, bis die spontane Ausbreitung eintrat. Während dieser Erhöhung änderte sich die Dicke des Keimes nicht, was sich aus der Unveränderlichkeit des Flußmaximums ergab. Das Hauptfeld, bei dem der Keim die Ausbreitung einleitete, wollen wir mit H'_s bezeichnen. Die Beziehung zwischen H'_s und der Höhe des Flußmaximums für den Keim, der H'_s bedingt, ist in Abb. 11 für einen 15 % Ni — 85 % Fe-Draht wiedergegeben. Je näher das Hauptfeld an den Wert H_s herankommt, desto kleiner ist der zum Start notwendige Keim; wenn seine Länge kleiner wird als der innere Durchmesser der zum Messen verwendeten Spule, so läßt sich das Flußmaximum nicht mehr mit hinreichender Genauigkeit bestimmen. Wegen ihrer Kleinheit lassen sich auch die natürlichen Keime, die sich erst in einem Felde von der Stärke H_s ausbreiten können, nicht direkt messen. Man kann aber ihre Dicke angenähert durch Extrapolation der Kurve in Abb. 11 über den letzten Meßpunkt hinaus erhalten und ihre Länge aus den bei größeren Keimen beobachteten Längen abschätzen. Es ergibt sich eine Dicke von wenigen μ und eine Länge von einigen mm. Das Volumen eines natürlichen Keimes liegt also in derselben Größenordnung wie das Volumen der Bezirke, die den gewöhnlichen Barkhausen-Effekt verursachen.

Die Fragen, warum diese Keime in einem für die Fortpflanzung geeigneten Felde stabil sind und wodurch die spontane Keimausbreitung verhindert wird, zeigen eine Ähnlichkeit mit der Fragestellung bei dem Problem der Kondensationskeime in übersättigten Dämpfen. Es wurde zuerst versucht, die Rolle, die dort die Oberflächenspannung spielt, im magnetischen Fall dem entmagnetisierenden Feld des Keimes zuzuschreiben. Die Stabilitätsbedingung wäre dann, daß das Feld an der Keimoberfläche infolge des entmagnetisierenden Feldes von H auf H_0 heruntergedrückt wird. Diese Bedingung ist jedoch für die Keimenden nicht erfüllbar, da dort das Entmagnetisierungsfeld positiv ist und deshalb das Feld an dieser Stelle über den Wert H hinaus erhöht. Erst durch die Einbeziehung der Oberflächenenergie der magnetischen Grenzfläche gelang es DÖRING, wie er im nachfolgenden Aufsatz zeigen wird, das Problem weitgehend zu klären.

(Mitteilung aus dem Forschungsinstitut der AEG.)

Das Anwachsen der Ummagnetisierungskeime bei großen Barkhausen-Sprüngen.

Von **W.** Döring-Göttingen.

Mit 5 Abbildungen.

Für ein vollständiges theoretisches Verständnis vieler Einzelheiten der Versuche von Sixtus und Tonks[1] ist es notwendig, sich eine genauere Vorstellung von der Beschaffenheit der Wand zwischen den entgegengesetzt magnetisierten Bezirken zu bilden. Diese Wand stellt nicht etwa eine mathematisch scharfe Grenze dar, an der die Richtung der spontanen Magnetisierung plötzlich von der einen Vorzugsrichtung in die entgegengesetzte übergeht, sondern ist eine Übergangsschicht von durchaus endlicher Dicke, in der viele Zwischenrichtungen der Magnetisierung vorkommen. Zwei Größen, die für die Eigenschaften der Übergangszone charakteristisch sind, werden im folgenden vor allem von Interesse sein, nämlich die Dicke δ der Übergangsschicht und der Energieinhalt γ von 1 cm^2 der Wand. Eine theoretische Berechnung dieser Größen ist erstmalig von F. Bloch 1932[2] gegeben worden. Seine Überlegung sei in etwas abgeänderter und vereinfachter Form hier wiedergegeben. Eine Möglichkeit, seine Ergebnisse experimentell zu prüfen, fehlte bisher. Durch die theoretische Deutung der Versuche von Sixtus[3] über das Anwachsen der Ummagnetisierungskeime bei den großen Barkhausen-Sprüngen wurde jedoch neuerdings ein Weg zu einer experimentellen Bestimmung der Wandenergie γ eröffnet[4]. Es sollen deshalb in diesem Abschnitt hauptsächlich diese Versuche theoretisch erläutert werden unter besonderer Herausstellung derjenigen Experimente, aus denen man γ entnehmen kann.

Der theoretischen Abschätzung von γ und δ wollen wir, in Anlehnung an die Blochsche Arbeit, das Heisenbergsche Modell des Ferromagnetikums zugrunde legen, bei dem bei jedem Atom ein Elek-

---

[1] Sixtus, K. J., u. L. Tonks: Physic. Rev. **37**, 930 (1931); **42**, 419 (1932); **43**, 70 (1933); **43**, 931 (1933) — Sixtus, K. J.: S. 9 dieses Buches.
[2] Bloch, F.: Z. Physik **74**, 295 (1932).
[3] Sixtus, K. J.: Physic. Rev. **48**, 425 (1935).
[4] Döring, W.: Z. Physik **108**, 137 (1938).

tronenspin angenommen wird und Austauschwechselwirkung nur zwischen nächsten Nachbarn im Gitter berücksichtigt wird. Zwischen entfernteren Atomen wird sie vernachlässigt. Das Austauschintegral wird als positiv vorausgesetzt, so daß also der Parallelstellung benachbarter Spins der energetisch tiefere Zustand entspricht. Wir wollen das Gitter als einfach kubisch voraussetzen. Es ist nun leicht einzusehen, daß der Übergang der Spinrichtung von der einen in die entgegengesetzte Vorzugsrichtung nicht ganz schroff erfolgen kann. Denn dann würden an der Wand entgegengesetzt gerichtete Spins als nächste Nachbarn nebeneinander stehen. Das ist aber energetisch sehr ungünstig. Wegen des positiven Austauschintegrals ist der Energieaufwand zur Erzeugung der Wand viel kleiner, wenn in der Übergangszone die Winkel zwischen den Richtungen benachbarter Spins möglichst klein sind, wenn also der Übergang ganz allmählich in einer sehr dicken Übergangsschicht erfolgt. Wenn die Austauschwechselwirkung die einzige Kraft wäre, die die Spinrichtung beeinflußt, würde es energetisch am günstigsten sein, wenn δ ungeheuer groß, theoretisch unendlich groß wird.

Nun hat aber der Einfluß der Zugspannung die entgegengesetzte Tendenz, den Übergang schroff, δ klein zu machen. Die Spannung schafft ja bei den Materialien mit positiver Magnetostriktion, die bei den Versuchen von SIXTUS und TONKS stets vorlagen, eine Vorzugsrichtung parallel zum Zug. Je breiter die Übergangszone ist, um so mehr Spins stehen in ihr nicht parallel zu dieser Vorzugsrichtung, also in energetisch ungünstiger Richtung. Infolge der Konkurrenz zwischen Austauschwechselwirkung und Spannung wird sich daher eine solche Verteilung der Spins in der Wand einstellen, daß die Summe der von beiden gelieferten Energiebeiträge zur Wandenergie möglichst klein ist.

Man kann auf Grund dieser Überlegung unschwer zu einer rohen Abschätzung der Größenordnung von δ und γ gelangen. Zur Vereinfachung sei bei dieser Betrachtung angenommen, daß die Richtung der Zugspannung mit der z-Achse des kubischen Gitters zusammenfalle. Die Wand sei eben und parallel der $y-z$-Ebene, so daß die Richtung der Spins in der Übergangszone nur von ihrer x-Koordinate abhängt. Zur Abkürzung wollen wir mit C die Arbeit bezeichnen, um 1 cm^3 der spontanen Magnetisierung aus der Vorzugsrichtung parallel zum Zug in die dazu senkrechte Richtung zu drehen. Es gilt also $C = \frac{3}{2}\lambda\sigma$, wobei λ die Sättigungsmagnetostriktion und σ die Zugspannung ist. Die gegen den Einfluß der Spannung zu leistende Arbeit γ_σ bei der Erzeugung von 1 cm^2 der Wand ist dann proportional $C \cdot \delta$, denn pro cm^2 Wandfläche muß etwa das Volumen δ der Magnetisierung aus der Vorzugsrichtung herausgedreht werden. Dieser Beitrag zur Wandenergie nimmt proportional zur Wanddicke δ zu, ist also um so kleiner, je schroffer der Übergang ist, wie wir es bereits erörterten. Der Zahlenfaktor, der von der Größenordnung Eins sein wird, hängt natürlich noch von der Richtungsverteilung der Spins in der Übergangszone ab. Bei dieser ersten rohen Abschätzung wollen wir ihn einfach gleich Eins setzen: $\gamma_\sigma = C\delta$. Die Quantentheorie liefert für die Arbeit, um zwei Spins gegen die Austauschwechselwirkung aus der Parallelstellung in eine Lage zu drehen, in der der Winkel zwischen den Spinrichtungen ε ist, $I \cdot \dfrac{1 - \cos\varepsilon}{2}$, wobei I das Austauschintegral ist. In unserem Fall sind die Winkel zwischen den Richtungen benachbarter Spins klein, so daß wir näherungsweise für diesen Ausdruck $I \cdot \dfrac{\varepsilon^2}{4}$ setzen können. Auf Grund unserer vereinfachenden Annahmen über die Lage der Wand ist nun bei zwei benachbarten Atomen, deren x-Koordinaten gleich sind, der Winkel zwischen den Spinrichtungen gleich Null. Bei zwei in x-Richtung benachbarten Atomen, deren x-Koordinaten sich um die Gitterkonstante a unterscheiden, ist der Winkel in der Übergangsschicht im Mittel $\pi \cdot \dfrac{a}{\delta}$, denn auf der Strecke δ soll ja der Winkel gegen die eine Vorzugsrichtung von 0 bis π anwachsen. Diese Winkeländerung verteilt sich auf δ/a Schritte. Da pro cm² der Wand, also in dem Volumen δ, δ/a^3 solche in x-Richtung benachbarte Spinpaare vorhanden sind, beträgt demnach unter Vernachlässigung von Zahlenfaktoren der Größenordnung Eins der Beitrag der Austauschwechselwirkung zur Wandenergie

$$\gamma_a = I \cdot \left(\frac{a}{\delta}\right)^2 \cdot \frac{\delta}{a^3} = \frac{I}{a\,\delta}.$$

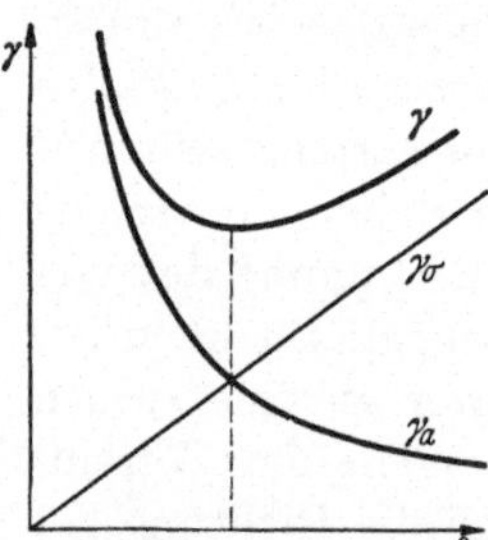

Abb. 1. Der Beitrag der Spannungsenergie γ_σ und der Austauschenergie γ_a zur Wandenergie γ als Funktion der Wanddicke δ.

Dieser Anteil nimmt mit zunehmender Wanddicke ab, hat also die Tendenz, den Übergang möglichst sanft zu gestalten. Die gesamte Wandenergie beträgt somit, abgesehen von Zahlenfaktoren,

$$\gamma = \gamma_a + \gamma_\sigma = C \cdot \delta + \frac{I}{a\,\delta}. \tag{1}$$

Zur Veranschaulichung der Abhängigkeit dieser Größen von δ ist in Abb. 1 der Beitrag der Spannungsenergie γ_σ und Austauschenergie γ_a sowie die Summe γ über δ aufgetragen. Die Wanddicke, die sich nun tatsächlich einstellt, ist diejenige, die zu dem Minimum von γ gehört. Daraus ergibt sich

$$\delta \sim \sqrt{\frac{I}{a\,C}}. \tag{2}$$

I ist das Austauschintegral pro Atompaar. Führt man statt dessen das Austauschintegral pro cm³ durch $A = \dfrac{I}{a^3}$ ein, so erhält man

$$\frac{\delta}{a} \sim \sqrt{\frac{A}{C}}. \tag{2a}$$

Die Dicke der Übergangsschicht ist also, in Gitterkonstanten gemessen, angenähert gleich der Wurzel aus dem Verhältnis der auf den Kubikzentimeter bezogenen Austauschenergie A und der Spannungsenergie $C = \frac{3}{2}\lambda\sigma$. Da sich diese Energien angenähert verhalten wie das Weisssche innere Feld zu der Feldstärke, die zur Sättigung senkrecht zur Vorzugsrichtung nötig ist, also größenordnungsmäßig wie 10^6 zu 100, erhält man für δ Werte in der Größenordnung von etwa 100 Gitterkonstanten. Bei kleinen Zugspannungen, also kleinem C, kann aber δ auch erheblich größer werden.

Mit Hilfe des obigen Ausdruckes für δ erhält man für die Wandenergie

$$\gamma \sim 2\sqrt{\frac{C I}{a}} = 2 \cdot \frac{I}{a^2} \cdot \frac{a}{\delta}. \tag{3}$$

An der zweiten Schreibweise erkennt man deutlich, daß der stetige Übergang der Spinrichtung in einer Übergangsschicht der Dicke δ energetisch erheblich günstiger ist als ein ganz schroffer Übergang. Denn wenn etwa an der Ebene $x = 0$ die Spinrichtung plötzlich von der Richtung parallel zur positiven z-Achse in die entgegengesetzte Richtung überginge, müßten zur Erzeugung von 1 cm² einer solchen Wand $1/a^2$ Spinpaare antiparallel gestellt werden. Dazu wäre der Energieaufwand I/a^2 nötig. Die tatsächliche Wandenergie ist im Verhältnis $2 \cdot \dfrac{a}{\delta}$, also etwa um zwei Zehnerpotenzen 50 kleiner.

Diese Rechnung läßt sich natürlich ohne Schwierigkeit in größerer Strenge durchführen. Es sei ϑ der Winkel zwischen der Spinrichtung und der durch die Spannung geschaffenen Vorzugsrichtung. In der Übergangszone ist ϑ vom Orte abhängig: $\vartheta = \vartheta(x)$. Für große negative x muß $\vartheta = 0$, für große positive x muß $\vartheta = \pi$ sein, da ja die Wand einen Übergang von der einen Vorzugsrichtung in die entgegengesetzte darstellen soll. Mit Hilfe dieser vorerst unbekannten Funktion $\vartheta = \vartheta(x)$ läßt sich dann der Beitrag der Spannungsenergie und der Austauschenergie zur Wandenergie in Form von zwei Integralen über Funktionen von ϑ bzw. $d\vartheta/dx$ schreiben. Nach den Methoden der Variationsrechnung hat man nun diejenige Funktion $\vartheta(x)$ zu suchen, die die Summe dieser Integrale zum Minimum macht. Unter Berücksichtigung der Randbedingungen erhält man auf diese Weise als Lösung

$$\vartheta = 2 \arctan e^{\frac{2x}{\delta}} \quad \text{oder} \quad \cos\vartheta = -\mathfrak{Tg}\frac{2x}{\delta}, \tag{4}$$

wobei δ der schon oben benutzte Ausdruck für die Wanddicke $\delta = \sqrt{\dfrac{I}{aC}}$ ist. Der Verlauf dieser Funktion ist in Abb. 2 dargestellt. Im mittleren Teil ist ϑ angenähert linear von x abhängig und mündet für große x exponentiell in die Grenzwerte 0 bzw. π ein.

Mit Hilfe dieser Funktion $\vartheta(x)$ läßt sich die Wandenergie nunmehr streng berechnen. Man erhält zufälligerweise beim einfach kubischen Gitter genau dasselbe Ergebnis wie bei der ersten Abschätzung

$$\gamma = 2\sqrt{\frac{IC}{a}} . \tag{3}$$

In ähnlicher Weise kann man diese Rechnung auch bei anderer Lage der Vorzugsrichtung und der Wand durchführen. Dabei zeigt sich,

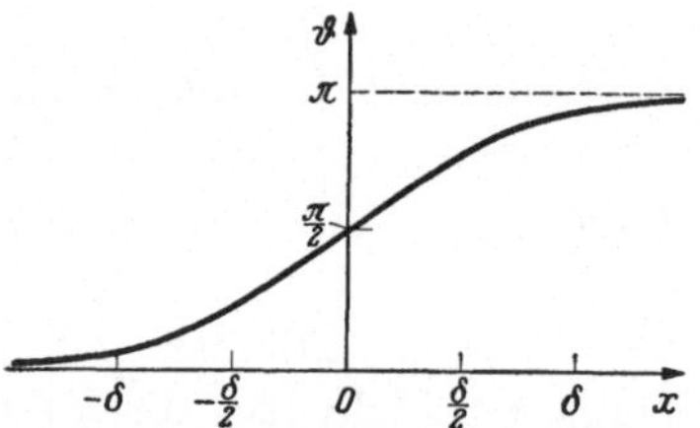

Abb. 2. Der Winkel ϑ zwischen der Spinrichtung und der Vorzugsrichtung als Funktion des Ortes in der Übergangszone.

daß die Wandenergie völlig unabhängig von der Lage der Vorzugsrichtung und der Wand relativ zu den Kristallachsen und zueinander ist. Sie verhält sich also völlig wie eine normale Oberflächenspannung. Das ist aber nur solange richtig, als man von einem Magnetfeld absehen kann. Im allgemeinen Fall, wenn die Normale auf der Wand nicht mehr senkrecht steht auf der Vorzugsrichtung, wie das bei unseren speziellen Annahmen der Fall war, ist aber mit der Erzeugung der Wand stets auch die Erzeugung eines Magnetfeldes verbunden. Denn dann ist in der Übergangszone die Divergenz der Magnetisierung nicht mehr gleich Null. Infolgedessen muß ein Magnetfeld vorhanden sein, das in der Wand solche Quellen hat, daß die Induktion $\mathfrak{B} = \mathfrak{H} + 4\pi\mathfrak{J}$ quellenfrei ist, wie es die Maxwellsche Gleichung verlangt. Bei der Herstellung von 1 cm² der Wand ist daher im allgemeinen nicht nur der oben berechnete Energiebetrag γ aufzubringen, sondern außerdem noch ein gewisser Betrag zur Vermehrung der Feldenergie des von der Wand ausgehenden Magnetfeldes. Dieser Beitrag läßt sich aber nicht in Form eines Zusatzes zur Wandenergie schreiben, da seine Größe nicht nur von der Lage und Größe des neu erzeugten Wandstückes abhängt, sondern auch noch von der Anordnung der übrigen Wandflächen. Wir werden diese Sachlage bei der Betrachtung der Keimversuche im Spezialfall genauer zu studieren haben.

Für andere Gittertypen außer dem hier betrachteten einfach kubischen Gitter verlaufen die Überlegungen ganz entsprechend. Außer einem Faktor $\sqrt{2}$ beim kubisch-raumzentrierten Gitter und einem Faktor 2 beim kubisch-flächenzentrierten Gitter ist das Ergebnis für γ das gleiche, sofern man mit I stets das Austauschintegral zwischen nächsten Nachbarn bezeichnet. Auf diese Zahlenfaktoren ist aber kein sehr großes Gewicht zu legen, da unser Modell der Wirklichkeit nur schlecht entspricht.

Angesichts dieser theoretischen Unsicherheit ist es um so bedeutungsvoller, daß die Versuche von Sixtus über die Ummagnetisierungskeime bei den großen BARKHAUSEN-Sprüngen eine Möglichkeit zu einer experimentellen Bestimmung von γ bieten, so daß wir die theoretischen Aussagen prüfen können. Wir wollen für die folgenden theoretischen Überlegungen die Verhältnisse etwas idealisieren und annehmen, daß in dem Draht, an dem die Versuche gemacht wurden, überall die Vorzugsrichtung mit der Drahtachse übereinstimmt, so daß bei dem Ummagnetisierungsvorgang die Wand das gesamte Material überstreicht und die Magnetisierungskurve genau ein Rechteck wird. In Wirklichkeit war bei den von SIXTUS benutzten Proben die Spannung nicht groß genug, um den Einfluß der inneren Spannungen und der Kristallenergie ganz zu überdecken und diesen Zustand zu erreichen. Er war nur angenähert verwirklicht. Anfangs liege die Magnetisierung im ganzen Draht in der einen Richtung. Wir wollen diese als die negative bezeichnen. Ein kleines Feld in der positiven Richtung vermag den Ummagnetisierungsvorgang noch nicht einzuleiten. Dieser beginnt erst, wenn an einer Stelle durch ein Zusatzfeld die Startfeldstärke H_s überschritten wird. Dann bildet sich dort ein kleines Gebiet positiver Magnetisierung innerhalb der negativ magnetisierten Umgebung. Durch Wandverschiebung wächst dieser Keim an, solange das Zusatzfeld angelegt bleibt. Wenn im übrigen Draht die Feldstärke größer als die kritische Feldstärke H_0 ist, durchläuft die Wand schließlich das ganze Material. SIXTUS fand nun, daß bei nur kurzzeitigem Überschreiten der Startfeldstärke H_s in der Zusatzspule zwar auch ein Keim entsteht, daß aber dieser, solange er nicht zu groß geworden ist, nach dem Abschalten des Zusatzfeldes nicht weiter wachsen kann, sondern in unveränderter Größe in dem Draht liegen bleibt, und zwar auch dann, wenn die Feldstärke nach Abschalten des Zusatzfeldes noch größer ist als die kritische Feldstärke H_0, die zum Bewegen einer Wand mindestens nötig ist. Es gelang SIXTUS, die Größe dieser „eingefrorenen" Keime durch das von ihnen hervorgerufene Streufeld auszumessen. Er fand, daß es recht langgestreckte, dünne Gebilde waren. Der längste war 13 cm lang und hatte nur etwa 0,1 mm größten Durchmesser. Die Ursache der Wachstumshemmung dieser eingefrorenen Keime liegt teilweise in dem Einfluß der Oberflächenenergie und teilweise an der Wirkung des von dem Keim selbst hervorgerufenen Feldes. Dieses entmagnetisierende Feld, das von den „freien Polen" an der Oberfläche des Keimes herrührt, ist ja im Keiminnern und an seiner Seite dem äußeren Feld entgegengerichtet und hemmt daher dort das Vorrücken der Wand. Dagegen kann für die Hemmung des Wachstums an der Spitze der Keime das entmagnetisierende Feld nicht verantwortlich gemacht werden. Dort macht vielmehr die mit dem Vorrücken der Wand verbundene Oberflächenvergrößerung des Keimes wegen der dabei aufzuwendenden Wandenergie das Wachstum unmöglich.

Man kann nun untersuchen, wie weit man das Feld erhöhen muß, damit ein solcher „eingefrorener" Keim zu wachsen beginnt und den Ummagnetisierungsvorgang im ganzen Draht hervorruft. Die dazu nötige Feldstärke H'_s ist naturgemäß kleiner als die Feldstärke H_s, die zu seiner ersten Erzeugung nötig war, und außerdem ist sie von den Abmessungen des Keimes abhängig. Diesen Zusammenhang wollen wir theoretisch abzuleiten versuchen. Wir betrachten dazu zweckmäßig die energetischen Bedingungen, die erfüllt sein müssen, damit die Wand des Keimes unter Vergrößerung des Keimvolumens vorrücken kann. Wenn sich das Keimvolumen V um dV vergrößert, wird dem Material die Energie $2HJ_s dV$ zugeführt, wenn H das von der äußeren Spule im Draht erzeugte Feld ist. Denn in dem Volumen dV ändert sich ja die Magnetisierung von $-J_s$ nach $+J_s$ (J_s = Sättigungsmagnetisierung). Dieser Energiebetrag wird nun in verschiedener Weise verbraucht. Einmal ist mit dem Vorrücken der Wand eine Oberflächenvergrößerung dF verbunden, wozu der Energiebetrag γdF aufzuwenden ist. Ferner ist mit der Keimvergrößerung eine Veränderung der Feldenergie des entmagnetisierenden Feldes verbunden. Diese Feldenergie wollen wir mit W, die Änderung mit dW bezeichnen. Den Überschuß der zugeführten Energie $2HJ_s dV$ über die Summe dieser beiden weiteren Energieposten nennen wir

$$dA = 2HJ_s dV - \gamma dF - dW. \tag{5}$$

Dieser Energieüberschuß dA wird nun beim Vorrücken der Wand irreversibel vernichtet. Wenn die Bewegung der Wand ohne jeden Energieverlust vor sich gehen könnte, wäre demnach das Keimwachstum energetisch möglich, sobald dA sich bei positivem dV als positiv ergibt. Das Vorhandensein der kritischen Feldstärke H_0 zeigt aber, daß selbst beim unendlich langsamen Vorrücken der Wand mindestens der Energiebetrag $2H_0 J_s$ pro cm³ irreversibel vergeudet wird. Die Wand erfährt eine gewisse „Reibung"; $2H_0 J_s$ ist der Mindestbetrag der pro cm³ infolge der Reibung verbrauchten Energie. Natürlich handelt es sich hierbei nicht um Reibung im mechanischen Sinn. H_0 hat vielmehr seine Ursache in kleinen örtlichen Schwankungen von γ. Die Umsetzung der Reibungsenergie in Wärme geschieht vermutlich auf dem Umweg über mikroskopische Wirbelströme. In dem folgenden Abschnitt wird von M. Kersten (S. 42) darauf ausführlich eingegangen werden. Für diese Betrachtung genügt die Feststellung, daß die Wand des Keimes nur dann vorrücken kann, wenn dA den Mindestbetrag $2H_0 J_s dV$ dieser Reibungsenergie bei der Vergrößerung des Keimvolumens um dV übersteigt, wenn also gilt

$$dA > 2H_0 J_s dV. \qquad (dV \text{ positiv}) \tag{6}$$

Aus dieser Ungleichung lassen sich nun die Bedingungen für das Wachstum der Keime ableiten. Die Entmagnetisierung bewirkt, daß die vorkommenden Keime sehr lang und dünn sind. l sei ihre Länge, d ihr größter Durchmesser. Bei SIXTUS war stets $l/d > 500$. Bei solchen Keimen kann ein Wachstum nur auf zwei wesentlich verschiedene Weisen stattfinden, entweder durch Wachsen der Länge oder durch Wachsen der Dicke. Natürlich kann auch beides gleichzeitig stattfinden, aber da bei den beiden Wachstumsarten die Wand an ganz verschiedenen Stellen vorrückt, das eine Mal nur an der Spitze, das andere Mal im wesentlichen nur an der Seite, so kann ein gleichzeitiges Wachstum von Länge und Dicke nur dann vorkommen, wenn sowohl für das Längenwachstum bei festgehaltener Dicke wie auch für das Dickenwachstum bei festgehaltener Länge einzeln die Ungleichung (6) erfüllt ist. Wir können also die beiden Wachstumsarten als voneinander unabhängig ansehen.

Bei langen dünnen Gebilden ist nun das Volumen proportional der Länge und dem Quadrat der Dicke. Wir setzen

$$V = C_1 \cdot l \cdot d^2.$$

Die zahlenmäßige Rechnung werden wir nachher unter der Annahme durchführen, daß die Keimform die eines Rotationsellipsoids ist. Nur in dem Fall läßt sich die Feldenergie W exakt berechnen. Angenähert haben die bei SIXTUS ausgemessenen Keime tatsächlich diese Gestalt. In dem Fall ist $C_1 = \frac{\pi}{6}$. Für die Oberfläche kann man bei sehr langgestreckten Keimen näherungsweise einen Ausdruck der Gestalt

$$F = C_2 \cdot l \cdot d$$

schreiben. Beim Rotationsellipsoid ergibt sich $C_2 = \frac{\pi^2}{4}$.

Betrachten wir nun zunächst den Grenzfall so langer dünner Keime, daß wir die Feldenergie W des entmagnetisierenden Feldes vernachlässigen können. Dann lautet die Größe A, deren Differential in (5) steht,

$$A = 2\,C_1 H J_s \cdot l d^2 - C_2 \gamma \cdot l d.$$

Als Bedingung für das Längenwachstum folgt nun aus (6)

$$\frac{\partial A}{\partial l} > 2 H_0 J_s \frac{\partial V}{\partial l}, \tag{7}$$

was unter Vernachlässigung von W mit obigem Ausdruck für A ergibt:

$$d > \frac{C_2 \gamma}{2\,C_1 J_s (H - H_0)}. \tag{9}$$

Es gibt also eine gewisse kritische Dicke $d_k = \dfrac{C_2 \gamma}{2\,C_1 J_s (H - H_0)}$, die umgekehrt proportional $(H - H_0)$ ist. Bei ganz langen dünnen Keimen ist

Längenwachstum nur möglich, wenn $d > d_k$ ist. Beim Rotationsellipsoid gilt

$$d_k = \frac{3\pi\gamma}{4 J_s (H - H_0)} .\tag{10}$$

Die Bedingung für das Dickenwachstum lautet entsprechend

$$\frac{\partial A}{\partial d} > 2 H_0 J_s \frac{\partial V}{\partial d} ,\tag{8}$$

woraus unter Vernachlässigung von W folgt

$$d > \frac{C_2 \gamma}{4 C_1 J_s (H - H_0)} = \frac{1}{2} d_k .\tag{11}$$

Dickenwachstum ist also bei sehr langen dünnen Keimen schon möglich, wenn die Dicke nur die halbe kritische Dicke überschreitet. Daß das Dickenwachstum schon eher einsetzt als das Längenwachstum, liegt daran, daß das Volumen quadratisch mit der Dicke, aber nur linear mit der Länge anwächst, während die Oberfläche sowohl in l wie in d linear ist. Bei prozentual gleicher Änderung der Oberfläche ist demnach die Volumenzunahme bei Dickenwachstum größer als beim Längenwachstum.

Gehen wir nun zu kürzeren Keimen über, so macht sich die Feldenergie W bemerkbar, aber beim Längenwachstum und Dickenwachstum in verschiedener Weise. An der Seite des Keimes, wo beim Dickenwachstum die Wand im wesentlichen vorrückt, ist das entmagnetisierende Feld dem äußeren Feld entgegengerichtet. Sein Einfluß wirkt also im gleichen Sinne wie eine Verminderung des äußeren Feldes. Die Dicke, oberhalb der das Dickenwachstum möglich ist, wird also mit abnehmendem Dimensionsverhältnis l/d vom Werte $d_k/2$ an zunehmen. Bei einem gewissen Dimensionsverhältnis wird das entmagnetisierende Feld an der Seite gleich $H - H_0$ werden. Dann kann bei keiner Keimgröße mehr an der Seite das Gesamtfeld den Wert H_0 überschreiten, Dickenwachstum ist also überhaupt nicht mehr möglich. Anders ist es dagegen beim Längenwachstum. An der Spitze des Keimes ist ja das entmagnetisierende Feld außerhalb des Keimes dem äußeren Feld gleichgerichtet. Es unterstützt also das Keimwachstum. Mit abnehmendem Dimensionsverhältnis l/d muß also die Dicke, oberhalb der ein Längenwachstum möglich ist, von d_k an zu kleineren Werten absinken.

Man bringt diese Verhältnisse am besten in der $l-d$-Ebene zur Darstellung. Jedem Keim ist ein Punkt in dieser Ebene zugeordnet. Die Bedingungsgleichungen für das Keimwachstum legen die Gebiete fest, in denen die darstellenden Punkte liegen müssen, wenn bei den zugehörigen Keimen das Längen- oder das Dickenwachstum möglich sein soll. Die Gleichung der Grenzkurve des Gebietes des Längenwachstums folgt aus

$$\frac{\partial A}{\partial l} = 2 H_0 J_s \frac{\partial V}{\partial l} .\tag{7a}$$

Diese Kurve muß für große l sich asymptotisch an die Geraden $d = d_k$ anschmiegen und mit abnehmender Länge abfallen. Die Grenzkurve des Gebietes des Dickenwachstums, die aus

$$\frac{\partial A}{\partial d} = 2 H_0 J_s \frac{\partial V}{\partial d} \tag{8a}$$

folgt, muß von ihrer Asymptote $d = \dfrac{d_k}{2}$ mit abnehmendem Dimensionsverhältnis ansteigen, um sich schließlich an einen Strahl durch den Ursprung anzuschmiegen, dessen Neigung durch $H - H_0 = H_d$ gegeben ist, wenn wir mit H_d das entmagnetisierende Feld im Keiminnern bezeichnen. Dieser Verlauf, dessen Zustandekommen qualitativ auf Grund der obigen Betrachtungen klar ist, erkennt man in Abb. 3 vollständig wieder. In dieser Abbildung sind die Grenzkurven dargestellt, wie sie

sich unter der Annahme ergeben, daß die Keime die Gestalt eines Rotationsellipsoids haben. In dem Falle ist die Feldenergie W streng berechenbar, und zwar beträgt sie

$$W = 2 N J_s^2 \cdot V , \tag{12}$$

was hier ohne Beweis angegeben sei. N ist der Entmagnetisierungsfaktor, der bei langen dünnen Keimen

$$N = 4 \pi \frac{d^2}{l^2} \left(\ln 2 \frac{l}{d} - 1 \right)$$

beträgt.

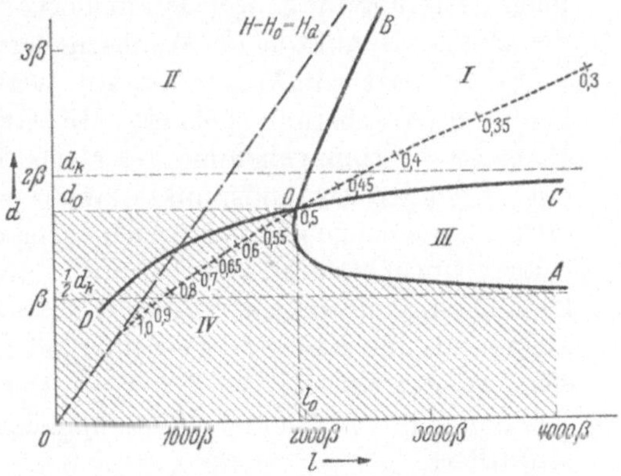

Abb. 3.   Die l—d-Ebene mit den Grenzkurven für $H - H_0 = 0{,}5$ Oersted.

Für Abb. 3 ist speziell $H - H_0 = 0{,}5$ Oersted und $J_s = 1650$ Gauß gesetzt worden. Dieser letztere Wert ist die Sättigungsmagnetisierung bei dem Material, das SIXTUS bei seinen Versuchen verwendet hat (15 % Ni — 85 % Fe). Die unbekannte Größe γ bestimmt nur den Maßstab der Abbildung, nicht die Gestalt der Kurven. Die als Einheit benutzte Länge β ist die kritische Dicke d_k bei der Feldstärke $H - H_0$ $= 1$ Oersted, so daß also gilt $d_k = \dfrac{\beta}{H - H_0}$. Beim Rotationsellipsoid ist $\beta = \dfrac{3 \pi \gamma}{4 J_s}$.

AOB ist die Grenzkurve des Gebietes des Dickenwachstums, COD die des Gebietes des Längenwachstums. Infolge des verschiedenartigen Einflusses des entmagnetisierenden Feldes auf das Längen- und Dickenwachstum schneiden sich die beiden Grenzkurven und zerlegen somit die l—d-Ebene in vier Gebiete. In Gebiet I ist das Wachstum ungehemmt. Ein Keim, dessen darstellender Punkt in dieses Gebiet fällt, ist in seinem Wachstum energetisch nicht beschränkt. Sein Zustandspunkt bewegt sich in der $l-d$-Ebene nach rechts oben. Der Keim kann beliebig groß werden, er kann also den Ummagnetisierungsvorgang im ganzen Draht hervorrufen. Im Gebiet IV ist sowohl das Längen- als auch das Dickenwachstum gehemmt. Dort liegen also die Zustandspunkte der eingefrorenen Keime. In Gebiet II ist wohl ein Wachstum der Länge, aber kein Dickenwachstum möglich. Der Zustandspunkt bewegt sich in diesem Gebiet also parallel zur Abszissenachse nach rechts. Für sein weiteres Verhalten ist nun entscheidend, ob seine Dicke größer oder kleiner ist als die Dicke d_0 des zum Schnittpunkt O der Grenzkurven gehörigen Keimes. Ist $d > d_0$, so erreicht sein Zustandspunkt schließlich die Grenzkurve OB und gelangt dann in das Gebiet ungehemmten Wachstums. Ein solcher Keim ruft also die Ummagnetisierung im ganzen Draht hervor. Ist dagegen $d < d_0$, so gelangt der Zustandspunkt beim Wachsen der Länge an die Grenzkurve OD und dann hört sein Wachstum auf, weil er in das Gebiet des völlig gehemmten Wachstums gelangt. In Gebiet III ist entsprechend das Längenwachstum gehemmt, aber das Dickenwachstum möglich. Die dort liegenden Zustandspunkte laufen parallel zur Ordinatenachse nach oben. Sie gelangen zumeist nach Überschreitung der Grenze CO in das Gebiet ungehemmten Wachstums. Nur die Zustandspunkte in dem kleinen linsenförmigen Stück von Gebiet III, bei denen die Länge kleiner als die Länge l_0 des zum Punkt O gehörigen Keimes ist, laufen sich an der Grenzkurve AO fest. Das gesamte Gebiet, in dem ein Keim nicht den Ummagnetisierungsvorgang hervorruft, ist in Abb. 3 schraffiert.

Die Lage der Grenzkurven in Abb. 3 hängt nun noch von der Feldstärke H ab. Es zeigt sich aber, daß sich ihre Gestalt bei Veränderung von H qualitativ wenig verändert. Im wesentlichen ändert sich nur der Maßstab. Man erhält daher schon einen guten Überblick, wenn man nur die Lage des Punktes O bei verschiedenen Feldern kennt. Deshalb ist in Abb. 3 die Bahn des Punktes O bei Veränderung des Feldes punktiert eingetragen. Die an diese Kurve angetragenen Parameterwerte sind die zugehörigen Werte von $H - H_0$.

Wir haben bisher nicht die Möglichkeit erörtert, daß die Abmessungen eines Keimes auch durch Wandverschiebung abnehmen können. Auch dafür lassen sich entsprechende Ungleichungen gewinnen. Wie man leicht übersieht, muß dann gelten

$$dA < -2 H_0 J_s \, dV. \qquad (dV \text{ positiv}) \qquad (13)$$

Die Gleichungen der entsprechenden Grenzkurven gehen aus den bebetrachteten hervor, indem man $H - H_0$ durch $H + H_0$ ersetzt. Die zugehörigen Gebiete liegen in Abb. 3 in der linken unteren Ecke. Wir wollen darauf aber nicht weiter eingehen, da es für das Folgende ohne Interesse ist.

Nunmehr können wir leicht die Frage beantworten, bei welcher Feldstärke H'_s ein vorgegebener eingefrorener Keim den Ummagnetisierungsvorgang startet, nämlich bei derjenigen Feldstärke, bei welcher das in Abb. 3 schraffierte Gebiet so klein geworden ist, daß der darstellende Punkt gerade auf seiner Grenze liegt. Dabei sind zwei Fälle zu unterscheiden:

1. Der Zustandspunkt liegt oberhalb der Bahn des Punktes O. Bei Erhöhung des Feldes wird dann der darstellende Punkt, der anfangs im Gebiet IV des gehemmten Wachstums lag, von der Grenzkurve OD erreicht und gelangt somit in ein Gebiet, wo das Längenwachstum möglich ist, aber kein Dickenwachstum. Seine Länge beginnt also zuzunehmen, aber nicht unbegrenzt, sondern nur so lange, bis sein Zustandspunkt auf der neuen Grenzkurve OD liegt. Den Ummagnetisierungsvorgang startet der Keim erst, wenn die Dicke d_0 des zum Punkt O gehörigen Keimes kleiner als die Dicke des vorliegenden eingefrorenen Keimes geworden ist. H'_s hängt in diesem Fall nur von der Keimdicke ab.

2. Liegt der Zustandspunkt unterhalb der Bahn des Punktes O, so gilt einfach, wenn man von dem kleinen linsenförmigen Teil des Gebietes III beim Punkt O, wo $l < l_0$ ist, absieht: Der Keim startet bei derjenigen Feldstärke H'_s den Ummagnetisierungsvorgang, bei der die Grenzkurve AO durch seinen Zustandspunkt hindurchgeht. In diesem Fall ist H'_s von der Länge und der Dicke des Keimes abhängig. Nur wenn die Länge so groß ist, daß man AO praktisch durch seine Asymptote ersetzen kann, ist H'_s wieder nur von der Dicke abhängig.

Bei den von SIXTUS ausgemessenen Keimen liegen die Zustandspunkte sämtlichst oberhalb der Bahn von O. Wir werden später sehen, daß das bei den größten von ihm erzeugten Keimen wegen ihrer Herstellungsmethode so sein muß. Bei diesen Keimen sollte also nach dieser Theorie bei Felderhöhung, noch bevor der Keim den Ummagnetisierungsvorgang im ganzen Draht hervorruft, ein beschränktes Längenwachstum einsetzen. Das ist leider von SIXTUS nicht untersucht worden. Die Startfeldstärke H'_s dieser Keime sollte nur von der Dicke abhängen. In diesem Punkte läßt sich die Theorie prüfen. Nimmt man an, daß die Keime die Gestalt von Rotationsellipsoiden haben, so gilt in guter Näherung, für große Werte l/d, daß die Dicke d_0 des zum Punkt O gehörigen Keimes gleich $\frac{5}{6} d_k$ ist, so daß wir erhalten

$$d_0 = \frac{5\pi}{8} \frac{\gamma}{J_s(H - H_0)}. \tag{14}$$

Die Differenz zwischen der Startfeldstärke H'_s und der Grenzfeldstärke H_0 ist demnach bei diesen Keimen umgekehrt proportional der Keimdicke

$$H'_s - H_0 = \frac{K}{d}, \tag{15}$$

wobei die Proportionalitätskonstante K außer bekannten Größen nur die Wandenergie γ enthält:

$$K = \frac{5\pi}{8} \frac{\gamma}{J_s}. \tag{16}$$

Der Vergleich zwischen dieser theoretischen Aussage und dem Experiment ist in Abb. 4 zur Anschauung gebracht. Die Punkte stellen den von Sixtus gemessenen Zusammenhang zwischen $H'_s - H_0$ und der Keimdicke dar. Die Kurve ist der theoretische Verlauf, wobei über die Konstante K geeignet verfügt worden ist. Die Übereinstimmung des Kurvenverlaufes zeigt die gute Bestätigung der Theorie. Aus der in dieser Weise ermittelten Konstanten K ergibt sich für die Wandenergie

$$\gamma = 2{,}7 \ \text{Erg/cm}^2.$$

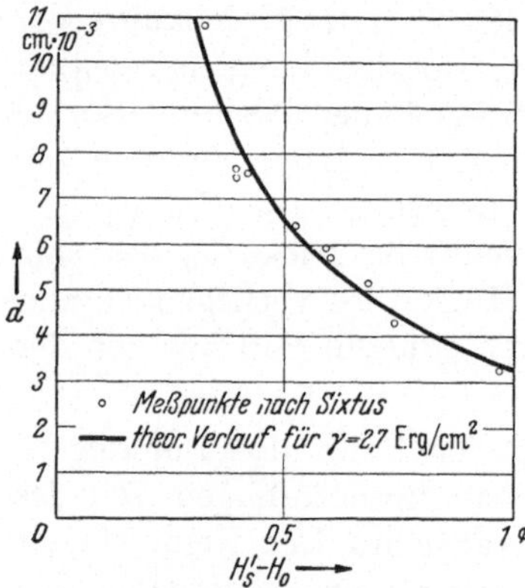

Abb. 4. Der Zusammenhang zwischen $H'_s - H_0$ und der Keimdicke d. (Vgl. Abb. 11 S. 24.)

Dieser Wert ist nun zu vergleichen mit dem theoretischen Wert der Blochschen Formel. Bei dem von Sixtus benutzten Material (15% Ni, 85% Fe) ist das Gitter kubisch-raumzentriert. Also gilt

$$\gamma = 2\sqrt{2}\sqrt{\frac{IC}{a}}.$$

Es war $C = \frac{3}{2}\lambda\sigma$. Die Zugspannung betrug bei diesen Versuchen $\sigma = 65 \ \text{kg/mm}^2 = 6{,}5 \cdot 10^9 \ \text{Dyn/cm}^2$. Ersetzt man das Austauschintegral durch die Curie-Temperatur Θ auf Grund der Heisenbergschen Beziehung, die für kubisch-raumzentriertes Gitter $2I = k\Theta$ lautet, so erhält man durch Einsetzen der Materialkonstanten ($\Theta \approx 1000°$ abs.; $\lambda = 2{,}5 \cdot 10^{-5}$; $a = 2{,}7 \ \text{Å}$)

$$\gamma = 2{,}1 \ \text{Erg/cm}^2.$$

In Anbetracht der rohen Annahmen, die der theoretischen Berechnung von γ zugrunde liegen, muß das als eine sehr gute Übereinstimmung angesehen werden.

Eine Bemerkung muß man zu diesen ganzen Betrachtungen noch hinzufügen. Es ist dabei stets vorausgesetzt worden, daß die Keime im Innern des Materials lagen und nicht an der Drahtoberfläche. Ob das tatsächlich der Fall war, ist von SIXTUS in einigen Fällen geprüft worden. Er hat dazu den Draht, in dem ein eingefrorener Keim vorhanden war, an der Oberfläche etwas abgeätzt und geprüft, ob die Keimdicke dadurch verändert wird. Er fand, daß dies meist nicht der Fall war[1]. Die Keime lagen also im Innern des Materials und nicht an der Drahtoberfläche.

Das führt uns auf die Frage, wie denn der erste wachstumsfähige Keim innerhalb der Zusatzspule überhaupt entstehen kann. Nach den bisher durchgeführten Betrachtungen sind ganz kleine Keime niemals wachstumsfähig, sondern haben stets die Tendenz, kleiner zu werden, weil bei ganz kleinen Keimen beim Wachsen stets der Energieaufwand zur Vermehrung der Oberfläche die Energiezufuhr, die proportional der Vermehrung des Keimvolumens ist, übersteigt. Diese Sachlage ist offenbar ganz analog den Verhältnissen bei der Kondensation von übersättigten Dämpfen, wo wegen des Einflusses der Oberflächenspannung ebenfalls die kleinsten Tröpfchen stets die Tendenz haben, zu verdampfen und nicht durch Kondensation zu wachsen. Bei Dämpfen setzt daher die Kondensation stets an Ionen, Staubteilchen oder anderen Stellen ein, wo diese Keimbildungsschwierigkeit nicht vorhanden ist. Nur wenn man alle diese fremden, keimbildungserleichternden Bestandteile möglichst vollständig entfernt, kann man die Übersättigung so weit treiben, daß eine spontane Keimbildung mit merklicher Häufigkeit vorkommt, indem sich infolge von Dichteschwankungen, die wegen der atomistischen Struktur der Materie ja im Kleinen stets vorhanden sind, zufällig Tröpfchen von solcher Größe bilden, daß sie anwachsen können. Dabei wird im Kleinen jedesmal der zweite Hauptsatz durchbrochen, denn strenggenommen ist nach dessen Aussagen solch ein Vorgang unmöglich. Entsprechend wird auch hier der Ummagnetisierungsvorgang an irgendwelchen Störstellen einsetzen, vielleicht an Stellen, wo die Wandenergie sehr klein ist oder wo noch vom vorhergehenden Magnetisierungsvorgang ein kleines Restgebiet mit anderen Magnetisierungsrichtungen zurückgeblieben ist. Wir wissen darüber bisher sehr wenig. Mit einiger Sicherheit kann man nur sagen, daß eine spontane Keimbildung, wo die thermischen Schwankungen die Keimbildungsschwierigkeit überwinden, bei den vorliegenden Feldstärken noch nicht in Frage kommt.

Eine Tatsache ist nun bei diesen Versuchen noch überraschend. Die Zusatzspule, mit der bei SIXTUS die Keime erzeugt wurden, hatte nur eine Länge von etwa 1 cm. Trotzdem entstanden beim kurzzeitigen Überschreiten der Startfeldstärke H_s in dieser kurzen Spule eingefrorene

---

[1] Nach unveröffentlichten Versuchen, deren Kenntnis ich einer freundlichen mündlichen Mitteilung von Herrn Dr. SIXTUS verdanke.

Keime von einer Länge bis zu 13 cm. Deren Spitzen befanden sich
also gar nicht mehr im Zusatzfeld. Die Spitze des positiv magnetisierten Keimes vermag demnach, solange das Zusatzfeld angelegt ist,
in das negativ magnetisierte Material hinein vorzuwachsen, aber sie
verliert diese Fähigkeit wieder beim Abschalten des Zusatzfeldes, obwohl direkt von diesem Feld an der Spitze kaum noch etwas zu merken
sein wird. Auch das läßt sich an Hand von Abb. 3 leicht verstehen.
Solch ein Keim, dessen Spitze weit aus der Zusatzspule herausgewachsen
ist, befindet sich zum größten Teil in einem Hauptfeld, für das sein
Wachstum gehemmt ist, denn beim Abschalten des Zusatzfeldes wächst
er ja nicht weiter. Man kann sich nun wohl vorstellen, daß die kurze
Zusatzspule an seiner Seite die Hemmung des Dickenwachstums auf-

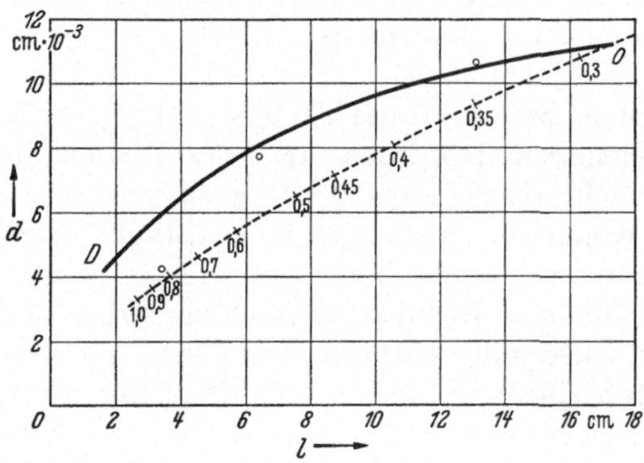

Abb. 5. Die Lage der drei größten Keime in der l—d-Ebene.

hebt, denn dabei rückt ja die Wand im wesentlichen an der Seite vor.
Dadurch wandert sein Zustandspunkt in die $l-d$-Ebene nach oben und
kommt nach Überschreiten der Grenzkurve OD in das Gebiet II, wo
im Hauptfeld ein beschränktes Längenwachstum möglich ist. Das
Längenwachstum kommt also indirekt zustande dadurch, daß infolge
des Dickenwachstums unter der Wirkung der Zusatzspule der Keim
ein Dimensionsverhältnis annimmt, das im Hauptfeld ein Längenwachstum ermöglicht. Beim Ausschalten des Zusatzfeldes wird das Dickenwachstum wieder gehemmt. Dann wächst die Länge noch so lange, bis
der Zustandspunkt an die zum Hauptfeld gehörige Grenzkurve OD
kommt und dann wird auch das Längenwachstum gehemmt. Ob diese
Vorstellung richtig ist, läßt sich nun leicht daran prüfen, ob tatsächlich die Zustandspunkte der längsten Keime auf diesem Kurvenast
liegen. Den Vergleich zeigt Abb. 5. Bei der Feldstärke, bei dem Sixtus
die größten, voll ausgemessenen Keime hergestellt hat, war $H-H_0$
$= 0,28$ Oersted. In Abb. 5 ist die Grenzkurve OD für diesen Feldwert
eingezeichnet. Für γ wurde dazu der oben ermittelte Wert von

2,7 Erg/cm² benutzt. Die Punkte sind die Zustandspunkte der drei größten Keime. Man sieht, daß die beiden größten Keime recht gut auf der Kurve liegen. Der dritte Keim ist schon zu kurz, um diese Theorie anwenden zu können. Bei ihm befand sich der größte Teil noch innerhalb der Zusatzspule.

Auch in diesem Punkte findet man also eine gute Bestätigung der hier entwickelten Theorie. Für eine weitergehende Prüfung liegen bisher keine Experimente vor. Die Messungen von SIXTUS sind bisher die einzigen auf diesem Gebiet. Da bei ihrer Ausführung diese theoretischen Überlegungen noch nicht vorlagen, sind sie natürlich nicht unter den Gesichtspunkten durchgeführt worden, die zum Zwecke der Kontrolle dieser Betrachtungen vielleicht erwünscht gewesen wären. Für weitergehende Fragen und genauere Prüfungen der hier dargestellten theoretischen Gedankengänge wird man daher erst noch weitere Experimente abwarten müssen.

Zur Deutung der Koerzitivkraft[1].

Von MARTIN KERSTEN-Berlin.

Mit 10 Abbildungen.

Die reversiblen und irreversiblen Magnetisierungsänderungen der technischen Magnetisierungskurve sind in erster Linie durch die Begriffe „Anfangspermeabilität" und „Koerzitivkraft" gekennzeichnet.

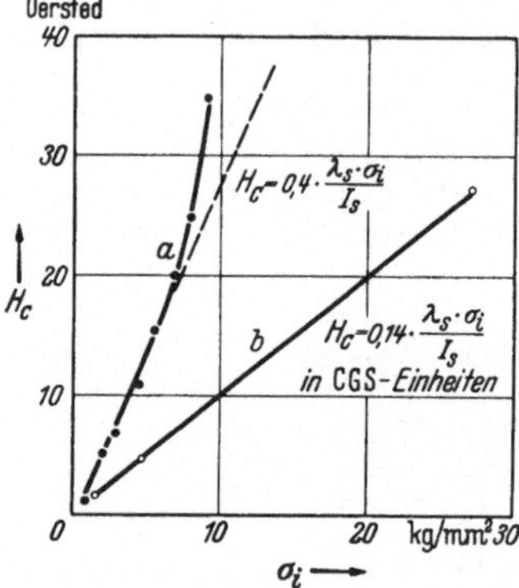

Abb. 1. Die Koerzitivkraft H_c von Nickel in Abhangigkeit vom Durchschnittsbetrag σ_i der Eigenspannungen. a) Rekristallisierter Nickeldraht, stufenweise bis zum Riß plastisch gereckt; b) hart gezogener Nickelstab im harten Zustand, unvollstandig und vollstandig rekristallisiert.

Die reversiblen Vorgänge wurden bekanntlich bis zu einem gewissen Grade quantitativ gedeutet, d. h. die Anfangspermeabilität wurde zurückgeführt auf drei Werkstoffgrößen, die (technische) Sättigungsmagnetisierung, die Magnetostriktion und die mechanischen Eigenspannungen[2]. Nach vielen experimentellen Erfahrungen durfte man erwarten, daß die gleichen Werkstoffgrößen, also besonders die Magnetostriktion und die Eigenspannungen, auch für die Koerzitivkraft — ähnlich wie für die Anfangspermeabilität — von maßgebender Bedeutung sind.

Abb. 1 zeigt hierfür als Beispiel zwei bekannte experimentelle Befunde über den Zusammenhang zwischen der Koerzitivkraft H_c und dem durchschnittlichen Betrage σ_i der Eigenspannungen eines Nickeldrahtes[3]. Die verschiedenen Beträge der Eigenspannungen sind im Falle a durch plastisches Recken eines gut ausgeglühten Drahtes in mehreren Stufen bis zur größten Dehnung von 38 % der Anfangslänge erzeugt worden. Im Falle b sind drei verschiedene Spannungsbeträge σ_i durch unvollständiges und durch vollständiges Rekristallisieren eines im Ausgangszustand hartgewalzten Nickelstabes entstanden. Die Span-

---

[1] Mitteilung aus dem Zentrallaboratorium der Siemens & Halske A.-G.

[2] Zusammenfassender Bericht: R. BECKER: Physik. Z. **33**, 905 (1932); vgl. dieses Buch S. 1.

[3] KERSTEN, M.: Z. techn. Physik **12**, 667 (1931) — Z. Metallkde. **27**, 100 (1935). — Vgl. A. KUSSMANN u. B. SCHARNOW: Z. Physik **54**, 1 (1929) (Erhöhung der Koerzitivkraft durch Eigenspannungen im heterogenen Gefüge).

nungsbeträge σ_i sind bei diesen Versuchen in bekannter Weise durch magnetische Messungen ermittelt worden[1]. Aus dem in Abb. 1 dargestellten Versuchsergebnis und aus vielen ähnlichen bekannten Befunden folgt deutlich, daß die Koerzitivkraft mindestens in bestimmten Fällen ungefähr den Eigenspannungen proportional ist, daß aber der Proportionalitätsfaktor noch wesentlich davon abhängt, wie die Eigenspannungen entstanden sind. Daß außer den Eigenspannungen auch die Magnetostriktion die Koerzitivkraft beeinflußt, zeigt sich zunächst darin, daß die Koerzitivkräfte um eine Größenordnung nach unten verschoben werden, wenn die gleichen Versuche mit ciner Eisen-Nickel-Legierung durchgeführt werden, deren (Sättigungs-) Magnetostriktion etwa eine Größenordnung unter der des Nickels liegt.

Obwohl diese Befunde, die der theoretischen Forschung eine so deutliche Richtung weisen, schon viele Jahre zurückliegen, sind bisher die irreversiblen Magnetisierungsvorgänge und die Koerzitivkraft nicht in dem Ausmaß gedeutet worden wie die reversiblen Vorgänge. Es gelang nicht einmal eine befriedigende größenordnungsmäßige Erklärung der verschiedenen gemessenen Beträge der Koerzitivkraft[2].

Die erste modellmäßige Vorstellung zur quantitativen Verknüpfung der Koerzitivkraft mit der Magnetostriktion und den Eigenspannungen ist von R. BECKER entwickelt worden[3]. Es hat sich allerdings gezeigt, daß dieses erste Modell nur eine grundsätzliche Höchstgrenze der Koerzitivkraft liefert, die lediglich in bestimmten Sonderfällen auch praktisch angenähert erreicht wird.

F. BLOCH hat später darauf hingewiesen, daß zur Deutung der Hystereseschleife neben den von BECKER beschriebenen Drehvorgängen der völlig andere Mechanismus der „Wandverschiebungen" herangezogen werden muß[4]. BLOCH konnte im Einklang mit der Erfahrung qualitativ verständlich machen, daß *homogene* Spannungen die Koerzitivkraft weniger unmittelbar beeinflussen als inhomogene Spannungs*schwankungen*, die beispielsweise durch irgendwelche Gitterstörungen erzeugt werden.

Die Vorstellung der Wandverschiebungen zwischen WEISSschen Bezirken mit verschiedener Richtung ihrer spontanen Magnetisierung hat sich für die Deutung der reversiblen und irreversiblen Vorgänge als sehr fruchtbar erwiesen. BLOCH hat allerdings seinerzeit noch keine quantitativen Beziehungen für die Koerzitivkraft angegeben, die der experimentellen Nachprüfung ohne weiteres zugänglich wären. Diesem Ziel

---

[1] KERSTEN, M.: Z. Physik **76**, 505 (1932); **82**, 723 (1933); **85**, 711 (1933); dort nähere Angaben über die Definition der Größe σ_i.

[2] S. Zitat 2, S. 42.   [3] BECKER, R.: Z. Physik **62**, 253 (1930).

[4] BLOCH, F.: Z. Physik **74**, 329 (1932). (Vgl. dort S. 330 Bemerkungen über den Schrumpfprozeß AKULOVS.)

ist kürzlich Kondorski im Anschluß an die Arbeiten von Bloch wesentlich näher gekommen[1]. Der von Kondorski erreichte Fortschritt beruht darauf, daß er deutlich erkannt hat, in welcher Weise die zum Verschieben der Blochschen Wände erforderliche Feldenergie von der Magnetostriktion und den Eigenspannungen abhängt.

Im folgenden möchte ich in enger Anlehnung an die Vorträge von K. Sixtus (S. 9) und W. Döring (S. 26) und an die Arbeiten von Bloch und Kondorski über den heutigen Stand der Deutung der Koerzitivkraft berichten. Über diese Arbeiten hinaus werde ich einige neue Überlegungen zu dieser Frage mitteilen.

Zugunsten einer möglichst anschaulichen Darstellungsweise werden einige Zwischenrechnungen in einem Anhang getrennt zusammengefaßt.

1. Die experimentellen Grundlagen.

Die experimentellen Befunde, die dem Begriff der Wandverschiebungen zugrunde liegen, sind von K. Sixtus und W. Döring schon so ausführlich beschrieben worden, daß ich hier nur noch einmal die wichtigsten Gesichtspunkte hervorheben möchte, die wir für die folgenden Betrachtungen als experimentelle Grundlagen benötigen.

Die Koerzitivkraft der normalen ferromagnetischen Werkstoffe stellt einen Mittelwert der verschiedenen Feldstärken dar, bei denen in den einzelnen kleinen Teilgebieten des Werkstoffes die Barkhausen-Sprünge ablaufen. Die für den Barkhausen-Sprung eines bestimmten Teilgebietes notwendige Sprungfeldstärke hängt nach den obenerwähnten experimentellen Erfahrungen irgendwie vom Betrag und der Verteilung der Eigenspannungen in diesem Teilgebiet ab. Die nach Betrag und Richtung stark schwankenden Eigenspannungen sind jedoch der Messung kaum zugänglich, so daß man aus der Untersuchung der kleinen Barkhausen-Sprünge einer normalen Hystereseschleife kaum einen eindeutigen experimentellen Befund über den Zusammenhang zwischen Sprungfeldstärke und mechanischen Spannungen gewinnen kann.

Wesentlich besser eignen sich für derartige grundsätzliche Untersuchungen die rechteckförmigen Hystereseschleifen, die zuerst Preisach an dünnen Eisennickeldrähten gefunden hat[2], die einem hinreichend starken Zug in der Feldrichtung ausgesetzt werden. An die Stelle der nicht genau meßbaren Eigenspannungen tritt in diesem Falle die der Messung gut zugängliche, von außen angelegte Zugspannung, so daß ein Vergleich der gemessenen Hystereseschleife mit irgendwelchen theo-

---

[1] Kondorski, E.: Sowjet Phys. **11**, H. 6, 597 (1937).

[2] Preisach, F.: Ann. Physik **3**, 737 (1929). Die schon früher durch elastische Biegung von Forrer erzeugten Hystereseschleifen mit großen Barkhausen-Sprüngen [J. de Physique (6) **7**, 109 (1926); **10**, 247 (1929)] sind keine rechteckförmigen Schleifen, vgl. hierzu M. Kersten: Z. Physik **71**, 576 (1931).

retischen Aussagen über den Einfluß einer *homogenen* mechanischen Verspannung auf die Koerzitivkraft leicht durchgeführt werden kann. Außerdem bietet diese „Rechteckschleife" eine geradezu ideale Möglichkeit zur Untersuchung der verschiedenartigen Vorgänge, die am Zustandekommen der BARKHAUSEN-Sprünge beteiligt sind. Über diese Vorgänge haben K. SIXTUS und W. DÖRING in ihren Vorträgen (S. 9 und 26) schon näher berichtet.

Die vielseitigen experimentellen Befunde über die Eigenschaften der Rechteckschleife weisen darauf hin, daß jeder Versuch zur Deutung der Koerzitivkraft zunächst davon ausgehen muß, die Magnetisierungsvorgänge der Rechteckschleife zu erklären. Die weitere Aufgabe, die theoretischen Aussagen über die Rechteckschleife durch geeignete Mittelungen auf die normale Hystereseschleife mit vielen kleinen BARKHAUSEN-Sprüngen zu übertragen, ist dagegen von untergeordneter Bedeutung.

Nach den bekannten Versuchsergebnissen von SIXTUS und TONKS[1] hängt die Koerzitivkraft der Rechteckschleife einerseits von der Ausbildung natürlicher oder künstlicher Ummagnetisierungskeime ab und andererseits von der „kritischen Feldstärke", die zur Überwindung bestimmter Hemmungen benötigt wird, die dem Ablauf des BARKHAUSEN-Sprunges entgegenstehen. Entsprechend zerfällt auch die theoretische Behandlung der Koerzitivkraft in die beiden Grundfragen, die man mit den Begriffen „Keimentstehung" und „kritische Feldstärke" kurz kennzeichnen kann.

Die Wachstumsbedingungen der *künstlichen* Keime sind von W. DÖRING ausführlich untersucht worden (s. S 26). Über die Bedingungen für die Entstehung der *natürlichen* Keime, die den BARKHAUSEN-Sprung auch bei Abwesenheit künstlicher Keime bei der „Startfeldstärke" $H_{s\,max} = H_c$ auslösen, bestehen noch keine klaren, experimentell prüfbaren Vorstellungen. Auf Grund von Versuchsergebnissen darf man jedoch annehmen, daß im „normalen", nicht homogen verspannten Ferromagnetikum mit statistisch verteilten Eigenspannungen die einzelnen BARKHAUSEN-Sprünge meist *vor* einer wesentlichen Überschreitung der kritischen Feldstärke durch natürliche Keime ausgelöst werden. Solche Keime, die wahrscheinlich an irgendwelchen Gitterstörungen oder Korngrenzen entstehen, bewirken, daß die „Koerzitivkraft" der einzelnen Teilbereiche im allgemeinen fast mit deren kritischer Feldstärke zusammenfällt. Dagegen läßt sich die von PREISACH beobachtete Steigerung der Koerzitivkraft bis auf den 28fachen Betrag der kritischen Feldstärke ähnlich wie eine starke Unterkühlung von Schmelzen unter die Erstarrungstemperatur nur mit besonderen Vorsichtsmaßnahmen experimentell verwirklichen[2]. Es erscheint darum berechtigt, die mit

---

[1] SIXTUS, K., u. L. TONKS: Physic. Rev. **37**, 930 (1931).
[2] PREISACH, F.: Physik. Z. **33**, 916 (1932).

der Entstehung der Keime zusammenhängenden Fragen für die Deutung des *Betrages* der Koerzitivkraft zunächst zurückzustellen gegenüber der grundlegenden Aufgabe der Deutung der kritischen Feldstärke bei rechteckförmiger Hystereseschleife.

2. Die Bloch-Wand zwischen antiparallel magnetisierten Gebieten.

Den folgenden Überlegungen liegt stets die Versuchsanordnung von Sixtus und Tonks zugrunde, bei der ein Draht aus einer Legierung mit positiver Magnetostriktion einem hinreichend starken Längszug σ ausgesetzt wird, so daß eine rechteckförmige Hystereseschleife auftritt, wenn das erregende Feld in der Richtung des Zuges σ wirkt. Wir fragen nach der physikalischen Erklärung des in bekannter Weise experimentell ermittelten Betrages der „kritischen Feldstärke" H_0. Diese kritische Feldstärke stellt nach Sixtus und Tonks die untere Grenze der Feldstärken dar, bei denen die „Ummagnetisierungswelle" durch irgendeinen Ummagnetisierungskeim ausgelöst werden kann und den ganzen Draht durchläuft. Die Versuchsergebnisse haben deutlich gezeigt, daß die Ummagnetisierung durch Verschieben der Grenzfläche zwischen antiparallel magnetisierten Teilen des Drahtes bewirkt wird, wobei der parallel zum äußeren Feld H ($\geqq H_0$) magnetisierte Teil des Drahtes auf Kosten des antiparallel zum Feld magnetisierten Teiles wächst. Dagegen besteht der Vorgang der Ummagnetisierung nicht etwa in einem gleichzeitigen „Umklappen" der spontanen Magnetisierung des ganzen Drahtes oder größerer Teile des Drahtes um $180°$.

Die Beobachtung, daß die Fortpflanzung der Ummagnetisierungswelle ein bestimmtes endliches Mindestfeld mit der kritischen Feldstärke H_0 benötigt, kann nach Bloch qualitativ in folgender Weise gedeutet werden.

Es ist energetisch nicht möglich, daß die spontane Magnetisierung in der Grenzfläche zwischen den antiparallel magnetisierten Gebieten plötzlich von einem Atom bis zum nächsten um $180°$ springt. Die Erzeugung einer so scharfen Grenzfläche würde einen außerordentlich hohen Energieaufwand erfordern, da die Antiparallelstellung benachbarter Elektronenspins den sehr starken Austauschkräften entgegenwirken würde, die nach Heisenberg gerade deren Parallelstellung energetisch stark begünstigen. Diese energetische Schwierigkeit wird vermieden, wenn man mit Bloch an Stelle einer scharfen Grenzfläche eine „Wand" mit endlicher Dicke d annimmt, wobei die Elektronenspins ihre Richtung von der einen Seite der Wand zur anderen Seite über viele Atomabstände hin allmählich um $180°$ ändern. Da in diesem Falle benachbarte Elektronenspins noch „fast" parallel stehen, erfordert die Bildung einer derartig „verschmierten" Wand wesentlich weniger Austauschenergie als die Bildung der oben beschriebenen scharfen Grenzfläche. Einer beliebig starken Verdickung der Wand wirken andererseits die magnetischen Anisotropiekräfte entgegen. Je dicker die Wand wird, um so mehr Elektronenspins müssen aus der magnetisch bevorzugten Drahtachse und Zugrichtung herausgedreht werden unter Aufwand von mechanischer Arbeit der Magnetostriktion λ gegen den äußeren Zug σ. Daher existiert eine energetisch stabile Wanddicke δ, bei der die gesamte Bildungsenergie der Wand, die sich aus „Austauschenergie" und „Anisotropieenergie" zusammensetzt, ein Minimum erreicht. Die der Wanddicke δ entsprechende stabile Gesamtenergie der Wand läßt sich natürlich im üblichen Sinne als Oberflächenenergie je Einheit der Wandoberfläche darstellen.

Die Verschiebung einer derartigen „BLOCH-Wand" zwischen antiparallel magnetisierten Gebieten ist ohne Arbeitsaufwand, also bei beliebig kleiner Feldstärke, offenbar nur dann möglich, wenn bei dieser Verschiebung die (Oberflächen-) Energie der Wand nicht zunimmt. Dagegen erfordert die Verschiebung der Wand im Sinne der Versuche von SIXTUS und TONKS eine endliche Feldstärke, wenn dabei eine Zunahme der Wandenergie durch die dem äußeren Feld entnommene potentielle Energie gedeckt werden muß.

Es läßt sich leicht zeigen, wie die kritische Feldstärke H_0 allgemein mit örtlichen Schwankungen der Wandenergie γ verknüpft ist.

Wir nehmen an, daß eine BLOCH-Wand in der zur Wandebene normalen Richtung x unter dem Einfluß eines äußeren Feldes H verschoben werden soll, wobei die Oberflächenenergie γ der Wand, entsprechend Abb. 2, stetig von x abhängen möge. In welcher Weise solche örtlichen Schwankungen der Wandenergie γ infolge von Eigenspannungen und anderen Einflüssen wirklich zustande kommen, werden wir später noch näher erörtern. Beim Verschieben der Wand um dx wird dem äußeren Feld H durch Vergrößerung des parallel zum Feld magnetisierten Gebietes und gleichzeitige Verkleinerung des antiparallel magnetisierten Gebietes die potentielle Energie $2HJ_s dx$ je Einheit der Wandoberfläche entnommen ($J_s =$ technische Sättigungsmagnetisierung = spontane Magnetisierung). Dieser Energiebetrag steht zur Erhöhung der Wandenergie bei der Verschiebung der Wand zur Verfügung. Man erhält also

$$\left. \begin{aligned} 2HJ_s\,dx &= \frac{\partial \gamma}{\partial x}\,dx, \\ H(x) &= \frac{1}{2J_s}\,\frac{\partial \gamma}{\partial x}. \end{aligned} \right\} \tag{1}$$

(1) gilt nur unter der hier zulässigen Voraussetzung, daß die gesamte Wandfläche bei der Verschiebung konstant bleibt und daß keine Änderung der durch entmagnetisierende Felder bedingten potentiellen magnetischen Energie eintritt. Der Einfluß derartiger Änderungen auf die

Keimbildung ist bereits von W. DÖRING (s. S. 32) erläutert worden. Er ist für unsere Fragestellung nicht wesentlich. Wir dürfen uns vorerst auf die Lösung des „linearen" Problems entsprechend Abb. 2 beschränken.

Im Ausgangszustand $(H = 0)$ befindet sich die Wand an einer Stelle minimaler Wandenergie γ $(\partial\gamma/\partial x = 0$, s. Abb. 2) im stabilen Gleichgewicht. Die Verschiebung der Wand in der x-Richtung erfolgt nach (1) mit wachsendem Feld H reversibel, solange $\partial\gamma/\partial x$ wächst, also solange $\partial^2\gamma/\partial x^2 > 0$ (vgl. Abb. 2). Erreicht jedoch die Wand bei stetig zunehmendem Feld H die Stelle x mit dem steilsten Anstieg $(\partial\gamma/\partial x)_{\max}$ der Wandenergie, so muß bei einer beliebig kleinen weiteren Erhöhung der Feldstärke H die Wandverschiebung im Sinne der Versuche von SIXTUS und TONKS unter Entwicklung von Wirbelstromwärme irreversibel weiterlaufen. Für die gesuchte kritische Feldstärke H_0 erhalten wir daher zunächst die allgemeine Beziehung

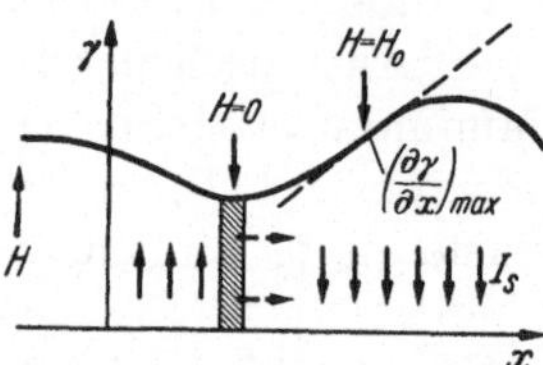

Abb. 2. Zur Berechnung der kritischen Feldstärke H_0 aus örtlichen Schwankungen der Energie γ der BLOCHschen Wand.

$$H_0 = \frac{1}{2 J_s}\left(\frac{\partial\gamma}{\partial x}\right)_{\max}. \tag{2}$$

Die irreversible Wandverschiebung, die „SIXTUS-TONKS-Welle", durchläuft natürlich nur dann den ganzen Draht, wenn nicht an anderen Stellen des Drahtes noch höhere Hindernisse, d. h. größere Beträge von $\partial\gamma/\partial x$ im Wege stehen. Für den gesamten Draht ist daher die kritische Feldstärke H_0 im wesentlichen durch das absolute Maximum von $\partial\gamma/\partial x$ bestimmt.

Um aus (2) eine experimentell prüfbare Beziehung für die kritische Feldstärke H_0 ableiten zu können, müssen wir uns genauer damit beschäftigen, wie die Wandenergie γ quantitativ von bestimmten Werkstoffeigenschaften abhängt.

Die gesamte Oberflächenenergie γ der Wand setzt sich zusammen aus dem Anteil γ_a der Austauschenergie und dem Anteil γ_b der Anisotropieenergie[1]. Wie schon näher beschrieben, beruht der Anteil γ_a darauf, daß innerhalb der Wand nicht der für ferromagnetische Stoffe energetisch tiefste Zustand der Parallelität aller Spins besteht, da sich die Spinorientierung von der einen Wandseite zur anderen allmählich um $180°$ ändert. Der zweite Anteil γ_b der Wandenergie ist einerseits dadurch bedingt, daß innerhalb der Wand die Spinorientierung von der durch die Zugspannung σ festgelegten energetischen Vorzugslage abweicht (γ_σ). Andererseits wird γ_b auch durch die Abweichung der Spin-

---

[1] S. S. 47.

orientierung von den kristallographischen Richtungen leichtester Magnetisierbarkeit beeinflußt (γ_k), so daß man allgemein setzen kann

$$\gamma = \gamma_a + \gamma_b, \qquad \gamma_b = \gamma_\sigma + \gamma_k. \tag{3}$$

Die Wand hat natürlich keine scharfen Grenzen. Unter der Wanddicke d versteht man daher eine Art Halbwertsdicke, deren genauere Festlegung durch die von LANDAU und LIFSCHÜTZ abgeleitete Beziehung für die Spinorientierung in der Wand gegeben ist.

Abb. 3 soll schematisch andeuten, wie die Spinorientierung beim Fortschreiten in der zur Wand normalen x-Richtung allmählich von der Richtung $+z(\vartheta = 0)$ für $x \to -\infty$ übergeht in die Richtung $-z\,(\vartheta = \pi)$ für $x \to +\infty$, wobei $x = 0$ in die Mitte der Wand ($\vartheta = \pi/2$) gelegt ist. Auf Grund bestimmter Annahmen haben LANDAU und LIFSCHÜTZ für diesen Übergang, d. h. für die Funktion $\vartheta(x)$ die Beziehung

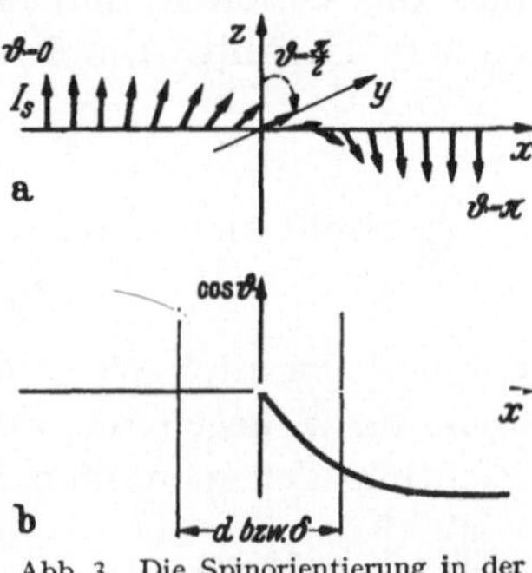

Abb. 3. Die Spinorientierung in der BLOCHschen Wand.

$$\cos \vartheta = -\mathfrak{Tg}\,\frac{2x}{d}\, * \tag{4}$$

abgeleitet, die in etwas anderer Form schon in der früheren Arbeit von BLOCH enthalten ist. Dabei ist die „Wanddicke" d entsprechend Abb. 3 so festgelegt, daß für $x = \pm d/2$ $\cos\vartheta = \mp\mathfrak{Tg}\,1$ gilt.

Die Abhängigkeit der Austauschenergie γ_a und der Anisotropieenergie $\gamma_b = \gamma_\sigma + \gamma_k$ von der zunächst ganz beliebigen Wanddicke d (δ soll für die „Gleichgewichtsdicke" bei γ_{min} vorbehalten bleiben) ist in Abb. 4 dargestellt.

Nach BLOCH gilt für ein kubisches Gitter angenähert

$$\gamma_a = n \cdot \frac{J_0}{a \cdot d}\, **.$$

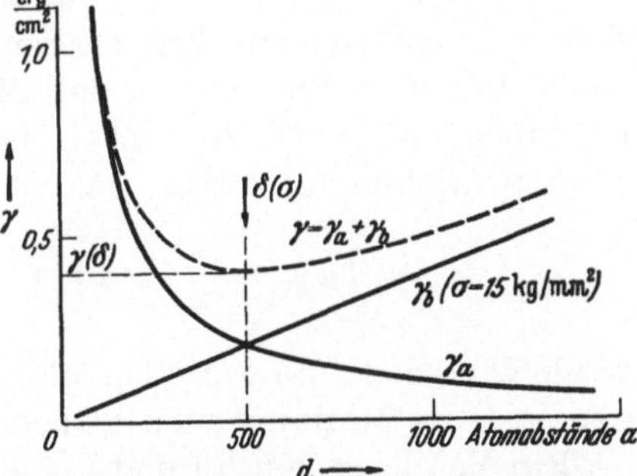

Abb. 4. Austauschenergie γ_a und Anisotropieenergie γ_b der BLOCHschen Wand. Stabile Wanddicke δ. Zahlenbeispiel für Permalloy (78,5% Ni, 21,5% Fe) mit der Zugspannung $\sigma = 15$ kg/mm².

---

* LANDAU, L., u. E. LIFSCHÜTZ: Sowjet Phys. **8**, 157 (1935).

** Wie Fußnote 4, S. 43; dort S. 326 unten. Es ist zu beachten, daß die von BLOCH dort eingeführte Gesamtenergie ΔE der Wand im stabilen Gleichgewicht in unserer Schreibweise der Wandenergie $\gamma(\delta) = 2\gamma_a(\delta)$ gleich ist. Herr Dr. DÖRING hat mich freundlicherweise auf die Unzweckmäßigkeit eines von mir zunächst abweichend von BLOCH gewählten Zahlenfaktors in der Beziehung (5) und auf die Erweiterung der BLOCHschen Beziehung für das raum- und flächenzentrierte Gitter hingewiesen.

Darin bedeuten a die „Gitterkonstante" (Atomabstand), d die Wanddicke, n die Zahl der Atome in der Elementarzelle mit dem Rauminhalt a^3 ($n = 1$ im einfach kubischen, $= 2$ im raumzentrierten, $= 4$ im
flächenzentrierten Gitter) und J_0 das Austauschintegral, dessen Zahlenwert nach HEISENBERG angenähert aus der CURIE-Temperatur berechnet
werden kann (vgl. Anhang 1). Wir setzen im folgenden $\frac{n \cdot J_0}{a^3} = A$, so
daß die Größe A dimensionsmäßig eine Austauschenergie je Raumeinheit darstellt. Damit erhalten wir

$$\gamma_a = n \cdot \frac{J_0}{a \cdot d} = \frac{A \, a^2}{d} \, . \tag{5}$$

γ_σ ergibt sich ohne weiteres aus dem Ansatz

$$d\gamma_\sigma = \tfrac{3}{2} \lambda_s \cdot \sigma \cdot dx \cdot \sin^2\vartheta \, , \tag{6}$$

der in bekannter Weise die Arbeit darstellt, die infolge der Magnetostriktion λ_s gegen die Zugspannung σ geleistet werden muß, um die
Richtung der spontanen Magnetisierung in einer Teilschicht der Wand

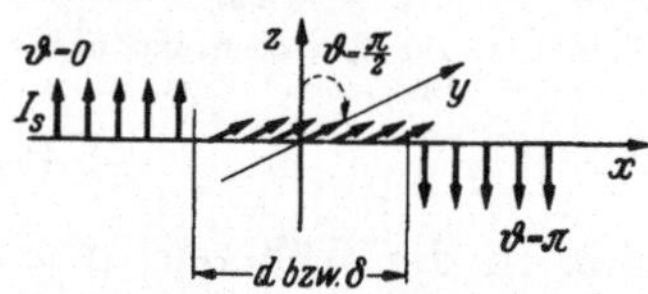

Abb. 5. Modell einer Spinorientierung in
der Wand, das die gleiche Spannungs-
energie γ_σ liefert wie der stetige Rich-
tungswechsel nach Abb. 3.

mit der Dicke dx aus der Zugrichtung
($\vartheta = 0, \pi$) in die Richtung $\vartheta(x)$ zu drehen[1].
Zur Vereinfachung wird dabei wie üblich
angenommen, daß die (Sättigungs-)
Magnetostriktion nicht wesentlich von der
kristallographischen Richtung abhängt.
Für viele, auch technisch wichtige ferromagnetische Stoffe ist diese Voraussetzung
hinreichend gut erfüllt. Die Entstehung
der rechteckförmigen Hystereseschleife durch homogene Zugbelastung
setzt übrigens schon voraus, daß die Magnetostriktion in allen Kristall-
richtungen positives Vorzeichen aufweist.

Aus (4) und (6) folgt

$$\gamma_\sigma = \int\limits_{x=-\infty}^{+\infty} d\gamma_\sigma = \frac{3}{2}\, \lambda_s \cdot \sigma \int\limits_{-\infty}^{+\infty} \left(1 - \mathfrak{Tg}^2 \frac{2x}{d}\right) dx = \frac{3}{2}\, \lambda_s \cdot \sigma \cdot d \, , \tag{7}$$

wenn wir wiederum zunächst als laufende variable Dicke d an Stelle
der noch zu bestimmenden „Gleichgewichtsdicke" δ einsetzen.

Ein Vergleich von (6) und (7) zeigt, daß man den gleichen Betrag γ_σ
erhält, wenn man an Stelle des stetigen Verlaufs der Spinorientierung
in der Wand als erste rohe Annäherung einen unstetigen Verlauf entsprechend Abb. 5 zugrunde legt, also $\vartheta = 0$ für $x < -d/2$, $\vartheta = \pi$ für
$x > +\dfrac{d}{2}$ und $\vartheta = \dfrac{\pi}{2}$ für $-\dfrac{d}{2} < x < +\dfrac{d}{2}$ (vgl. Abb. 5). Der Anteil γ_σ
der Wandenergie ist also genau gleich der Magnetisierungsarbeit

---

[1] Vgl. z. B. M. KERSTEN: Z. Physik **76**, 508 (1932), Gleichung (3) mit $\sigma_1 = \sigma$,
$\sigma_2 = \sigma_3 = 0$.

$\frac{3}{2}\lambda_s \cdot \sigma \cdot d$ in CGS-Einheiten, die aufgewendet werden müßte, um einen Raumteil $d \cdot 1 \cdot 1$ cm³ des Drahtes quer zur Richtung des Zuges σ zu magnetisieren.

γ_k können wir vorläufig ebenso wie KONDORSKI durch den Ansatz

$$\gamma_k = b \cdot K \cdot d \tag{8}$$

berücksichtigen[1]. K ist die aus den Magnetisierungskurven von Einkristallen in bekannter Weise ermittelte Anisotropiekonstante (in erg/cm³) und $b \approx 1$ ein Zahlenfaktor, der aus der Kristallorientierung in der Wand genauer berechnet werden kann. Es ist ohne weiteres verständlich, daß γ_σ und γ_k der Wanddicke d, also auch der Zahl der aus der energetischen Vorzugslage ($\vartheta = 0, \pi$) herausgedrehten Spins, proportional sind.

Aus (5), (7) und (8) folgt für die gesamte Oberflächenenergie der Wand

$$\gamma = A\,\frac{a^2}{d} + \left(\frac{3}{2}\,\lambda_s \cdot \sigma + b \cdot K\right) d\,. \tag{9}$$

Wie Abb. 4 auch unmittelbar anschaulich zeigt, erhält man für das Minimum von γ, also für $\partial\gamma/\partial d = 0$, die stabile Wanddicke δ. Die Rechnung liefert aus (9)

$$\delta = a\,\sqrt{\frac{A}{\frac{3}{2}\lambda_s \cdot \sigma + b \cdot K}}\,. \tag{10}$$

Setzt man δ nach (10) in (9) ein, so ergibt sich die für die folgenden Betrachtungen maßgebende Oberflächenenergie

$$\gamma = 2a\,\sqrt{A\left(\tfrac{3}{2}\lambda_s \cdot \sigma + b \cdot K\right)} = 2\left(\tfrac{3}{2}\lambda_s \cdot \sigma + b \cdot K\right) \cdot \delta\,. \tag{11}$$

Bevor wir mittels (11) näher auf die Deutung der kritischen Feldstärke eingehen, sollen die praktischen Zahlenwerte von δ und γ an einigen Beispielen erläutert werden.

Für den von PREISACH untersuchten Permalloydraht, der bei unseren weiteren Betrachtungen noch eine gewisse Rolle spielt, liefert (10) (vgl. Anhang 1) ungefähr

$$\delta = 1300\,a = 0,5 \cdot 10^{-4}\,\text{cm bei } \sigma = 2\,\text{kg/mm}^2$$
$$\text{und } \delta = 500\,a = 0,2 \cdot 10^{-4}\,\text{,,} \quad \text{,, } \sigma = 15 \quad \text{,,} \qquad (a = 3,6 \cdot 10^{-8}\,\text{cm})$$

Die Wanddicke erreicht also in diesem Falle die Größenordnung der mikroskopischen Sichtbarkeit. Für Eisen ergeben sich aus (11) wegen der erheblich größeren Kristallenergie K und größeren Magnetostriktion λ_s geringere Wanddicken (etwa $\delta = 50\,a$).

Für die Oberflächenenergie γ der BLOCH-Wand in diesem Permalloydraht erhält man aus (9) (vgl. Anhang 1) ungefähr

$$\gamma(\delta) = 0,15\,\text{erg/cm}^2 \text{ bei } \sigma = 2\,\text{kg/mm}^2$$
$$\text{und } \gamma(\delta) = 0,4 \quad \text{,,} \quad \text{,, } \sigma = 15 \quad \text{,,} \qquad .$$

---

[1] Siehe Zitat S. 44.

W. Döring hat gezeigt[1], daß γ unabhängig von der Beziehung (11)
aus den Keimuntersuchungen von Sixtus entnommen werden kann
und daß dieser experimentell ermittelte Zahlenwert von γ befriedigend
übereinstimmt mit den aus (11) berechneten Zahlenwerten. Diese erste
experimentelle Bestätigung der Beziehung (11) bildet eine wesentliche
Stütze unserer weiteren Betrachtungen, die fast ganz auf dieser Beziehung (11) beruhen.

3. Die kritische Feldstärke H_0.

Wenn die Ummagnetisierung im Sinne der Versuche von Sixtus
und Tonks an einem „idealen" Einkristall beobachtet werden könnte,
der völlig frei ist von irgendwelchen Inhomogenitäten des Kristallgitters, so wäre nach den
hier geschilderten Vorstellungen kein endlicher Ar-
beitsaufwand zum Ver-
schieben der Bloch-Wand,
also zur Ummagnetisierung
erforderlich, da alle in (11)
eingehenden Werkstoffgrö-
ßen, also auch die Wand-
energie γ, bei jeder beliebigen Verschiebung der
Wand unverändert bleiben
würden.

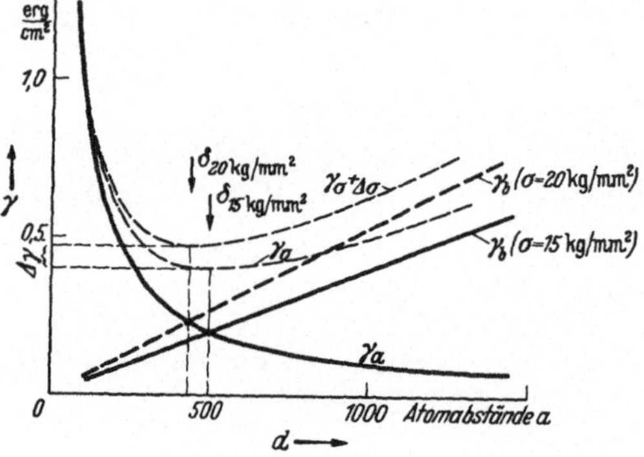

Abb. 6. Änderung der Wandenergie γ und der Wanddicke δ
durch Verschieben der Wand von einer Stelle mit der Spannung σ an eine andere Stelle des Drahtes mit der Spannung $\sigma+\Delta\sigma$. Zahlenbeispiel entsprechend Abb. 4.

Infolge der praktisch un-
vermeidlichen verschieden-
artigen Gitterstörungen muß man jedoch annehmen, daß im allgemeinen
die drei maßgebenden Werkstoffgrößen A, σ und $b \cdot K$ örtlich schwanken,
so daß auch die Wandenergie γ beim Verschieben der Wand im Sinne
von Abb. 2 steigt oder fällt. Abb. 6 zeigt zur Veranschaulichung dieser
Verhältnisse in schematischer Darstellung entsprechend Abb. 4, wie
sich die Wandenergie γ ändert, wenn die Wand von einer Ausgangslage a, an der genau die Zugspannung σ wirkt, in eine andere Lage b
verschoben wird, an der infolge einer durch die Bearbeitung des Drahtes
entstandenen inneren Spannung der zusätzliche Spannungsbetrag $\Delta\sigma$
überlagert ist. Falls wir zunächst ohne Begründung annehmen, daß γ_a
in diesem Falle nicht merklich von der Änderung der Spannung σ beeinflußt wird, so ergibt sich aus Abb. 6 deutlich, daß die Wand bei der
angenommenen Verschiebung zwar dünner wird ($\delta_{\sigma+\Delta\sigma} < \delta_\sigma$), aber ihre
Gesamtenergie γ um den Betrag $\Delta\gamma$ steigt, der dem äußeren magne-

---

[1] Döring, W.: Z. Physik **108**, 137 (1938); s. auch S. 26 dieses Buches.

tischen Felde entnommen werden muß, also eine endliche kritische Feldstärke H_0 bedingt.

Aus (2) und (11) folgt ohne weiteres

$$H_0 = \frac{1}{2 J_s} \cdot \left(\frac{\partial}{\partial x} 2a \sqrt{A \left(\frac{3}{2} \lambda_s \cdot \sigma + b \cdot K \right)} \right)_{\max}. \qquad (2a)$$

Um aus (2a) quantitative Beziehungen für die kritische Feldstärke H_0 zu gewinnen, müssen wir bestimmte, möglichst durch Erfahrungen gestützte Annahmen über die örtlichen Schwankungen der Werkstoffgrößen A, σ und $b \cdot K$ machen.

BLOCH hat vorgeschlagen, die kritische Feldstärke bzw. die Koerzitivkraft dadurch zu erklären, daß lediglich die Austauschenergie A infolge von Inhomogenitäten des Gitters örtlich schwankt. Erst KONDORSKI hat deutlich darauf hingewiesen, daß es viel wahrscheinlicher ist, daß in den meisten Fällen die örtlichen *Schwankungen der Spannung* σ unmittelbar eine endliche kritische Feldstärke verursachen. Schließlich hat DÖRING noch darauf aufmerksam gemacht[1], daß in polykristallinen Werkstoffen beim Durchgang der BLOCH-Wand durch die Korngrenzen die Größe $b \cdot K$ plötzliche Änderungen erleidet, die ebenfalls entsprechend (2a) die kritische Feldstärke beeinflussen können.

Wenn wir zunächst mit KONDORSKI die Schwankungen der Spannung σ infolge der Eigenspannungen als maßgebende Ursache der Koerzitivkraft ansehen, so entspricht das der Annahme, daß das Austauschintegral A im Gegensatz zu der Annahme BLOCHs nicht merklich von diesen Spannungsschwankungen beeinflußt wird und daß ferner die Schwankungen der Größe $b \cdot K$ unmerklich bleiben. Diese zweite Voraussetzung wäre bei einem Einkristalldraht ohne weiteres erfüllt. Die vereinfachende Annahme von KONDORSKI wird durch bekannte Versuchsergebnisse[2] gestützt, nach denen die CURIE-Temperatur nicht wesentlich von mechanischen Spannungen in der Größenordnung der technischen Bruchfestigkeit beeinflußt wird.

KONDORSKI macht außerdem noch die Annahme, daß σ innerhalb der Wand als nahezu konstant $(\partial \sigma / \partial x \cdot \delta \ll \sigma)$ betrachtet werden darf, d. h. die „Wellenlänge" der Eigenspannungsschwankungen stets wesentlich größer bleibt als die stabile Wanddicke δ. Mit diesen Voraussetzungen liefert (2a)

$$H_0 = \frac{3}{4} \frac{\lambda_s \cdot \delta}{J_s} \left(\frac{\partial \sigma}{\partial x} \right)_{\max}. \qquad (12)$$

Bis auf einen etwas anderen Zahlenfaktor kommt KONDORSKI auf anderem Wege zu der gleichen Beziehung.

---

[1] In einer brieflichen Mitteilung an den Verfasser.

[2] MICHEJEW, M. N.: Sowjet Phys. **3**, 393 (1933). — ENGLERT, E.: Z. Physik **97**, 94 (1935); dort weiteres Schrifttum.

Nach (12) wird die kritische Feldstärke bestimmt durch die Magnetostriktion λ_s, die Sättigungsmagnetisierung J_s, die Wanddicke δ und insbesondere durch den maximalen *Gradienten* der Spannung σ. Der *Betrag* σ der homogenen Spannung im Draht geht in (12) nur dadurch ein, daß δ nach (10) von σ abhängt. Da keine Erfahrungen über die praktischen Werte des Spannungsgradienten und über dessen Messung vorliegen, kann (12) nicht ohne weiteres experimentell geprüft werden.

Man gelangt jedoch zu anderen Beziehungen für H_0, die besser als (12) der experimentellen Nachprüfung zugänglich sind, wenn man berücksichtigt, daß (12) die durchaus nicht immer zutreffende Bedingung $(\partial\sigma/\partial x \cdot \delta \ll \sigma)$ voraussetzt.

4. Der Einfluß bestimmter Verteilungsarten der Eigenspannungen auf die kritische Feldstärke.

Da die Dicke der Bloch-Wand mehr als 1000 Atomabstände erreichen kann, wird es zweifellos auch technisch wichtige Verteilungsformen der Eigenspannungen geben, bei denen die „Wellenlänge" der Eigenspannungen bzw. Gitterstörungen im Gegensatz zu der Annahme von Kondorski *kleiner* ist als die Wanddicke δ. Hierbei ist besonders an die Eigenspannungen zu denken, die durch Verunreinigungen erzeugt werden oder die bei der Aushärtung unterkühlter metallischer Lösungen entstehen und dabei zunächst auf die Umgebung der ausgeschiedenen Komplexe weniger Fremdatome beschränkt bleiben. Die Ausdehnung derartiger Gebiete mit zusätzlichen Eigenspannungen wird sicher in bestimmten Fällen, besonders in den Anfangsstadien der Aushärtung, unter der Wanddicke δ bleiben, so daß die Beziehung (12) dann nicht mehr angewandt werden darf.

Von diesem Gesichtspunkt aus erscheint es zweckmäßig, zur Vereinfachung des Problems die Wirkung von drei verschiedenen Möglichkeiten der Spannungsverteilung im Werkstoff auf die kritische Feldstärke H_0 besonders hervorzuheben. Diese drei Fälle sind in Abb. 7 schematisch dargestellt.

Abb. 7a bringt noch einmal den von Kondorski allgemein behandelten Fall, bei dem die „Wellenlänge" l der Spannungsschwankungen in der Richtung der Wandverschiebung als groß gegen die Wanddicke δ betrachtet werden darf. Abb. 7a′ stellt eine der Rechnung gut zugängliche weitere schematische Vereinfachung dieses Falles $\delta \ll l$ dar, und zwar eine „Spannungshürde" mit dreieckigem Querschnitt von der Höhe $\Delta\sigma$, über die die Wand durch die kritische Feldstärke H_0 hinweggeschoben wird. Statt der Spannungshürde $(\Delta\sigma > 0)$ könnte ohne wesentlichen Einfluß auf die weiteren Ableitungen ebensogut eine „Spannungsrinne" $(\Delta\sigma < 0)$ angenommen werden.

Entsprechend zeigt Abb. 7b feindisperse Spannungsschwankungen, deren mittlere Wellenlänge unter der Wanddicke δ bleibt. Dieser Fall würde praktisch etwa bei beginnender Ausscheidungshärtung oder bei feinverteilten Verunreinigungen vorliegen. Die der folgenden Rechnung zugrunde gelegte schematische Vereinfachung ist in Abb. 7b' wiedergegeben, die sich von 7a' nur dadurch unterscheidet, daß die Dicke l der Spannungshürde klein gegen die Wanddicke δ angenommen ist.

Auch der dritte Fall einer „Spannungsstufe" (Abb. 7c), deren Anstieg so steil ist, daß $l \ll \delta$ (vgl. Abb. 7c') gilt, dürfte praktisch vorkommen. Auf diesen dritten Fall wird später noch näher eingegangen.

Es soll hier nur kurz darauf hingewiesen werden, daß natürlich in Wirklichkeit meistens eine wesentlich verwickeltere räumliche Verteilung der Eigenspannungen vorliegen wird als die hier zugrunde gelegte einfachste ebene Verteilung. Der Spannungsverlauf in der x-Richtung, also lotrecht zur Wand, wird keineswegs unserer Vereinfachung entsprechend an allen Stellen der zur y–z-Ebene parallelen BLOCH-

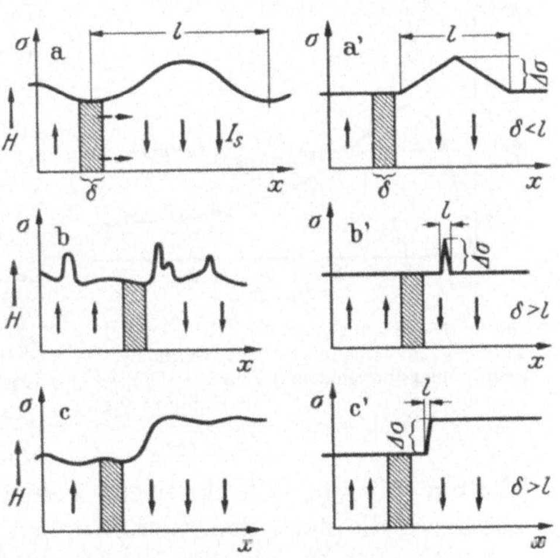

Abb. 7. Lineare Modelle für verschiedene Arten von örtlichen Spannungsschwankungen.

Wand übereinstimmen, sondern auch von y und z in ähnlicher Weise abhängen wie nach Abb. 7 von x. Außerdem werden die verschiedenen Fälle a, b und c der Abb. 7 im allgemeinen nicht scharf voneinander getrennt, sondern auch oft dicht nebeneinander oder gleichzeitig überlagert vorkommen. Eine genauere Berücksichtigung der möglichen räumlichen Spannungsverteilungen kann trotzdem — abgesehen von geringen Änderungen der Zahlenfaktoren — keine wesentlich anderen Ergebnisse bringen als unsere stark vereinfachten Spannungsverteilungen nach Abb. 7a', 7b' und 7c'.

Für Fall a' (Abb. 7) erhält man aus (12) mit $\left(\dfrac{\partial \sigma}{\partial x}\right)_{\max} = \dfrac{2\Delta\sigma}{l}$

$$H_0 = \frac{3}{2}\frac{\lambda_s \cdot \Delta\sigma}{J_s} \cdot \frac{\delta}{l} \cdot \qquad (\delta \ll l) \qquad (13)$$

Wegen der einfachen modellmäßigen Annahmen ist zwar auf den Zahlenfaktor $\frac{3}{2}$ kein Wert zu legen, es kommt jedoch in (13) deutlich zum Ausdruck, daß die kritische Feldstärke H_0 wesentlich abhängt vom Verhältnis der Wanddicke δ zur „Wellenlänge" l der Spannungsschwankungen bzw. zur Dicke der Spannungshürde.

Für Fall b' liefert eine einfache Rechnung (s. Anhang 2)

$$H_0 \approx \frac{1}{2} \frac{\lambda_s \cdot \varDelta \sigma}{J_s} \cdot \frac{l}{\delta} \cdot \qquad (\delta \gg l) \qquad (14)$$

Die wesentlichen Aussagen, die wir durch die Beziehungen (13) und (14) gewinnen, werden durch Abb. 8 verdeutlicht, wo $H_0/\varDelta\sigma$ in Abhängigkeit von l/δ nach (13) und (14) für ein bestimmtes Ferromagnetikum mit vorgegebenen Zahlenwerten von λ_s und J_s dargestellt ist. Als Beispiel ist hier Nickel ($J_s = 500$ CGS - Einheiten, $\lambda_s = -3,6 \cdot 10^{-5}$)* gewählt worden. In der Umgebung von $l/\delta = 1$ ist der nach (14) aufsteigende Kurventeil für $l \ll \delta$ mit dem nach (13) absteigenden Teil für $l \gg \delta$ durch einen Kurvenzug verbunden, dessen genaue Berechnung sich nicht lohnt. Nach Abb. 8 bzw. aus (13) und (14)

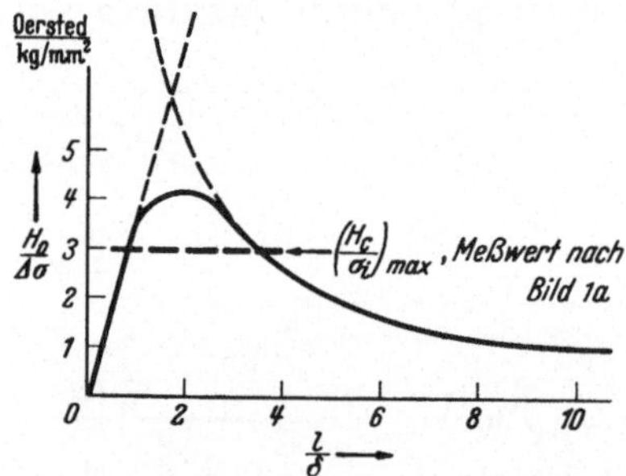

Abb. 8. Die Abhängigkeit der kritischen Feldstärke H_0 vom Verhältnis l/δ der „Wellenlänge" l der Spannungsschwankung $\varDelta\sigma$ zur Wanddicke δ. Zahlenbeispiel für Nickel ($J_s = 500$ CGS-Einheiten, $|\lambda_s| = 3,6 \cdot 10^{-5}$).

erhalten wir über die kritische Feldstärke etwa folgende allgemeinen Aussagen, die nach den Ausführungen in Abschnitt 1 auch für die „normale" Koerzitivkraft, d. h. die der nicht homogen verspannten Ferromagnetika wenigstens größenordnungsmäßige Angaben liefern müßten.

Bei gleichen Beträgen des Faktors $\lambda_s \cdot \varDelta\sigma/J_s$ in (13) und (14) hängt die kritische Feldstärke noch wesentlich ab von dem Verhältnis der Wellenlänge l der Spannungsschwankungen zur Dicke δ der Blochschen Wand. Wenn die Wellenlänge l der Spannungsschwankungen ungefähr mit der Wanddicke δ übereinstimmt, so wird der bei vorgegebenem Faktor $\lambda_s \cdot \varDelta\sigma/J_s$ maximal mögliche Wert der kritischen Feldstärke in der Größenordnung

$$(H_0)_{\delta \approx l} \approx \frac{\lambda_s \cdot \varDelta\sigma}{J_s} \qquad (15)$$

erreicht.

Auf Grund vieler Erfahrungen hat man bekanntlich schon vermutet, daß außer dem *Betrag* der Eigenspannungen auch deren *Dispersitätsgrad*, d. h. — in unserem Sinne — deren Wellenlänge l, für die Koerzitivkraft maßgebend ist. Besonders die experimentellen Befunde über

---

* Wegen des negativen Vorzeichens der Magnetostriktion bedeutet σ bei Nickel eine *Druck*spannung in der Richtung des Feldes H.

den Einfluß von Ausscheidungsvorgängen auf die Koerzitivkraft schienen diese Auffassung zu rechtfertigen[1]. Die in Abb. 8 zusammengefaßten theoretischen Ergebnisse dürfen wohl als eine theoretische Stütze angesehen werden für diese bisher vorwiegend empirisch gewonnene Anschauung vom Einfluß der Wellenlänge der Spannungsschwankungen auf die Koerzitivkraft.

Die Frage nach dem Betrag einer solchen „kritischen" Wellenlänge l und nach ihren Bestimmungsgrößen ist bisher noch offen geblieben[2]. Diese Frage läßt sich nun in dem Sinne beantworten, daß die in bezug auf die Koerzitivkraft „kritische" Wellenlänge l der Spannungsschwankungen jeweils ungefähr gleich der Dicke δ der BLOCH-Wand angenommen werden muß. Daraus folgt, daß diese kritische Wellenlänge für verschiedene Werkstoffe und sogar für verschiedene Zustände des gleichen Werkstoffes durchaus nicht immer übereinstimmt. Es wäre beispielsweise zu erwarten, daß eine bestimmte Behandlung (z. B. Aushärtung), die bei einem Werkstoff ein Maximum der Koerzitivkraft im Sinne von Abb. 8 für $l \approx \delta$ hervorbringt, bei einem anderen Werkstoff mit wesentlich anderer Dicke δ der BLOCH-Wand eine merklich geringere Koerzitivkraft (bzw. kritische Feldstärke) liefert als den durch (15) gegebenen „Höchstwert" für $l \approx \delta$. Dabei ist natürlich zu berücksichtigen, daß δ und somit auch die kritische Wellenlänge l der Spannungsschwankungen nach (10) auch vom Betrage der Spannung σ oder der Eigenspannungen σ_i abhängen.

Für eine experimentelle Prüfung der Beziehung (15) und des allgemeinen Verlaufs von $H_0 = f(l/\delta)$ nach Abb. 8 kommt in erster Linie die Untersuchung der kritischen Feldstärke homogen verspannter und der Koerzitivkraft unbelasteter Werkstoffe während der verschiedenen Stufen von Ausscheidungsvorgängen in Betracht. Das bekannte Maximum, das die Koerzitivkraft bei fortschreitender Ausscheidung durchläuft, dürfte nicht nur von der Änderung des Betrages der Eigenspannungen herrühren, sondern außerdem von der gleichzeitigen Änderung der Wellenlänge dieser Eigenspannungen im Verlaufe der Aushärtung. Da das Maximum der Eigenspannungen im allgemeinen nicht im gleichen Ausscheidungsstadium erreicht werden wird wie die „kritische Dispersion" $l \approx \delta$ der Eigenspannungen, wird das Maximum der Koerzitivkraft im zeitlichen Ablauf des Aushärtens zwischen dem Zustand mit kritischer Dispersion ($l \approx \delta$) und dem Zustand mit maximalen Aushärtungsspannungen $\Delta\sigma_{max}$ liegen. Besonders hohe Koerzitivkräfte wären demnach bei solchen Werkstoffen oder Ausscheidungszuständen

---

[1] Siehe Zitat 2, S. 42.

[2] Vgl. hierzu die Ausführungen von R. BECKER (s. Zitat S. 42) (S. 912—913), die bereits eine rohe Abschätzung der „kritischen Wellenlänge" auf anderer Grundlage enthalten.

zu erwarten, bei denen *gleichzeitig* $l \approx \delta$ und $\Delta\sigma = \Delta\sigma_{max}$ erzielt wird, so daß in diesem Falle statt (15) etwa

$$H_{0_{max}} \approx \frac{\lambda_s \cdot \Delta\sigma_{max}}{J_s} \qquad (l \approx \delta) \qquad (15\,\text{a})$$

geschrieben werden kann (vgl. Abb. 8).

Bei ferromagnetischen Stoffen, deren mittlere Eigenspannungen σ_i durch die magnetische Spannungsanalyse bestimmt werden können, besteht Aussicht, die Beziehungen (13) bis (15a) durch geeignete Versuche mehr oder weniger quantitativ zu prüfen. Für Nickel würde mit $|\lambda_s| = 3{,}6 \cdot 10^{-5}$ und $J_s = 500$ CGS-Einheiten aus (15a) zahlenmäßig $H_{0_{max}} \approx 7 \cdot \dfrac{\Delta\sigma}{\text{kg/mm}^2}$ Oersted folgen, oder als rohe Abschätzung für die Koerzitivkraft des nicht homogen verspannten Nickels

$$H_{c_{max}} \approx \frac{\lambda_s \cdot \sigma_i}{J_s} = 7 \cdot \frac{\sigma_i}{\text{kg/mm}^2} \text{ Oersted}, \qquad (15\,\text{b})$$

wenn man die Höhe $\Delta\sigma$ der „Spannungshürde" zunächst ohne genauere Überlegung dem Durchschnittsbetrag σ_i der Eigenspannungen gleichsetzt. Es fällt auf, daß der höchste aus dem Schrifttum bekannte Meßwert von H_c/σ_i bei Nickel etwa

$$\frac{H_c}{\sigma_i} = 3 \, \frac{\text{Oersted}}{\text{kg/mm}^2}$$

beträgt (s. Abb. 1 und Abb. 8), also mit dem nach (15b) abgeschätzten Wert größenordnungsmäßig übereinstimmt. Da es nicht ohne weiteres berechtigt ist, $\Delta\sigma$ durch σ_i und H_0 durch H_c zu ersetzen, und da ferner noch nicht feststeht, ob die dem Versuchsergebnis a in Abb. 1 zugrunde liegende Verformungsart (plastisches Recken ohne Düse) ungefähr gerade die kritische Wellenlänge $l \approx \delta$ der Eigenspannungen σ_i liefert, ist durch besondere Versuche noch zu klären, ob die hier gefundene angenäherte Übereinstimmung von (15b) mit einem experimentellen Befund etwa nur zufällig zustande gekommen ist. Der für eine andere Entstehungsart der Eigenspannungen experimentell gefundene kleinere Wert von H_c/σ_i (Abb. 1, Kurve b) müßte nach unseren Überlegungen darauf zurückgeführt werden, daß sich die durchschnittliche Wellenlänge der Eigenspannungen in diesem zweiten Falle stärker von dem kritischen Werte $l \approx \delta$ unterscheidet als im ersten Falle.

Für eine einwandfreie Nachprüfung der hier abgeleiteten theoretischen Beziehungen für die kritische Feldstärke H_0 reichen die bisher aus dem Schrifttum bekannten Versuchsergebnisse noch keineswegs aus.

Aus dem Fall c (Abb. 7) unserer modellmäßigen Annahmen über bestimmte Formen der Spannungsschwankungen läßt sich jedoch eine Beziehung für den Mindestwert der Koerzitivkraft ableiten, die ohne weiteres mit experimentellen Befunden verglichen werden kann.

5. Der Mindestwert der Koerzitivkraft.

Die Höchstgrenze der Anfangspermeabilität, die man bei gegebener Zusammensetzung einer Legierung auch bei sorgfältigster Glühbehandlung nicht merklich überschreiten kann, wurde bekanntlich nahezu quantitativ auf magnetostriktive Mindestspannungen $\sigma_i \approx \lambda_s \cdot E$ ($E =$ Elastizitätsmodul) zurückgeführt, die bei der Abkühlung der Ferromagnetika unter die CURIE-Temperatur entstehen[1]. Derartige Mindestspannungen werden natürlich auch die Koerzitivkraft beeinflussen, so daß entsprechend der Höchstgrenze der Anfangspermeabilität eine Mindestgrenze der Koerzitivkraft bzw. der kritischen Feldstärke erwartet werden muß.

Bei den allen unseren Betrachtungen zugrunde gelegten Versuchen von SIXTUS und TONKS an der Rechteckschleife werden sich diese Mindestspannungen $\sigma_i \approx \lambda_s \cdot E$ in folgender Weise auswirken.

Vor dem Anlegen des äußeren Zuges ist die spontane Magnetisierung der einzelnen Teilbereiche statistisch über alle Richtungen verteilt. Nach der Ausrichtung der spontanen Magnetisierung in die Zugrichtung bestehen zwischen den Gebieten, die vor Anlegen des Zuges schon parallel zur Drahtachse und denen, die vorher quer zur Drahtachse magnetisiert waren, Spannungsstufen in der Größenordnung $\Delta\sigma \approx \lambda_s \cdot E$.

Wir nehmen versuchsweise an, daß diese Spannungsstufen mindestens bei Werkstoffen mit großer Wanddicke δ so steil ansteigen, daß die Bedingung $l \lesssim \delta$ (vgl. Abb. 7c') erfüllt ist. Für diesen Fall erhält man mit (2), (4) und (6) (vgl. Anhang 3)

$$H_0 = \frac{3}{4}\frac{\lambda_s \cdot \Delta\sigma}{J_s} \approx \frac{\lambda_s \cdot \Delta\sigma}{J_s}. \qquad (l \lesssim \delta) \qquad (16)$$

Im Fall der „steilen" Spannungsstufe hängt also H_0 nicht vom Verhältnis l/δ ab, solange die Bedingung $l \lesssim \delta$ erfüllt ist.

Für $l > \delta$ gilt wieder (13), allerdings wegen der anderen Festsetzung von l mit halb so großem Zahlenfaktor. Für eine „flach ansteigende" Stufe ($l \gg \delta$) mit gleichen Bezeichnungen wie in Abb. 7c' ergibt sich also

$$H_0 = \frac{3}{4}\frac{\lambda_s \cdot \Delta\sigma}{J_s} \cdot \frac{\delta}{l}. \qquad (\delta \ll l) \qquad (16\,\mathrm{a})$$

Setzt man als minimale Spannungsschwankung $\Delta\sigma \approx \lambda_s \cdot E$ in (16) ein, so folgt als Mindestwert der kritischen Feldstärke

$$H_{0_{\min}} \approx \frac{3}{4}\frac{\lambda_s^2 \cdot E}{J_s}, \quad \text{falls} \quad l \lesssim \delta! \qquad (17)$$

Diese Beziehung läßt sich nun im Gegensatz zu den vorher diskutierten Beziehungen unmittelbar mit experimentellen Befunden vergleichen.

---

[1] KERSTEN, M.: Z. techn. Physik **12**, 668 (1931).

Für den von Preisach untersuchten Permalloydraht gilt beispielsweise $\lambda_s = 0,5 \cdot 10^{-5}$, $E = 1,8 \cdot 10^{12}$ dyn/cm², $J_s = 900$ CGS-Einheiten und somit nach (17)

$$H_{0_{\min}} \approx 0,04 \text{ Oersted.} \qquad (l \leqq \delta) \qquad (17a)$$

Preisach fand nach schneller Abkühlung unter die Curie-Temperatur $H_0 = 0,02$ Oersted und nach langsamer Abkühlung $H_0 = 0,08$ Oersted[1]. Die experimentell ermittelten Zahlenwerte stimmen also größenordnungsmäßig mit dem aus (17) berechneten Wert überein.

Dieses Ergebnis berechtigt noch nicht ohne weiteres zu der Annahme, daß es hier gelungen sei, die Größenordnung eines gemessenen Zahlenwertes der kritischen Feldstärke bzw. der Koerzitivkraft befriedigend zu deuten. Gerade bei Permalloy ergibt die Rechnung aus dem gemessenen Höchstwert der Anfangspermeabilität (etwa $\mu_a = 10000$) einen merklich höheren Durchschnittsbetrag (0,5 kg/mm²) der Eigenspannungen als die „magnetostriktive Mindestspannung" $\lambda_s \cdot E$, für die man mit den oben angegebenen Zahlenwerten etwa 0,1 kg/mm² erhält. Die Permalloylegierungen mit ungefähr 80% Ni-Gehalt verhalten sich — wie schon früher gezeigt worden ist[2] — wegen ihrer geringen Magnetostriktion in dieser Beziehung anders als die übrigen Eisen-Nickel-Legierungen mit größerer Magnetostriktion. Setzt man entsprechend der Anfangspermeabilität von Permalloy $\Delta\sigma = 0,5$ kg/mm² $\approx 0,5 \cdot 10^8$ dyn/cm² an Stelle des fünfmal kleineren Wertes von $\lambda_s \cdot E$ in (16) ein, so erhält man mit $\lambda_s = 0,5 \cdot 10^{-5}$ und $J_s = 900$ CGS-Einheiten ungefähr $H_0 = 0,2$ Oersted, d. h. das Zehnfache des von Preisach für diesen Fall der „Permalloybehandlung" gefundenen Zahlenwertes 0,02 Oersted.

Inzwischen haben einige Versuchsergebnisse an anderen Eisen-Nickel-Legierungen mit größerer Magnetostriktion, bei denen die mittleren Eigenspannungen σ_i zuverlässiger bestimmt werden können als bei Permalloy, ebenfalls gezeigt, daß die kleinsten gemessenen kritischen Feldstärken $H_{0_{\min}}$ etwa $1/5 \ldots 1/10$ des aus (17) berechneten Betrages erreichen können. Der Befund an Permalloy und die neuen Versuchsergebnisse, die nach dem Abschluß der noch laufenden Untersuchungen an anderer Stelle mitgeteilt werden, sprechen anscheinend dafür, daß die einfache Voraussetzung $l \leqq \delta$, die der Ableitung von (17) zugrunde liegt, im allgemeinen nicht hinreichend erfüllt ist, sondern daß infolge eines „flacheren" Überganges der Spannungen ($l > \delta$) nach (16a) noch der Faktor δ/l zu berücksichtigen ist, der für (17) nach den wenigen bisher vorliegenden Meßergebnissen in bestimmten Fällen etwa 0,1 beträgt.

Die zunächst überraschend gute Bestätigung von (17) bei Permalloy kommt vielleicht nur dadurch zustande, daß die wirklich vorhandenen Spannungsschwankungen in diesem Falle merklich größer sind als die

---

[1] Preisach, F.: Physik. Z. **33**, 917 (1932).
[2] Kersten, M.: Z. techn. Physik. s. Zitat S. 59.

magnetostriktiven Mindestspannungen $\lambda_s \cdot E$, so daß $\Delta\sigma \cdot \delta/l$ ungefähr gleich $\lambda_s \cdot E$ wird.

Allerdings spricht ein anderer Befund von PREISACH wieder dafür, daß die kritische Feldstärke der von ihm untersuchten Permalloydrähte nicht von δ/l abhängt, also beispielsweise durch steile Spannungsstufen entsprechend Fall c′ (Abb. 7) bestimmt ist. PREISACH findet nämlich (s. Abb. 5 der in Fußnote S. 60 angeführten Arbeit) in einigen Fällen eine bemerkenswert gute Konstanz der kritischen Feldstärke über einen beträchtlichen Bereich der von außen angelegten Zugspannung σ (z. B. zwischen $\sigma = 5$ und $\sigma = 15$ kg/mm²). Da δ und somit auch δ/l nach (10) ungefähr proportional $1/\sqrt{\sigma}$ ist ($b \cdot K \ll \frac{3}{2}\lambda_s \cdot \sigma$ ist hier erfüllt), müßte auch H_0 proportional $1/\sqrt{\sigma}$ abfallen, wenn die Wandverschiebung im Sinne der Beziehung (13) erfolgen würde (Fall a′). Bei Fall b′ ($\delta \gg l$) wäre andererseits zu erwarten, daß H_0 proportional $\sqrt{\sigma}$ ansteigt. Die von PREISACH gefundene Konstanz wäre im Rahmen unserer modellmäßigen Vorstellungen nur bei Spannungsstufen entsprechend Fall c′ (Abb. 7) zu erwarten, wie wir sie der Ableitung von (16) und (17) zugrunde gelegt haben.

Die Anwendung der Beziehung (16) ist natürlich nicht auf den Werkstoffzustand mit magnetostriktiven Mindestspannungen beschränkt. Auch bei stärkeren Eigenspannungen werden in bestimmten Fällen Spannungsstufen im Sinne von Abb. 7c′ auftreten, so daß dann ebenfalls H_0 entsprechend (16) nicht von l/δ, also auch nicht von der Zugspannung σ abhängen würde.

Mit diesen Bemerkungen über die Beziehungen (16) und (17) wollen wir uns vorläufig begnügen. Wir haben im Sinne der hier wiedergegebenen Überlegungen mit eingehenden experimentellen Untersuchungen begonnen, bei denen außer anderen Fragen besonders auch die Beziehung (17) für einen „Mindestwert" der kritischen Feldstärke an verschiedenen Legierungen nachgeprüft wird.

6. Reversible Permeabilität und kritische Feldstärke.

Es ist bereits kurz darauf hingewiesen worden (S. 48), daß die BLOCH-Wand zwischen antiparallel magnetisierten Gebieten („180°-Wand") im Feldbereich unter der kritischen Feldstärke H_0 durch Feldänderungen reversibel verschoben wird. Bei steigender Feldstärke erhält man daher vor dem Start der BARKHAUSEN-Sprünge eine reversible Magnetisierungsänderung. Diese reversiblen 180°-Wandverschiebungen müßten wenigstens in bestimmten Fällen einen merklichen Beitrag zur reversiblen Permeabilität bzw. zur Anfangspermeabilität liefern, obwohl nach bekannten Erfahrungen[1] der größte Teil der Anfangspermeabilität schon

---

[1] Siehe Zitat 2, S. 42.

allein durch reversible 90°-Wandverschiebungen erklärt werden kann. Da der reversible Anfangsteil der 180°-Wandverschiebungen auch mit dem Zustandekommen des Barkhausen-Sprunges und mit der Koerzitivkraft eng verknüpft ist, soll wenigstens an Hand eines wieder stark vereinfachten Modells für die Spannungsverteilung noch etwas näher auf diese reversiblen 180°-Wandverschiebungen eingegangen werden.

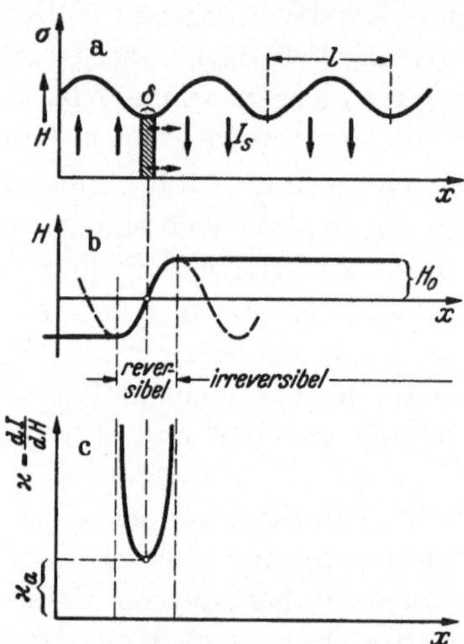

Abb. 9. Zur Berechnung der kritischen Feldstärke H_0 und der reversiblen Wandverschiebungen bei sinusförmigen Spannungsschwankungen.

Wir legen den folgenden Betrachtungen sinusförmige Spannungsschwankungen um den Mittelwert σ_0 der Zugspannung σ nach Abb. 9 zugrunde. Die Darstellungsweise der Abb. 9 soll sich im übrigen völlig mit der der Abb. 7 decken, so daß wir auf eine genauere Beschreibung dieses neuen Modells verzichten können. Entsprechend Abbildung 9 gilt

$$\sigma = \sigma_0 + \frac{\Delta\sigma}{2} \cdot \sin\frac{2\pi x}{l}. \qquad (18)$$

Bei der Feldstärke Null befinden sich Blochsche 180°-Wände nur an den Stellen minimaler Spannungen σ, also bei $x = -l/4$, $+\frac{3}{4}l$, $+\frac{7}{4}l$ usw. im stabilen Gleichgewicht (vgl. Abb. 9a). Im allgemeinen werden selbst im jungfräulichen Zustand nicht alle diese *möglichen* Stellen für stabile 180°-Wände auch wirklich von solchen Wänden besetzt sein. Wir bezeichnen mit α den Anteil der wirklich besetzten Spannungsminima, bezogen auf alle vorhandenen Spannungsminima. Es gilt also $\alpha \leq 1$. Der Beitrag der reversiblen 180°-Wandverschiebungen zur Anfangspermeabilität ist natürlich unter sonst gleichen Bedingungen α proportional.

Aus (1), (11) und (18) ergibt sich die Feldstärke $H(x)$, die die Wand an der Stelle x im Gleichgewicht hält, zu

$$H(x) = \frac{1}{2J_s} \cdot \frac{\partial\gamma}{\partial x} = \frac{3}{4}\pi \frac{\lambda_s \cdot \Delta\sigma}{J_s} \cdot \frac{\delta}{l}\cos\frac{2\pi x}{l} \qquad (19)$$

(vgl. Anhang 4). Für $\cos\frac{2\pi x}{l} = 1$, also für $x = 0$, l, $2l$ usw., erhält man den Höchstwert von $H(x)$, die kritische Feldstärke

$$H_0 = \frac{3}{4}\pi \frac{\lambda_s \cdot \Delta\sigma}{J_s} \cdot \frac{\delta}{l}. \qquad (\delta \ll l) \qquad (20)$$

Wie zu erwarten ist, stimmt (20), abgesehen von dem unwesentlichen Zahlenfaktor $\pi/2$, mit (13) überein. Für eine bei der Feldstärke Null an der Stelle $x = \frac{3}{4} \cdot l$ befindliche Wand ist $H(x)$ für den Feldbereich $-H_0 \leqq H \leqq +H_0$ nach (19) und (20) in Abb. 9b besonders hervorgehoben. Der absteigende Kurventeil für $H(x)$ im Bereich $x > l$ hat bei der hier zunächst angenommenen Richtung des Feldes H keine reale Bedeutung. Bei hinreichend langsamer Steigerung der Feldstärke gilt praktisch für alle $x > l$ $H(x) = H_0$ (s. Abb. 9b).

Wir beschäftigen uns nun mit der reversiblen Wandverschiebung im Bereich $\frac{3}{4} \cdot l \leqq x < l$.

Die reversible Suszeptibilität $\varkappa = \dfrac{dJ}{dH}$, die von derartigen reversiblen 180°-Wandverschiebungen herrührt, ergibt sich in der üblichen technischen Bedeutung ohne weiteres aus

$$\varkappa = \frac{\partial J}{\partial x} : \frac{\partial H}{\partial x} \, . \tag{21}$$

Eine Verschiebung der Wand um $\varDelta x$ liefert, bezogen auf das gesamte Volumen des Drahtes, die Magnetisierungsänderung

$$\varDelta J = 2 J_s \cdot \frac{\varDelta x}{l} \cdot \alpha \, , \tag{22}$$

wobei α, wie oben definiert, die Zahl der wirklich vorhandenen 180°-Wände, bezogen auf die Zahl aller Spannungsminima, bedeutet. Mit (19) und (22) ergibt (21) (vgl. Anhang 4)

$$\varkappa(x) = - \frac{4}{3\pi^2} \cdot \frac{J_s^2}{\lambda_s \cdot \varDelta\sigma} \cdot \frac{l}{\delta} \cdot \frac{\alpha}{\sin\dfrac{2\pi x}{l}} \, , \qquad (\delta \ll l) \tag{23}$$

also die Anfangssuszeptibilität

$$\varkappa_a = \left(\frac{\partial J}{\partial H}\right)_{H=0} = \varkappa_{x=\frac{3}{4}l} = \frac{4}{3\pi^2} \cdot \frac{J_s^2}{\lambda_s \cdot \varDelta\sigma} \cdot \frac{l}{\delta} \cdot \alpha \, . \tag{24}$$

Mittels (19) und (20) kann (23) in die einfache und übersichtliche Beziehung

$$\varkappa(H) = \frac{J_s}{H_0} \cdot \frac{\alpha}{\pi \sqrt{1 - \left(\dfrac{H}{H_0}\right)^2}} \tag{23a}$$

umgeformt werden. Für $H = 0$ folgt entsprechend aus (23a) die Anfangssuszeptibilität

$$\varkappa_a = \frac{\alpha}{\pi} \cdot \frac{J_s}{H_0} \, . \tag{24a}$$

Der Höchstwert der Anfangssuszeptibilität, der bei vollständiger Besetzung aller Spannungsminima ($\alpha = 1$) auftreten kann, beträgt also

$$\varkappa_{a_{\max}} = \frac{1}{\pi} \frac{J_s}{H_0} \, . \tag{25}$$

Dieser Höchstwert ist nach (25) in sehr einfacher Weise mit der Sättigungsmagnetisierung J_s und der kritischen Feldstärke H_0 verknüpft. Wenn auch der Zahlenfaktor $1/\pi$ von der speziellen Annahme der sinusförmigen Spannungsverteilung nach Abb. 9 herrührt, so ist doch anzunehmen, daß die Beziehungen (24a) und (25) einen Weg aufzeigen zur experimentellen Untersuchung der örtlichen Dichte von 180°-Wänden im jungfräulichen Zustand und der Frage nach dem Beitrag der 180°-Wände zur Anfangssuszeptibilität. Diese Frage ist beispielsweise eng verknüpft mit den von H. SCHULZE[1] beschriebenen Versuchen über die magnetische Nachwirkung und wird dort noch einmal näher berührt. Nach den hier dargestellten Anschauungen wird die Anfangspermeabilität des „normalen", d. h. nicht mechanisch belasteten Ferromagnetikums nur in den Fällen merklich von reversiblen 180°-Wandverschiebungen beeinflußt, in denen die „Besetzungszahl" α der Größenordnung 1 nahekommt. Im allgemeinen reicht zur Deutung der Anfangspermeabilität bekanntlich[2] der andersartige Mechanismus der 90°-Wandverschiebungen bereits aus.

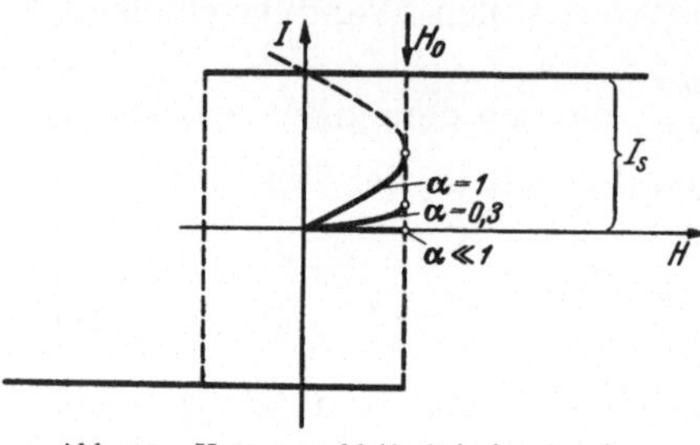

Abb. 10. Hystereseschleife bei sinusformigen Spannungsschwankungen entsprechend Abb. 9.

Für die jungfräuliche Magnetisierungskurve unseres Modells nach Abb. 9a folgt aus (23a)

$$J(H) = \int\limits_{0}^{H} \varkappa(H)\, dH = \frac{\alpha}{\pi}\, J_s \cdot \arcsin \frac{H}{H_0}. \tag{26}$$

Die vollständige Hystereseschleife unseres vereinfachten Modells zeigt Abb. 10. Die jungfräuliche Kurve ist nach (26) für $\alpha = 1$ und $\alpha = 0{,}3$ eingezeichnet. Der große BARKHAUSEN-Sprung im Betrage $2 J_s$ startet natürlich nur dann entsprechend Abb. 10 bei der kritischen Feldstärke $\pm H_0$, wenn er durch einen natürlichen oder künstlichen Keim schon bei dieser Feldstärke ausgelöst wird. Andernfalls erhält man eine größere „Koerzitivkraft" als H_0.

Die Berechnung der Hystereseschleife des Modells nach Abb. 9a veranschaulicht das Zustandekommen einiger magnetischer Eigenschaften, die auch bei den wirklich vorhandenen, wesentlich verwickelteren Spannungsverteilungen mit mehr oder weniger veränderten Zahlenfaktoren praktisch in Erscheinung treten. Der hier abgeleitete stetige Übergang der Suszeptibilität $\varkappa$ zu beliebig hohen Werten bei Annäherung an die kritische Feldstärke H_0 wird durch die bekannte Beobachtung gestützt, daß die reversible Permeabilität kurz vor dem Einsetzen der großen BARKHAUSEN-Sprünge bei normalen, nicht rechteckförmigen Hystereseschleifen im allgemeinen deutlich ausgeprägte Höchstwerte durchläuft.

[1] Siehe S. 114.   [2] Siehe Zitat 2, S. 42.

7. Der Höchstwert der Koerzitivkraft.

Zur Vervollständigung unseres Bildes über die Ursachen der Koerzitivkraft ist noch daran zu erinnern, daß bei vorgegebener homogener Zugspannung σ ein Höchstwert der Koerzitivkraft existiert, in dem Sinne, daß auch ohne Anwesenheit natürlicher oder künstlicher Ummagnetisierungskeime der BARKHAUSEN-Sprung bei einer bestimmten Feldstärke $H_{c_{max}}$ eintritt, die dem *homogenen* Zug σ proportional ist. Diese Feldstärke ist dann erreicht, wenn das *gleichzeitige Umklappen* der spontanen Magnetisierung des ganzen, homogen verspannten Drahtes um 180° energetisch möglich wird, d. h. wenn die Ummagnetisierung nach dem von R. BECKER zunächst vorgeschlagenen Modell[1] durch eine Drehung der spontanen Magnetisierung und nicht durch eine Wandverschiebung bewirkt wird. Bei diesem Umklappen muß infolge der Magnetostriktion Arbeit gegen den äußeren Zug σ geleistet werden, die der potentiellen magnetischen Feldenergie entnommen wird, also eine bestimmte endliche Feldstärke für das Umklappen bedingt. Eine einfache Berechnung (s. Anhang 5) liefert für die Rechteckschleife nach R. BECKER

$$H_{c_{max}} = \frac{3\,\lambda_s \cdot \sigma}{J_s} \tag{27}$$

in CGS-Einheiten. Bei der Versuchsanordnung von SIXTUS und TONKS bedeutet diese Feldstärke $H_{c_{max}}$ die obere Grenze des Feldes, bis zu der der Ablauf des BARKHAUSEN-Sprunges durch Vermeidung irgendwelcher Ummagnetisierungskeime höchstens hinausgeschoben werden kann, d. h. in der Bezeichnungsweise von SIXTUS und TONKS die grundsätzlich oberste Grenze der „Startfeldstärke" H_s. Ob dieser Höchstwert $H_{c_{max}}$ nach (27) praktisch wirklich erreicht werden kann, hängt natürlich davon ab, ob es experimentell gelingt, die Entstehung von Keimen bei geringeren Feldstärken vollständig zu verhindern. Es ist in Abschnitt 1 schon darauf hingewiesen worden, daß PREISACH durch besondere Maßnahmen die Startfeldstärke bis auf den 28 fachen Betrag der kritischen Feldstärke erhöhen konnte. Für diese Versuche von PREISACH erhält man aus (27) zahlenmäßig ungefähr

$$H_{c_{max}} \approx 1{,}6\,\frac{\sigma}{\text{kg/mm}^2}\,\text{Oersted}\,, \tag{27a}$$

wenn man für Permalloy (78,5% Ni, 21,5% Fe) $\lambda_s = 0{,}5 \cdot 10^{-5}$, $J_s = 900$ CGS-Einheiten in (27) einsetzt. Die von PREISACH gemessenen Höchstbeträge der Startfeldstärke[2] betragen etwa $^1/_{10}$ der für die angewandten Zugspannungen aus (27a) berechneten Werte. Es besteht die Möglichkeit, daß an bestimmten Stellen des Drahtes hohe

---

[1] Siehe Zitat S. 43.   [2] Physik. Z. **33**, 917, Abb. 5 (1932).

Spitzenwerte der Eigenspannungen (z. B. Druckspannungen in Richtung der Drahtachse) in örtlich begrenzten Gebieten die durchschnittliche Zugspannung σ so stark herabsetzen, daß dort der Umklappvorgang schon bei zehnmal geringerer Feldstärke einsetzen kann als in der Umgebung einer solchen Stelle. In diesem Falle wird nach (27) durch reines „Umklappen" zunächst an einer besonders begünstigten Stelle ein Ummagnetisierungskeim gebildet, von dem die weitere Ummagnetisierung dann in der oben beschriebenen Weise als Wandverschiebung ausgeht.

Es ist ferner nicht ausgeschlossen, daß es Werkstoffzustände gibt, bei denen infolge von bestimmten Gitterstörungen eine Keimentstehung oder sogar eine Wandverschiebung unter der durch (27) gegebenen Höchstgrenze der Koerzitivkraft nicht möglich ist. Ein solcher Zustand könnte beispielsweise in einem bestimmten Stadium der Ausscheidungshärtung eintreten, wenn durch die Sammlung der sich ausscheidenden Atome in bestimmten Gitterebenen in engen Abständen (z. B. im Abstand $\approx \delta$) nichtferromagnetische Zwischenwände gebildet werden, die eine Fortpflanzung von BLOCH-Wänden erst oberhalb der durch (27) gegebenen Feldstärke ermöglichen. In solchen Fällen würde man bei dem nicht homogen verspannten Ferromagnetikum ungefähr die Koerzitivkraft

$$H_c = \frac{3\,\lambda_s \cdot \sigma_i}{2\,J_s}\, * \tag{28}$$

(in CGS-Einheiten) erwarten, wenn wiederum unter σ_i der Durchschnittsbetrag der Eigenspannungen verstanden wird.

Zunächst ist zu beachten, daß die Beziehung (28), die aus dem Drehmodell abgeleitet wurde, sich von der aus dem Modell der Wandverschiebung gewonnenen Beziehung (15a) bzw. (15b) praktisch nicht unterscheidet. Bei genaueren quantitativen Betrachtungen darf man natürlich nicht vergessen, daß in (28) nach der Drehvorstellung tatsächlich der *Betrag* der Spannung σ_i eingeht, während σ_i in (15b) ein Maß für die örtlichen *Schwankungen* der Eigenspannungen darstellt. Für eine rohe Abschätzung wird oft die Annahme berechtigt sein, daß diese verschiedenartigen σ_i-Werte ungefähr übereinstimmen. Solange jedoch diese Frage nicht genauer geklärt ist, läßt sich allein auf Grund der bisher bekannten Versuchsergebnisse nicht einwandfrei feststellen, ob bestimmte Beträge der Koerzitivkraft nach (15a, b) durch Wandverschiebungen oder nach (28) durch Drehvorgänge zustande kommen.

---

* Der Faktor 2 im Nenner berücksichtigt, daß die Drehvorstellung nach den Überlegungen von R. BECKER (s. Zitat S. 43) bei statistisch verteilten Eigenspannungen σ_i eine ungefähr halb so große Koerzitivkraft ($\eta \approx 1$) liefert wie bei dem homogenen Zug σ, der der Beziehung (27) zugrunde liegt ($\eta = 2$ für $\varepsilon = 0$).

Frühere Versuchsergebnisse an ausgehärteten Legierungen, beispielsweise an Eisen-Nickel-Legierungen mit Berylliumzusatz[1], zeigen deutlich, daß tatsächlich in bestimmten Ausscheidungsstadien Höchstwerte der Koerzitivkraft erreicht werden, die den aus (15b) oder aus (28) berechneten Zahlenwerten sehr nahe kommen. Dabei wird σ_i in bekannter Weise aus der Anfangspermeabilität abgeschätzt.

R. Becker hatte schon darauf hingewiesen[2], daß die Koerzitivkraft der Dauermagnetstähle größenordnungsmäßig auf Grund der Drehvorstellung gedeutet werden kann, wenn man annimmt, daß in solchen Werkstoffen Eigenspannungen im durchschnittlichen Betrage der technischen Bruchfestigkeit wirken. Mit $\sigma_i = 100$ kg/mm^2 liefert (28) z. B. für Eisen ($J_s = 1700$ CGS-Einheiten, $\lambda_s = 2 \cdot 10^{-5}$ (in der [100]-Richtung)) $H_c \approx 200$ Oersted, also die Größenordnung der gemessenen Koerzitivkräfte von eisenreichen Dauermagnetstählen.

Eine Höchstgrenze der Koerzitivkraft ist nach der Drehvorstellung nicht nur durch Eigenspannungen, sondern auch durch die magnetische Kristallanisotropie bedingt. Dieser von Akulov näher diskutierte Höchstwert[3] scheint jedoch keine praktische Bedeutung zu haben, da eine Verhinderung des Vorganges der Wandverschiebungen praktisch wohl höchstens bei so starken Gitterstörungen erwartet werden darf, bei denen die Kristallanisotropie neben der Spannungsanisotropie keine Rolle mehr spielt.

Ein näheres Eingehen auf diese Zusammenhänge würde hier zu weit führen. Ich habe nur darauf hinweisen wollen, daß vielleicht die Koerzitivkraft nicht in allen Fällen nur mit dem Mechanismus der Wandverschiebung erklärt werden kann, sondern daß es nicht ausgeschlossen ist, daß auch der Mechanismus des gleichzeitigen „Umklappens" im Sinne des ersten Modells von R. Becker in bestimmten Fällen für die Koerzitivkraft maßgebend ist.

Ich möchte davon absehen, schon an dieser Stelle auf weitere Vergleiche der hier abgeleiteten Beziehungen mit einzelnen experimentellen Befunden näher einzugehen. Alle diese Beziehungen und Zusammenhänge bedürfen noch einer gründlichen experimentellen Nachprüfung. Einer solchen Nachprüfung stehen zwar teilweise noch beträchtliche grundsätzliche Schwierigkeiten entgegen, einige der hier abgeleiteten Zusammenhänge eröffnen jedoch aussichtsreiche Möglichkeiten für klare

---

[1] Preisach, F.: Z. Physik **93**, 249 (1935). Der gemessene Zahlenfaktor $p = 0,9$ (s. Abb. 2B) entspricht der Beziehung $H_c = 0,9 \cdot \lambda_s \cdot \sigma_i / J_s$ in CGS-Einheiten, also dem 0,9fachen des aus (15b) oder dem 0,6fachen des aus (28) berechneten Betrages der Koerzitivkraft.

[2] Siehe Zitat S. 43.

[3] Akulov, N. S.: Z. Physik **81**, 790 (1933).

experimentelle Fragestellungen, deren Beantwortung durch Versuche möglich erscheint. Einige derartige Untersuchungen haben wir begonnen. Über die Versuchsergebnisse wird später ausführlich berichtet werden.

Wir haben uns hier darauf beschränkt, die kritische Feldstärke H_0 zu untersuchen und haben darauf verzichtet, den Zusammenhang der kritischen Feldstärke H_0 mit der normalen Koerzitivkraft H_c des nicht einer äußeren Spannung σ ausgesetzten Ferromagnetikums näher zu erfassen. Wie oben schon ausgeführt worden ist, lohnt es sich kaum, diese „normale" Koerzitivkraft genauer theoretisch zu untersuchen, bevor die Deutung der kritischen Feldstärke H_0 in ausreichendem Umfange gelungen ist. Für die Erklärung der normalen Koerzitivkraft H_c wird es erforderlich sein, eine verhältnismäßig verwickelte Überlagerung von gröberen und feineren Spannungsverteilungen zugrunde zu legen.

Zum Schluß möchte ich noch darauf hinweisen, daß ich auf einige, auch wesentliche Einzelheiten nicht eingegangen bin, um die wichtigsten Gesichtspunkte besser hervorheben zu können.

Auf einiges will ich noch kurz aufmerksam machen:

Wahrscheinlich gibt es auch praktisch wichtige Fälle, bei denen außer den Spannungsschwankungen auch die Schwankungen des Austauschintegrals in der von Bloch vermuteten Weise berücksichtigt werden müssen. Beispielsweise dürfte die Sammlung der sich ausscheidenden Atome in bestimmten Gitterebenen bei der Ausscheidungshärtung die Austauschenergie der Bloch-Wand bei dem Durchgang durch derartige, meist nichtferromagnetische Ebenen wesentlich beeinflussen. Vielleicht können nur in dieser Weise die außerordentlich hohen Koerzitivkräfte bestimmter ausgehärteter Dauermagnete erklärt werden, zu deren Deutung sonst Eigenspannungen in der Größenordnung 1000 kg/mm^2 notwendig wären.

Auch der von Döring bemerkte Einfluß der Änderungen der Größe $b \cdot K$ an den Korngrenzen bedarf noch einer ausreichenden Klärung durch Überlegungen und Versuche.

Schließlich sei noch darauf hingewiesen, daß auch die Hysterese im Gebiet kleiner Feldstärken, d. h. im „Rayleigh-Gebiet", einigermaßen zwanglos auf feindisperse Spannungsschwankungen bzw. Gitterstörungen zurückgeführt werden kann, die sich den gröberen Spannungsschwankungen überlagern.

Auf die Fragen der *reversiblen* 180°-Wandverschiebungen und der Hysterese im Rayleigh-Gebiet wird im Vortrag von H. Schulze (s. S. 114) noch einmal näher eingegangen.

Anhang.

1. Abschätzung von δ und γ für Permalloy (78,5% Ni, 21,5% Fe).
(Zu Seite 51.)

Der Energiebetrag des Austauschintegrals J_0 läßt sich nach HEISEN-BERG angenähert mittels der Beziehung

$$J_0 = \tfrac{1}{2}kT_c\left(1 - \sqrt{1 - 8/z}\right) *$$

aus der CURIE-Temperatur T_c berechnen. k bedeutet die BOLTZMANN-sche Konstante ($k = 1{,}37 \cdot 10^{-16}$ erg/grad), z die Zahl der Nachbar-atome im Gitter ($= 8$ bei raumzentriertem, $= 12$ bei flächenzentriertem regulären Kristallgitter). Für das flächenzentrierte Permalloy ist $z = 12$ zu setzen; in der Elementarzelle mit dem Rauminhalt a^3 befinden sich vier Atome ($n = 4$), so daß wir als „Austauschenergie je Raumeinheit" (vgl. S. 50)

$$A = \frac{4 J_0}{a^3} = 2 \frac{kT_c}{a_3}\left(1 - \sqrt{\frac{1}{3}}\right) \approx \frac{kT_c}{a^3}$$

erhalten. Mit den Zahlenwerten $T_c = 850°$ K, $a = 3{,}6 \cdot 10^{-8}$ cm ergibt sich für Permalloy ungefähr

$$A = 2{,}5 \cdot 10^9 \text{ erg/cm}^3.$$

Mit diesem Zahlenwert liefert (10) für die Zugspannungen $\sigma = 15$ kg/mm^2 ($\approx 15 \cdot 10^8$ dyn/cm^2) und $\sigma = 2$ kg/mm^2 ungefähr die Wanddicken

$$\delta_{15\,\text{kg/mm}^2} = 500\,a = 2 \cdot 10^{-5} \text{ cm}$$

und $\qquad\qquad \delta_{2\,\text{kg/mm}^2} = 1300\,a = 5 \cdot 10^{-5} \text{ cm},$

wenn der Durchschnittsbetrag $\lambda_s = 0{,}5 \cdot 10^{-5}$ für Permalloy eingesetzt wird und wenn ferner $b \cdot K \ll \tfrac{3}{2}\lambda_s$ angenommen wird. Die Vernach-lässigung der Kristallenergie K ist nach den bekannten Meßergebnissen bei Permalloy mindestens für $\sigma = 15$ kg/mm^2 berechtigt, bedingt aber auch für $\sigma = 2$ kg/mm^2 noch keinen großen Fehler.

Mit den gleichen Zahlenwerten erhält man aus (11) für die Ober-flächenenergie der Wand ungefähr

$$\gamma_{15\,\text{kg/mm}^2} = 0{,}4 \text{ erg/cm}^2,$$

$$\gamma_{2\,\text{kg/mm}^2} = 0{,}15 \qquad ,, \qquad .$$

2. Berechnung von H_0 für das Modell b' (Abb. 7).
(Zu Seite 56.)

In der Umgebung der Spannungshürde besteht die Wandenergie aus einem konstanten, von x unabhängigen Anteil γ_0 und einem zweiten

---

* HEISENBERG, W.: Z. Physik **49**, 619 (1928).

Anteil $\Delta\gamma$, dessen Betrag vom Abstand x zwischen der Mitte der Bloch-Wand und der Spannungshürde abhängt und nach (4) und (6) durch

$$\Delta\gamma(x) = \frac{3}{2}\lambda_s \cdot \Delta\sigma \cdot \frac{l}{2} \cdot \left(1 - \mathfrak{Tg}^2 \frac{2x}{\delta}\right) \qquad (l \ll \delta)$$

gegeben ist. Daraus folgt

$$\frac{\partial\gamma}{\partial x} = \frac{\partial\Delta\gamma}{\partial x} = -3\lambda_s \cdot \Delta\sigma \cdot \frac{l}{\delta}\, \frac{\mathfrak{Sin}\frac{2x}{\delta}}{\mathfrak{Cof}^3\frac{2x}{\delta}}$$

und

$$\left(\frac{\partial\gamma}{\partial x}\right)_{\max} = 3\lambda_s \cdot \Delta\sigma \frac{l}{\delta} \cdot \frac{1}{2,83} \quad \text{bei} \quad x = -\frac{\delta}{2}\,\mathfrak{Ar}\,\mathfrak{Sin}\,1 = -0,88 \cdot \frac{\delta}{2}\,.$$

Bei stetig steigendem Feld H wird die kritische Feldstärke

$$H_0 = \frac{1}{2J_s}\left(\frac{\partial\gamma}{\partial x}\right)_{\max} \approx \frac{1}{2}\frac{\lambda_s \cdot \Delta\sigma}{J_s} \cdot \frac{l}{\delta} \qquad (l \ll \delta)$$

dann erreicht, wenn sich die Mitte der Wand noch im Abstand $|x| \approx 0,88 \cdot \delta/2$ *vor* der Spannungshürde befindet.

3. Berechnung von H_0 für das Modell c′ (Abb. 7). (Zu Seite 59.)

Mit den gleichen Bezeichnungen wie unter 2. erhalten wir hier aus (4) und (6)

$$\Delta\gamma(x) = \frac{3}{2}\lambda_s\Delta\sigma\int\limits_{x\to+\infty}^{x}\left(1 - \mathfrak{Tg}^2\frac{2x}{\delta}\right)dx\,,$$

$$\frac{\partial\gamma}{\partial x} = \frac{3}{2}\lambda_s \cdot \Delta\sigma\left(1 - \mathfrak{Tg}^2\frac{2x}{\delta}\right)$$

und

$$\left(\frac{\partial\gamma}{\partial x}\right)_{\max} = \frac{3}{2}\lambda_s\Delta\sigma \quad \text{bei} \quad x = 0\,.$$

Die kritische Feldstärke

$$H_0 = \frac{3}{4}\frac{\lambda_s \cdot \Delta\sigma}{J_s} \qquad (l \ll \delta)$$

wird in diesem Fall also erreicht, wenn die Mitte der Wand gerade bis zur Spannungsstufe geschoben worden ist.

4. Berechnung des Modells nach Abb. 9a. (Zu Seite 62.)

Aus dem Ansatz $\sigma = \sigma_0 + \dfrac{\Delta\sigma}{2}\sin\dfrac{2\pi x}{l}$ (s. Abb. 9a) folgt mit (1) und (11) bei $A = \text{konst.}$ und $b \cdot K = \text{konst.}$

$$H(x) = \frac{3}{4}\pi\frac{\lambda_s \cdot \Delta\sigma}{J_s} \cdot \frac{\delta}{l}\cos\frac{2\pi x}{l}\,, \qquad (\delta \ll l)$$

also

$$H_0 = \frac{3}{4}\pi\frac{\lambda_s \cdot \Delta\sigma}{J_s} \cdot \frac{\delta}{l}\,. \qquad (\delta \ll l)$$

Die durch die reversible Wandverschiebung bedingte reversible Suszeptibilität läßt sich aus

$$\varkappa = \frac{dJ}{dH} = \frac{\partial J/\partial x}{\partial H/\partial x}$$

berechnen. Wenn α (vgl. S. 62) den Bruchteil der im jungfräulichen Ausgangszustand mit BLOCH-Wänden wirklich besetzten Spannungsminima (bei $x = \ldots,\ -l/4,\ +\frac{3}{4}\cdot l,\ +\frac{7}{4}\cdot l,\ \ldots$) angibt ($\alpha \leqq 1$), so liefert eine Verschiebung aller vorhandenen Wände um jeweils die Strecke x die in der üblichen technischen Bezeichnungsweise auf das Gesamtvolumen des Drahtes bezogene Magnetisierungsänderung

$$\Delta J = 2 J_s \frac{x}{l} \cdot \alpha.$$

Aus $\partial J/\partial x = 2 J_s \cdot \dfrac{\alpha}{l}$ und $\dfrac{\partial H}{\partial x} = -\dfrac{3}{2}\,\pi^2\,\dfrac{\lambda_s \Delta\sigma}{J_s}\cdot\dfrac{\delta}{l^2}\sin\dfrac{2\pi x}{l}$ ergibt sich

$$\varkappa = -\frac{4}{3\pi^2}\cdot\frac{J_s^2}{\lambda_s\cdot\Delta\sigma}\cdot\frac{l}{\delta}\cdot\frac{\alpha}{\sin\dfrac{2\pi x}{l}} = \frac{J_s}{H_0}\cdot\frac{\alpha}{\pi\sqrt{1-\left(\dfrac{H}{H_0}\right)^2}}$$

(vgl. Abb. 9c), also die Anfangssuszeptibilität

$$\varkappa_{H=0} = \frac{\alpha}{\pi}\frac{J_s}{H_0}.$$

Für die reversible jungfräuliche Magnetisierungskurve (vgl. Abb. 10) erhält man

$$J(H) = \int_0^H \varkappa(H)\,dH = \frac{\alpha}{\pi} J_s \arc\sin\frac{H}{H_0}.\qquad \left(0 \leqq \arc\sin\frac{H}{H_0} \leqq \frac{\pi}{2}\right)$$

Nach Abb. 10 ist auch anschaulich einzusehen, daß dieser reversible Kurvenanteil bei $\alpha = 1$ gerade bis $J = J_s/2$ ansteigt und dann in einen BARKHAUSEN-Sprung im gleichen Betrag $J_s/2$ übergeht.

5. Berechnung von H_c auf Grund reiner Drehvorgänge (Seite 65).

Als Grundlage für die folgende Rechnung wird angenommen, daß in bestimmten Fällen der große BARKHAUSEN-Sprung der rechteckförmigen Hystereseschleife *nicht* in einer irreversiblen Wandverschiebung, sondern in einem irreversiblen gleichzeitigen „Umklappen" der unter sich parallelen Elektronenspins besteht. Der mit dem Zug σ belastete Draht ist im Ausgangszustand infolge der Einwirkung eines hinreichend starken Feldes H (nach links) „gesättigt" ($\vartheta = 0$). In diesem Zustand befindet sich die spontane Magnetisierung in einem stabilen Gleichgewicht, das erst nach Anlegen eines antiparallelen (nach rechts gerichteten) Feldes bei einer bestimmten Feldstärke, der „Koerzitivkraft" H_c, in ein labiles Gleichgewicht übergeht, so daß bei dieser im folgenden zu bestimmenden Feldstärke der Barkhausen-Sprung auftritt.

Zum Herausdrehen der spontanen Magnetisierung aus der Anfangslage ($\vartheta = 0$) in die Richtung ϑ (gegen die Richtung der Spannung σ) muß infolge der Magnetostriktion gegen den äußeren Zug die mechanische Arbeit

$$A(\vartheta) = \tfrac{3}{2}\,\lambda_s \cdot \sigma \cdot \sin^2\vartheta$$

je Raumeinheit geleistet werden[1]. Berücksichtigt man noch den Beitrag des Feldes H (positiv nach rechts) zur potentiellen Energie, so erhält man die Gesamtenergie des hier angenommenen Modells:

$$U = U_\vartheta - U_{\vartheta=0} = \tfrac{3}{2}\lambda_s \cdot \sigma \sin^2\vartheta - J_s \cdot H\,(1 - \cos\vartheta)\,.$$

Die Koerzitivkraft H_c ist diejenige Feldstärke H, die für $\vartheta = 0$ $\dfrac{\partial^2 U}{\partial \vartheta^2} = 0$ bewirkt (indifferentes Gleichgewicht). Man erhält

$$\frac{\partial^2 U}{\partial \vartheta^2} = 3\,\lambda_s \cdot \sigma \cos 2\vartheta - J_s \cdot H \cos\vartheta\,,$$

also für $\dfrac{\partial^2 U}{\partial \vartheta^2} = 0$ bei $\vartheta = 0$

$$H_c = \frac{3\,\lambda_s \cdot \sigma}{J_s}\,.$$

Diese Beziehungen sind identisch mit den von R. Becker aus dem Modell des elastisch verzerrten Dipolgitters gewonnenen Beziehungen[2], wenn dort $\varepsilon = 0$ und $\eta = \dfrac{H}{4\,S\,A\,J_s} = \dfrac{J_s \cdot H}{\tfrac{3}{2}\lambda_s \cdot \sigma}$ gesetzt wird, d. h. wenn das „korrigierte Dipolgitter"[3] zugrunde gelegt wird.

---

[1] Siehe Zitat S. 50.　　　[2] Siehe Zitat S. 43.
[3] Becker, R., u. M. Kersten: Z. Physik **64**, 660 (1930).

Mechanismus der Koerzitivkrafterhöhung bei zwei verschiedenen ternären Legierungen.
(Fe-Co-Mo und Fe-Ni-Al.)

Von **J. L. Snoek**-Eindhoven (Holland).

Mit 16 Abbildungen.

Zusammenfassung.

Die zwei ternären Legierungen Eisen-Kobalt-Molybdän (mit 12 % Co und 18 % Mo) und Eisen-Nickel-Aluminium (26,5 % Ni, 12,3 % Al) haben dieses gemein, daß sie beide bei Zimmertemperatur neben der ferromagnetischen Grundmasse eine zweite unmagnetische Phase enthalten, welche sich bei höheren Temperaturen in der Grundmasse löst und die auch gemeinhin als die unmittelbare Ursache der magnetischen Härtung gilt, die beim Abschrecken und Anlassen an diesen Legierungen gefunden wird.

Es wird die Entstehung der unmagnetischen Phase im Laufe der Wärmebehandlung verfolgt mit Hilfe ihrer entmagnetisierenden Wirkung; es zeigt sich, daß auf diese Weise schon $1^0/_{00}$ der neuen unmagnetischen Phase aufgedeckt werden kann.

Während bei den Fe-Co-Mo-Legierungen der Verlauf des „inneren Entmagnetisierungsfaktors" N_i ungefähr den Erwartungen entspricht, wird für die Fe-Ni-Al-Legierung ein grundsätzlich abweichendes Verhalten gefunden. Es eilt die Größe N_i erheblich der Koerzitivkraft nach, was wohl kaum anders erklärt werden kann als durch die Annahme, daß die beiden Erscheinungen von verschiedenen Ursachen herrühren. Die Ursache der magnetischen Härtung dürfte bei der Fe-Ni-Al-Legierung wohl in einem Platzwechselvorgang zu suchen sein, wobei die Gitterstruktur ungeändert bleibt; damit erklärt sich auch gewissermaßen die Beobachtung, daß für die Fe-Ni-Al-Legierungen ein anderer Typ von Wärmebehandlungen günstiger ist zur Erzielung hoher Koerzitivkräfte als der übliche Prozeß, indem ein kurzer Aufenthalt auf Temperaturen zwischen der Abschrecktemperatur und der Anlaßtemperatur zur Erzielung der besten Resultate erforderlich ist. Zur Unterscheidung der beiden Magnetstahltypen werden die Namen „Dispersionshärter" (Fe-Co-Mo-ähnliche Legierungen) und „Diffusionshärter‘ (Fe-Ni-Al-ähnliche Legierungen) geprägt.

Für die Untersuchung der Anfangsstadien eines bei niedrigen Temperaturen verlaufenden Entmischungsvorganges, wo bekanntlich sämtliche physikalische und chemische Eigenschaften einer unterkühlten festen Lösung starke Änderungen erleiden, bedarf es dringend neuer Methoden, da die gewöhnlichen Methoden entweder nicht empfindlich genug sind oder nur indirekte Schlüsse gestatten. Im allgemeinen steht die äußerst feine Verteilung der neu auftretenden Phase und ihre meist verschwindend kleine Menge ihrer Wahrnehmbarkeit hindernd entgegen.

Wir haben schon vor einigen Jahren versucht, die Entstehung einer neuen unmagnetischen Phase innerhalb einer ferromagnetischen Grundmasse messend zu verfolgen mit Hilfe ihrer entmagnetisierenden Wirkung und sind dabei zu befriedigenden Resultaten gelangt[1].

Bei der Untersuchung ferromagnetischer Oxydmischkristallsysteme führte die Messung des „inneren Entmagnetisierungsfaktors" N_i zu Schlüssen, welche mit anderweitigen Methoden zur Bestimmung der Phasengrenzen (CURIE-Punkt, Koerzitivkraft, Röntgenanalyse) in bester Übereinstimmung standen. Bekanntlich kann man den Entmagnetisierungsfaktor N_b eines homogenen Stabes bestimmen aus der Anfangsneigung der sog. idealen Kurve, welche dadurch entsteht, daß man über ein Gleichstromfeld ein stetig abnehmendes Wechselfeld lagert und die so entstandene Magnetisierung I als Funktion des Gleichstromfeldes H betrachtet.

Enthält nun der Stab „Luftspalte", so fällt der gemessene Entmagnetisierungsfaktor N_m größer als der berechnete oder am homogenen Stab gemessene Wert N_b aus und die Differenz $N_i = N_m - N_b$ ist ein Maß für die Stärke dieser Luftspalte. Für den Fall, daß diese Luftspalte wirkliche ununterbrochene Spalte sind, welche das Material in allen Richtungen durchkreuzen, ist es leicht, das Verhältnis des „Luftvolumens" V_L zum Gesamtvolumen V_S anzugeben. Es ist nämlich dann

$$\frac{V_L}{V_S} = \frac{3 N_i}{4 \pi + N_i} \sim \frac{1}{4} N_i .$$

Für eine mehr kompakte Verteilung ist V_L/V_S im allgemeinen größer.

Man wird nun für den Verlauf von N_i im Laufe des Entmischungsvorganges folgendes erwarten: unmittelbar nach dem Abschrecken ist N_i gleich Null, d. h. der gemessene Entmagnetisierungsfaktor N_b unterscheidet sich nicht von dem gewöhnlichen, an jedem homogenen Stab gemessenen Wert. Während des Anlassens setzt nun aber eine Steigung

---

[1] SNOEK, J. L.: Magnetic and electrical properties of the binary systems MO · Fe$_2$O$_3$. Physica **3**, 463 (1936).

ein, welche anfangs parallel mit der Menge der neugeformten Phase verläuft. Allmählich wird dabei im Laufe der Zeit (oder bei steigender Anlaßtemperatur) ein Grenzwert erreicht, der dem Gesamtvolumen der neuen Phase entspricht. Diesem Vorgang überlagert sich nun aber der bekannte Vergröberungsvorgang, welche die Oberfläche der neuen Phase herabzusetzen bestrebt ist. Dadurch wird die Entmagnetisierung allmählich abnehmen, um schließlich sehr klein zu werden. Es wird dabei angenommen, daß die Ausscheidung im Anfangsstadium entlang größerer Flächen erfolgt, was als durchaus wahrscheinlich erscheint. Geht dagegen die Ausscheidung von Anfang an nur von gewissen punktförmigen Zentren aus, so erwartet man überhaupt keine merkliche Entmagnetisierung.

Es fragt sich nun, wie sich die Koerzitivkraft während dieses Vorganges verhält. Für den Fall, daß die neue Phase für die Koerzitivkrafterhöhung direkt verantwortlich ist, muß man am Anfang der Entmischung einen parallelen Verlauf erwarten.

Aber auch weiterhin dürfte der Parallelismus zwischen den beiden Kurven im großen und ganzen erhalten bleiben, da der Koagulationsvorgang sowohl die Koerzitivkraft wie die Entmagneti-

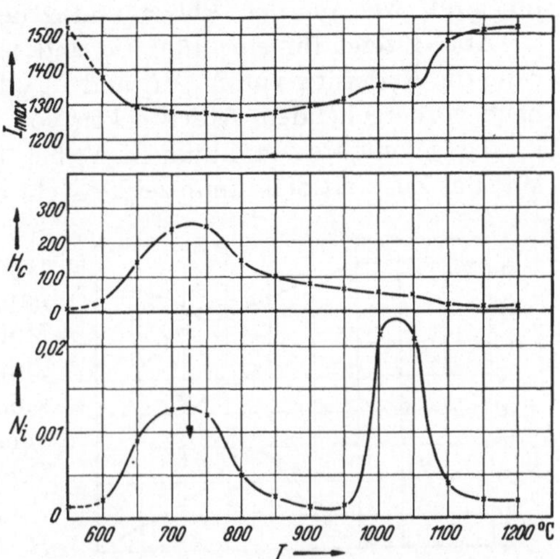

Abb. 1. Änderung der Sättigungsmagnetisierung (I_max), der Koerzitivkraft (H_c) und des inneren Entmagnetisierungsfaktors (N_i) bei einer 15% Co und 17% Mo enthaltenden Eisenlegierung im Laufe einer Anlaßbehandlung bei steigenden Temperaturen; die Erhitzungszeit war 5 Minuten; das zweite Maximum in N_i hängt mit dem $\alpha \rightarrow \gamma$-Übergang zusammen.

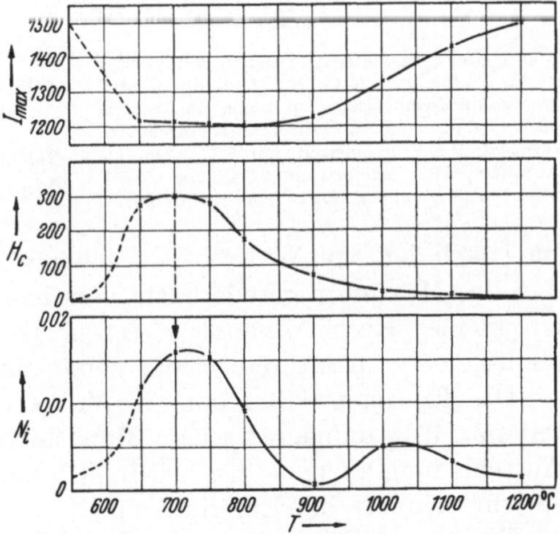

Abb. 2. Änderung von I_max, H_c und N_i bei einer Legierung mit 12% Co und 18% Mo (vgl. Abb. 1). Da die Legierung sich gerade an der Grenze befindet, wo im Zustandsdiagramm ein $\alpha \rightarrow \gamma$-Übergang bei höheren Temperaturen auftritt, ist das zweite Maximum nahezu vollständig verschwunden.

sierung herabsetzt. Tatsächlich wird ein solches Verhalten nun an ausscheidungshärtungsfähigen Eisen-Kobalt-Molybdän-Legierungen beobachtet, wie aus den Abb. 1 und 2 deutlich wird.

Abb. 1 zeigt für eine 15% Co und 17% Mo enthaltende Eisenlegierung die Änderung von N_i, H_c und I_{max} bei steigender Anlaßtemperatur nach vorhergehendem Abschrecken von 1200° C in Wasser. Auffallend ist das sekundäre Maximum in N_i bei Temperaturen oberhalb 900° C. Wie das Zustandsdiagramm zeigt[1], steht dieses Maximum im Zusammenhang mit dem bei jener Temperatur eintretenden $\alpha \rightarrow \gamma$-Übergang, in dem die Löslichkeit der Molybdän-Eisen-Kobalt-Verbindung sich hierbei sprunghaft verkleinert. Schwach findet man denselben Vorgang wieder in dem Verlauf von H_c und I_{max}.

Der das Hauptmaximum von H_c begleitende Verlauf von N_i bei niedrigen Temperaturen entspricht aber genau unseren Erwartungen. Insbesondere muß darauf hingewiesen werden, daß bei 850° C H_c und N_i schon sehr stark herabgesunken sind, während doch noch keine merkliche Lösung der ausgeschiedenen Phase erfolgt ist, wie aus der Kurve für I_{max} ersichtlich.

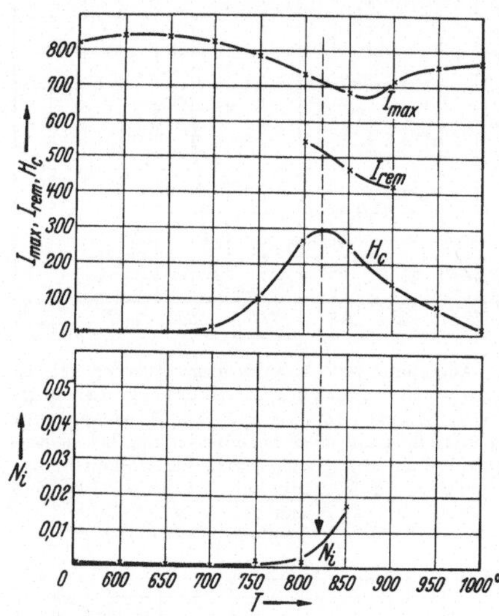

Abb. 3. Änderung von I_{max}, I_{rem}, H_c und N_i einer Fe-Ni-Al-Legierung (26,5% Ni, 12,3% Al) bei steigender Anlaßtemperatur; der Anstieg in N_i setzt gerade da an, wo die Koerzitivkraft anfangt herabzusinken; die Erhitzungszeit war 5 Minuten, die Anlaßtemperatur jedesmal um 50° C hoher. Nach jeder Anlaßbehandlung wurde wieder abgeschreckt.

Abb. 2, welche für 12% Co und 10% Mo gilt, zeigt das sekundäre Maximum viel weniger deutlich; tatsächlich war die Zusammenstellung nach dem von W. Köster gegebenen Zustandsdiagramm so gewählt, daß das Maximum gerade hätte verschwinden sollen. Es ist aber noch ein kleiner Rest vorhanden. Im übrigen entspricht der Verlauf bei niedrigen Temperaturen wieder genau unseren Erwartungen.

Die Tatsache, daß schon ein N_i-Wert von 0,004, korrespondierend mit nur 1‰ unmagnetischem Material (wenn wenigstens flächenhafte Ausscheidung angenommen wird), sich deutlich auf die Kurve ausprägt, spricht sehr für die Empfindlichkeit der neuen Methode.

Ganz anders liegen nun die Verhältnisse bei den Eisen-Nickel-Aluminium-Legierungen. Eine typische Zusammenstellung (26,5% Ni, 12,3% Al, Rest Fe) diente zum Gegenstand ausgedehnter Untersuchungen.

---

[1] Köster, W., u. W. Tonn: Arch. Eisenhüttenwes. **5**, 628 (1932), Abb. 7 u. 8.

Abb. 3 zeigt das Resultat einer Anlaßbehandlung bei steigenden Temperaturen, wobei nach jeder Erhitzung (welche 5 Minuten dauerte) die Temperatur um 50° C gesteigert wurde. Man sieht hieraus, *daß die Steigung in N_i erst einsetzt, nachdem die Koerzitivkraft ihr Maximum schon erreicht hat.* Dasselbe sieht man aus Abb. 4, wo die Erhitzungszeit zu 15 Minuten gewählt war und die Temperatur nach jeder Erhitzung nur um 25° C gesteigert wurde. Es kann nicht die Rede davon sein, daß der Phasenübergang selbst die Ursache der gesteigerten H_c-Werte wäre. *Vielmehr muß die vorangegangene Diffusion dafür verantwortlich gemacht werden.* Für diese Behauptung werden wir im folgenden noch viele andere Argumente beibringen. Es ist lehrreich, um einmal statt der Temperatur die Zeit zu variieren. Davon geben Abb. 5 ($T = 750°$ C) und Abb. 6 ($T = 850°$ C) Beispiele.

Im ersten Fall ist das Auftreten einer Inkubationszeit in N_i deutlich ausgeprägt. Dieselbe fehlt aber ganz in der Kurve für H_c. Die anschließende Wärmebehandlung bei steigender Temperatur zeigt auch, daß das Maximum in N_i nach 90 Minuten noch nicht ganz erreicht war, während H_c schon nach 30 Minuten maximal war.

Bei höherer Anlaßtemperatur (Abb. 6) entgeht die Inkubationszeit in N_i der Beobachtung; es fällt aber wieder auf, daß das Maximum in N_i bei ungefähr dreimal größeren Zeitwerten liegt als das Maximum in H_c.

Drittens geben wir den Verlauf von H_c und N_i bei

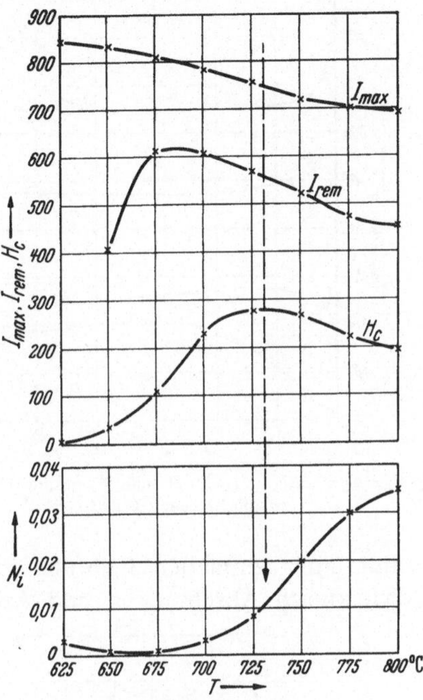

Abb. 4. Alles wie bei Abb. 3, mit dem Unterschied, daß jetzt die Erhitzungszeit 15 Minuten war und die Temperatur jedesmal nur um 25° C gesteigert wurde.

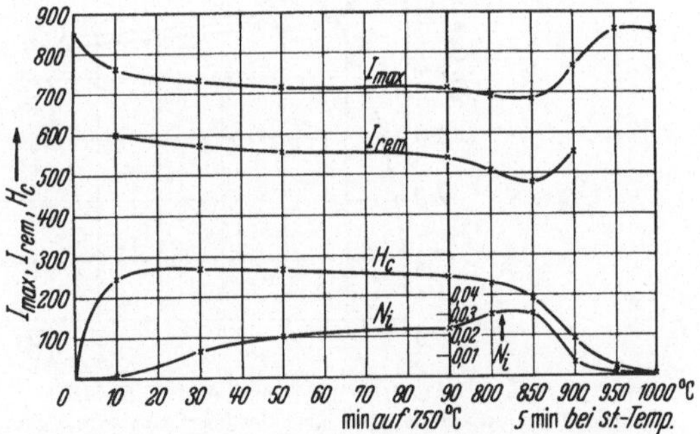

Abb. 5. I_{max}, I_{rem}, H_c und N_i bei derselben Fe-Ni-Al-Legierung im Laufe einer Anlaßbehandlung bei 750° C; die Größe N_i zeigt eine „Inkubationszeit"; bei weiterem Anlassen auf steigenden Temperaturen zeigt es sich, daß das Maximum in N_i noch nicht erreicht war nach 90 Minuten. Dagegen war H_c schon nach 30 Minuten über sein Maximum.

einer ganz andersgearteten Wärmebehandlung, nämlich bei einer solchen, wobei der Probestab mit nahezu konstanter Schnelligkeit gekühlt wird von 1200° C bis zur Raumtemperatur. Die Kühlgeschwindigkeit wurde systematisch variiert und der Einfluß auf die Koerzitivkraft untersucht. Die Abszisse enthält die „Kühlzeit", d. h. die Zeit, welche jedesmal benötigt wurde, um die Temperatur von 1200 auf 500° C zu bringen. Wie aus Abb. 7 ersichtlich, steigt die Koerzitivkraft bei geeigneter Kühlgeschwindigkeit auf rund zweimal höhere Werte als beim Abschrecken und Anlassen an.

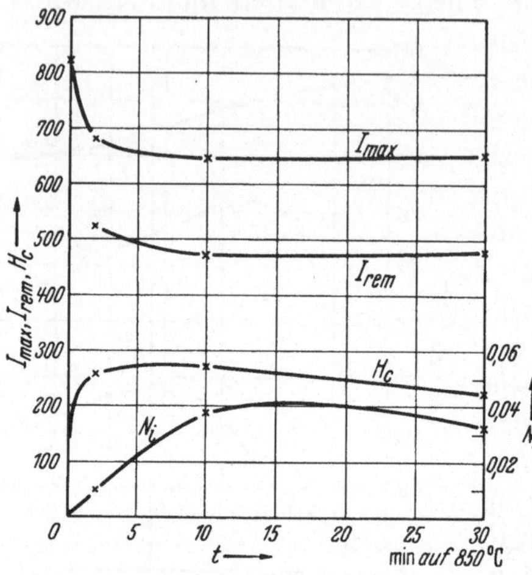

Abb. 6. I_{max}, I_{rem}, H_c und N_i wahrend einer Anlaßbehandlung bei 850° C.

Auch diese Eigentümlichkeit findet man bei den Fe-Mo-Co-Legierungen nicht wieder: es ist bei diesen nicht möglich, mit einer einfachen Kühlung gleich hohe Koerzitivkräfte zu erreichen wie durch Abschrecken und Anlassen.

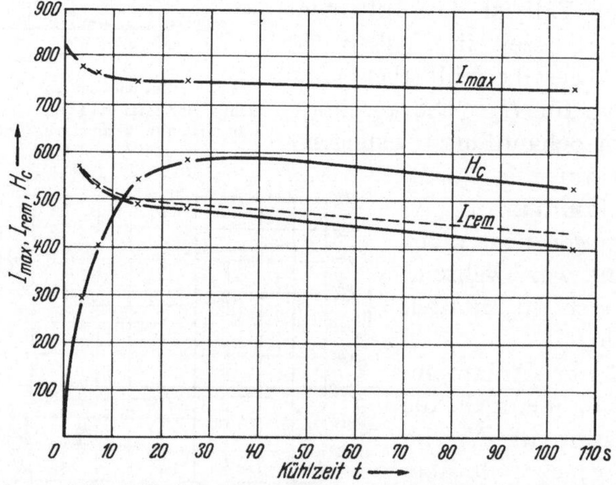

Abb. 7. I_{max}, I_{rem} und H_c als Funktion der „Kuhlzeit" t, d. h. der Zeit, welche die Fe-Ni-Al-Legierung wahrend der Abkuhlung mit gleichformiger Geschwindigkeit brauchte, um von 1200° bis zu 500° C zu gelangen. Die gestrichelte Kurve fur I_{rem} gibt die Remanenzen nach Korrektion für die innere Entmagnetisierung.

Daß bei einer solchen Wärmebehandlung der Größenordnung nach andersartige Vorgänge auftreten, zeigt die Abb. 8, welche u. a. die bei Zimmertemperatur gemessenen N_i-Werte enthält. Diese zeigen wieder das typische „Nacheilen" von N_i bei H_c (vgl. Abb. 7); außerdem sind aber die N_i-Werte als Ganzes enorm gesteigert worden gegenüber den bei Abschrecken und Anlassen erhaltenen Werten. Offensichtlich ist dies erst durch die bei höheren Temperaturen eingetretene, enorm gesteigerte Diffusion möglich geworden. Aus diesen Tatsachen erhellt überdies, daß der Härtungsvorgang bei dem gewöhnlichen Abschreck- und Anlaßprozeß nur an gewissen ausgezeichneten Stellen stattgefunden hat, daß aber der weitaus größte Teil des Materials unberührt geblieben ist.

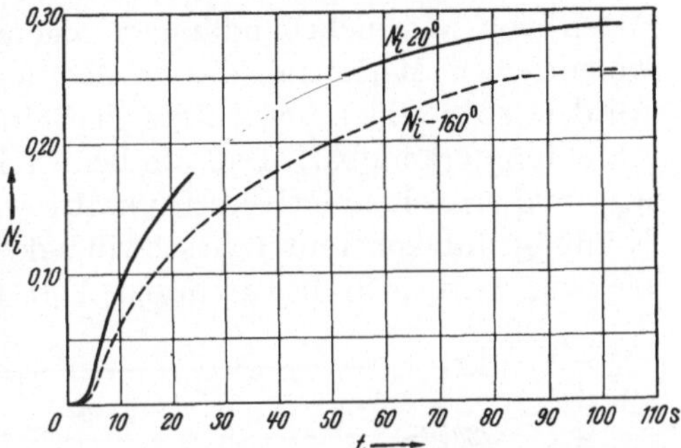

Abb. 8. Innerer Entmagnetisierungsfaktor N_i als Funktion der Kühlzeit; die erhaltenen Werte sind rund 10mal höher als beim Abschrecken und Anlassen (vgl. Abb. 1 bis 7); außerdem werden jetzt bei niedrigeren Temperaturen niedrigere Werte für N_i gemessen, ein Anzeichen dafür, daß nur ein Teil der „unmagnetischen" Phase vollkommen unmagnetisch ist.

Abb. 8 enthält noch eine zweite Kurve, welche bei Temperatur flüssiger Luft aufgenommen wurde. Sie zeigt, daß von der unmagnetischen Masse ein Teil nicht absolut unmagnetisch ist, sondern eine relativ niedrige CURIE-Temperatur besitzt. Auch dies ist ein deutliches Anzeichen für das Auftreten kontinuierlicher Änderungen in der Zusammenstellung, welche Änderungen in diesem Fall wahrscheinlich als die wesentliche Ursache der Koerzitivkrafterhöhung anzusehen sind.

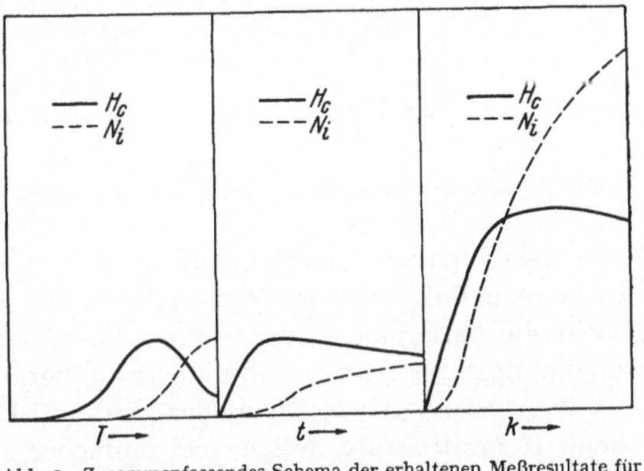

Es sei ausdrücklich bemerkt, daß die Fe-Co-Mo-Legierungen keine der obenerwähnten Anomalien zeigen und daß auch bei den Fe-Ni-Al-Legierungen bei Abschrecken und Anlassen N_i-Werte erhalten werden, welche für Zimmertemperatur und Temperatur flüssiger Luft die gleichen sind.

Abb. 9. Zusammenfassendes Schema der erhaltenen Meßresultate für drei Typen von Wärmebehandlungen: T (Anlassen bei steigender Temperatur), t (Anlassen bei konstanter Temperatur während einer Zeit t) und K (Kühlen mit konstanter Geschwindigkeit; Kühlzeit K). Die Koerzitivkraft H_c und der innere Entmagnetisierungsfaktor N_i sind aufgetragen als Funktion von T, t und K. Die Werte von H_c und N_i sind unter sich vergleichbar.

Es sei das Gesamtergebnis der Koerzitivkraft und der Scherungsmessungen an den Fe-Ni-Al-Legierungen noch einmal veranschaulicht in Abb. 9, wo der Verlauf der Koerzitivkraft (ausgezogene Linie) und des inneren Entmagnetisierungsfaktors (gestrichelte Linie) für die drei Arten von Wärmebehandlungen schematisch wiedergegeben ist. Die wesentlichen Merkmale, die an den N_i- und H_c-Kurven aufgefunden wurden, sowie ihr gegenseitiges Verhältnis, sind aus dieser qualitativen Abbildung erkennbar. Daß die beim reinen Abschrecken und Anlassen maximal erreichbaren Koerzitivkräfte wirklich prinzipiell bei den durch Kühlung mit konstanter Geschwindigkeit erreichbaren Werten zurückbleiben, wird noch belegt durch Abb. 10, wo der Verlauf von H_c für

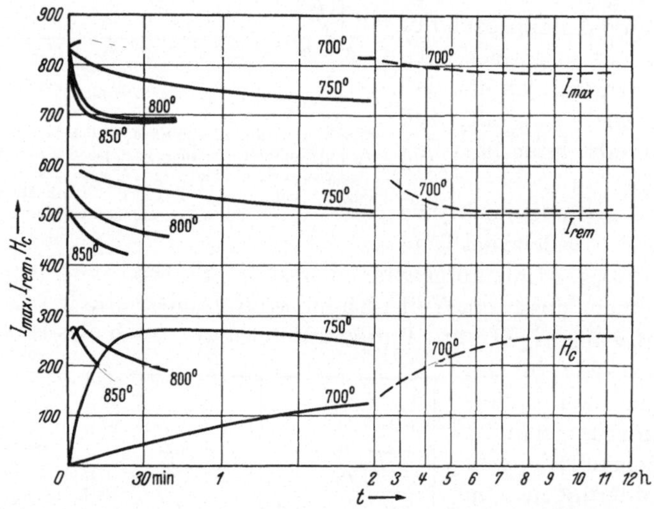

Abb. 10. Änderung von I_{max}, I_{rem} und H_c bei verschiedenen Anlaßtemperaturen im Laufe der Zeit.

vier verschiedene Anlaßtemperaturen im Laufe der Zeit gegeben wird; in keinem Fall wird der Wert 300 Oersted überschritten; es stellt sich sogar die maximale Koerzitivkraft überraschenderweise als weitgehend unabhängig von der Anlaßtemperatur heraus.

Ein besonderes Merkmal der Fe-Ni-Al-Legierung ist noch, daß die hohe Koerzitivkraft, welche bei einfacher Kühlung auftritt, in so erstaunlich kurzer Zeit (30 Sekunden) erreicht wird. Zwar hängt die Geschwindigkeit dieser Umsetzungen immer sehr stark von der Temperatur ab, aber man kann sich kaum vorstellen, daß die Härtung bei der Kühlung bei so viel höheren Temperaturen stattfindet, daß eine derartige Verkürzung der Härtungszeiten auftreten sollte.

Um diesen Punkt näher zu untersuchen, wurde versucht, die Zwischenstadien, welche im Laufe des Kühlprozesses auftreten, durch Abschrecken festzuhalten. Dazu wurde der Temperaturverlauf photoelektrisch kontrolliert und eine Relaisvorrichtung gebaut, welche nach Erreichung einer gewissen Temperatur die Abschreckvorrichtung automatisch betätigte. Auf diese Weise wurde von dem optimalen Kühlvorgang eine Art „Film" aufgenommen, welche die Härtung zu verfolgen gestattet und dessen Resultate graphisch in Abb. 11 wiedergegeben sind. Wie man der Abbildung entnimmt, findet der Hauptanstieg der Koerzitivkraft im Temperaturgebiet zwischen 900 und 800° C statt, und zwar innerhalb 3 Sekunden! Auch in den darauffolgenden 3 Sekunden, im Temperaturgebiet zwischen 800 und 700° C, steigt H_c noch immer um rund 100 Oersted an. Das bedeutet nun aber gegen-

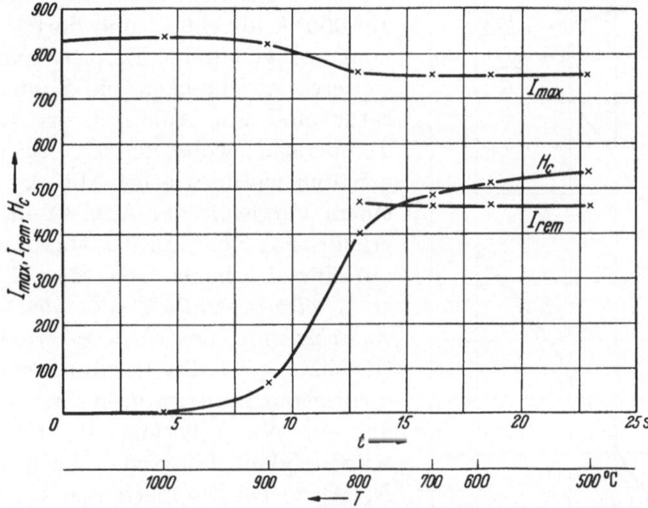

Abb. 11. „Zeitbild" der auftretenden Änderungen in I_{max}, I_{rem} und H_c während einer gleichmäßigen Abkühlung, welche die maximale Koerzitivkraft liefert.

über den gewöhnlich beim Abschrecken und Anlassen beobachteten Wirkungen eine ganz abnorm gesteigerte Härtungsgeschwindigkeit. Berechnet man z. B. aus der Abb. 11 die sekundliche Steigung von H_c bei 700° C und vergleicht diese mit dem maximalen zeitlichen Anstieg, der beim gewöhnlichen Anlassen bei 700° C wahrgenommen wird (s. Abb. 10), so findet man, daß die Koerzitivkraft im ersten Fall 600 mal schneller ansteigt.

Die magnetische Härtung durch Abkühlung mit nahezu konstanter Geschwindigkeit stellt, obwohl sie experimentell verhältnismäßig leicht auszuführen ist, begrifflich eine ziemlich komplizierte Wärmebehandlung dar, da die Abschreck- und Anlaßwirkungen einander überlagern. Es wurde deshalb nach einem übersichtlicheren Typ der Wärmebehandlung gesucht, der die wesentlichen Züge der Wärmebehandlung klarer hervortreten läßt. Offenbar ist das, was die neue Wärmebehandlung wesentlich von der alten unterscheidet, ein kurzer Aufenthalt auf Temperaturen, welche wesentlich höher liegen als die Anlaßtemperatur. Es wurden darum Versuche gemacht, bei denen der Abschreckvorgang absichtlich eine kurze Zeit unterbrochen wird bei einer Temperatur, welche nahe unter dem Entmischungspunkt gelegen ist. *In der Tat zeigte sich, daß eine solche Zwischenstufe alle charakteristischen Merkmale der Wärmebehandlung durch einfache Kühlung hervorruft.* Dies geht z. B. aus einer Wärmebehandlung hervor, deren Resultate in Abb. 12 wiedergegeben sind. Es wurde die Legierung erst von 1200 bis auf 900° C abgekühlt und dort 5 Minuten konstant gehalten. Danach erfolgte ein weiteres Abschrecken bis Zimmertemperatur und ein Anlassen bei steigender Temperatur, wobei dasselbe Schema eingehalten wurde wie bei Abb. 4. Wie aus einem Vergleich der Abb. 12 mit Abb. 4 erhellt, hat sich nun das Maximum in H_c auf einmal erhoben von 275 auf 370 Oersted, *also wesentlich über den ohne die Zwischenstufe erreichbaren Maximalwert.* Gleichzeitig ist das Maximum etwas nach niedrigeren Temperaturen verschoben, was auf eine Vergrößerung der Härtungsgeschwindigkeit hinweist. Auch sind die N_i-Werte bei Zimmertemperatur und bei Temperatur flüssiger Luft nicht länger genau gleich. Ein ähnlicher Effekt liegt noch bei einer fünfminutigen Erhitzung auf 950° C vor. Eine Erhitzung auf 1000° C ist aber ganz ohne Einfluß, offenbar weil nun die Homogenitätsgrenze

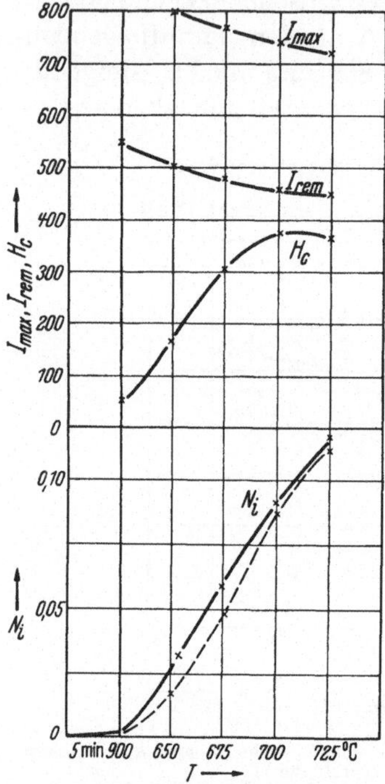

Abb. 12. Resultat einer Abschreck- und Anlaßbehandlung, wobei beim Abschrecken eine fünfminutige Zwischenstufe bei 900° C eingeschaltet wurde. Gestrichelte Kurve: N_i-Werte bei Temperatur flüssiger Luft.

überschritten worden ist. Die quantitative Verfolgung dieser Zusammenhänge erfolgt besser an ähnlich gearteten Legierungen, bei denen der Härtungsprozeß als Ganzes viel langsamer verläuft.

Es sei hier nun noch aufmerksam gemacht auf einige kleinere Effekte, die darauf hinweisen, daß Änderungen in der Überstruktur im Laufe der Wärmebehandlung stattfinden. Wie man weiß, sind Überstrukturlinien, gehörig zum Typus Fe-Al im Röntgendiagramm, in großer Intensität vorhanden, nur gelingt es nicht, durch Wärmebehandlung große Änderungen in der Intensität derselben zu erzielen. Daß die Überstruktur sich jedoch etwas ändert, wird wahrscheinlich gemacht durch den kleinen anfänglichen Anstieg in der Sättigungsmagnetisierung, der beim Anlassen auftritt (s. z. B. Abb. 3). Daß dieser anfängliche kleine Anstieg bei dieser Legierung beim Anlassen sehr allgemein auftritt, wird belegt durch die linke Hälfte der Abb. 13, wo der Effekt eines Anlassens bei steigender Temperatur auf die Sättigungsmagnetisierung wiedergegeben ist an einheitlichem Material, das zuvor in vier sehr verschiedene Zustände gebracht worden ist. Und zwar bezieht sich die Kurve *0* auf abgeschrecktes Material, die Kurve *1* auf eine so schnelle Abkühlung, daß das Maximum der Koerzitivkraft nicht erreicht wird,

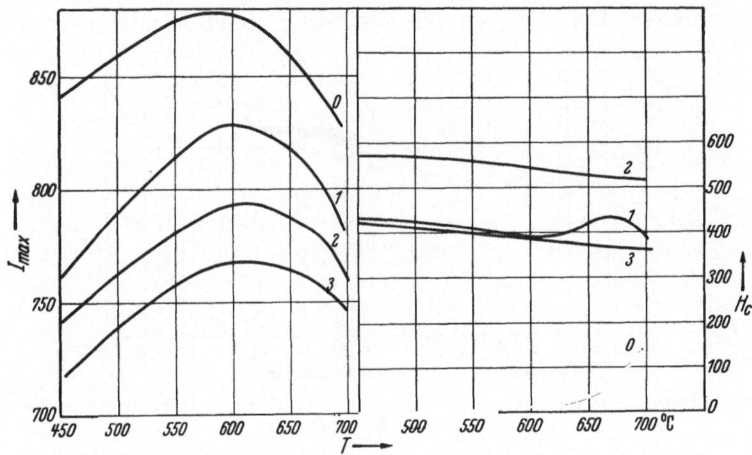

Abb 13. Die Kurven *0*, *1*, *2* und *3* beziehen sich auf vier verschiedene Anfangszustände der Fe-Ni-Al-Legierung: *0* = abgeschreckter Zustand; *2* = gekühlt mit einer solchen Geschwindigkeit, daß die Koerzitivkraft maximal wird; *1* = schnell gekühlt (Geschwindigkeit größer als bei *2*, aber langsamer als bei *0*); *3* = langsam gekühlt. Beim Anlassen auf steigenden Temperaturen findet sich in allen Fällen eine Steigung in I_{max} vor, bevor der Abstieg anfangt; die Koerzitivkraft nimmt dabei ab; nur in den Zuständen *0* und *1* (schneller gekühlt, als der kritischen Kuhlgeschwindigkeit entspricht) tritt eine zusätzliche Steigerung auf, und zwar im abgeschreckten Zustand am spatesten.

die Kurve *2* auf die optimale Abkühlung und die Kurve *3* auf eine so langsame Abkühlung, daß auch nun die Koerzitivkraft wieder nicht maximal ist. Man sieht, daß der anfängliche Verlauf der Sättigungsmagnetisierung (man beachte die Skala) von diesen Verschiedenheiten in der Vorbehandlung praktisch nicht berührt wird.

Die rechte Hälfte der Abb. 13 zeigt den gleichzeitigen Verlauf der Koerzitivkraft. Es lassen sich daraus folgende Schlüsse ziehen:

1. Für die optimale Abkühlbehandlung (Zustand *2*) gibt ein weiteres Anlassen keine weitere Vergrößerung der Koerzitivkraft mehr.

2. Dasselbe gilt für die zu langsam gekühlten Legierungen (Zustand *3*).

3. Dagegen lassen sich die zu schnell gekühlten Legierungen (Fall *1*) durch Anlassen noch verbessern; allerdings werden die möglichst günstigen Werte nicht erreicht.

6*

4. Ein Vergleich der Fälle *0* und *1* lehrt, daß das Maximum in H_c durch die Vorbehandlung sehr stark nach niedrigeren Temperaturen verschoben wird; das bedeutet aber offenbar wieder nichts anderes, als daß der ganze Härtungsprozeß nach einer solchen Vorbehandlung viel schneller verläuft als ohne sie, ein Schluß, den wir auch schon aus der Analyse der „Filmkurve" der Abb. 11 gezogen hatten.

Zur näheren Verfolgung der Überstrukturänderungen wurden noch einige Messungen des elektrischen Widerstandes gemacht, deren Resultat in Abb. 14 wiedergegeben ist. Eine Erhitzung auf 500° C nach vorhergehendem Abschrecken erzeugt bereits ein starkes Absinken des Widerstandes. Bei fortgesetzter Erhitzung steigt nun merkwürdiger-

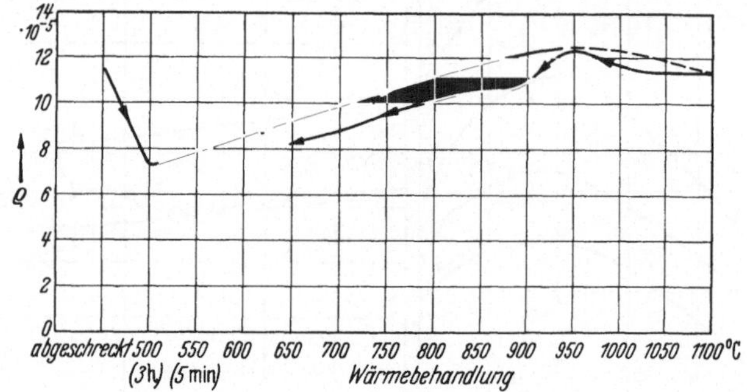

Abb. 14. Änderung des elektrischen Widerstandes bei einer Erhitzung auf steigende und danach wieder absteigende Temperaturen.

weise der Widerstand an bis über den Ausgangswert (verfolgt bis 950° C); erneutes Abschrecken von 1100° C liefert den ursprünglichen Widerstandswert zurück.

Beim darauffolgenden Erhitzen auf immer niedrigere Temperaturen (von 1100° C ab) wird bei 950° C ein kleines Maximum durchlaufen (Aushärtungserscheinung?); bei niedrigeren Temperaturen sinkt die Kurve genau in der gleichen Weise ab, wie sie zuvor anstieg, nur sind die Absolutwerte niedriger.

Eine genauere Deutung der sämtlichen Erscheinungen muß vorläufig unterbleiben[1]. Soviel ist aber wohl sicher, daß der Mechanismus der Koerzitivkrafterhöhung bei den Fe-Ni-Al-Legierungen grundsätzlich abweicht von dem, der bei den Fe-Co-Mo-Legierungen, und überhaupt bei allen denjenigen Legierungen, wobei eine fein dispers ausgeschiedene Phase die Ursache der inneren Spannungen ist, auftritt. Es folgt dieses nicht nur aus dem Fehlen der zweiten Phase im magnetisch harten Zustand, sondern auch daraus, daß für die Fe-Ni-Al-Legierungen ein ganz

---

[1] Siehe Diskussionsbemerkung Bradley: Proc. Physic. Soc. **49**, 108 (1937), sowie einen Brief an „Nature" [**140**, 543 (1937)].

anderer Typus von Wärmebehandlungen zu den größten Werten der Koerzitivkraft führt.

In Anbetracht dieser Unterschiede dürfte es sich auch empfehlen, für die verschiedenen Typen verschiedene Namen einzuführen: die Fe-Co-Mo-ähnlichen Legierungen sind mit dem Namen „Dispersionshärter" hinreichend charakterisiert; die Fe-Ni-Al-ähnlichen Legierungen könnte man mit dem Namen „Diffusionshärter" bezeichnen, womit angedeutet werden soll, daß die Härtung nur durch Platzwechsel und ohne Änderung des Gittertypus erfolgt.

Zum Schluß sei noch auf einige Einzelheiten der Experimentaluntersuchung eingegangen: um sehr schnell abschrecken zu können, wurden für die Untersuchung Stäbe von nur 1 mm² Querschnitt benutzt, welche durch Schleifen hergestellt wurden. Schon bei einem Querschnitt von 2 mm² ist die Abkühlgeschwindigkeit zu gering, um die obengenannten Effekte mit Klarheit hervortreten zu lassen. Für Legierungen, die weniger schnell sind, kann man dieselben Erscheinungen aber auch an dickeren Stäben verfolgen. Die Erhitzungen wurden in gereinigtem Wasserstoff von Atmosphärendruck vorgenommen (Erhitzen in einem Vakuum erwies sich als unbrauchbar, da die Legierung dann sehr schnell Aluminium verliert); es konnten mit einem einzelnen Probestäbchen mehr als zwanzig verschiedene Wärmebehandlungen vorgenommen werden, ohne bleibende Änderungen im Probestab, wie an der Reproduzierbarkeit verifiziert wurde.

Es wurden gelegentlich auch Einkristalle aus demselben Material untersucht[1]; diese unterschieden sich aber in nichts von dem polikristallinen Material. Bemerkenswert ist, daß auch bei sehr weit fortgeschrittener Härtung der Einkristall beim Wiedererhitzen auf 1200° C als solcher erhalten bleibt; erst wenn die γ-Phase im Röntgenbild und unter dem Mikroskop sichtbar geworden ist, tritt beim Wiedererhitzen Rekristallisation auf und geht die Einkristallstruktur verloren.

Im Anschluß an den vorstehenden Vortrag des Herrn J. L. SNOEK erfolgte noch die nachstehend abgedruckte briefliche Diskussion des Vortragenden mit Herrn W. SCHOTTKY.

Professor W. SCHOTTKY an Dr. J. L. SNOEK.

1. XI. 1937.

Sie fragten mich am Sonnabend in Göttingen, ob ich meine Meinung über die von Ihnen vertretene Hypothese einer Spannungshärtung durch spontane Konzentrationsschwankungen bei den von Ihnen untersuchten Anfangsstadien der Fe-Ni-Al-Ausscheidung geändert hätte. Da ich diese Frage in der Geschwindigkeit weder mit Ja noch mit Nein beantworten

---

[1] Vgl. W. G. BURGERS u. J. L. SNOEK: Physica **2**, 1064 (1935).

konnte, möchte ich versuchen, schriftlich noch etwas zur weiteren Klärung der Angelegenheit beizutragen.

Nach Mitteilungen, die ich Herrn Dr. H. BUMM, Berlin-Siemensstadt, verdanke, wird der makroskopische Ausscheidungsprozeß, der in den fortgeschrittenen Stadien der von Ihnen untersuchten magnetischen Härtung zustande kommt, aufgefaßt als die Ausscheidung eines Al-armen kubisch flächenzentrierten 30 bis 40% Ni enthaltenden Fe-Ni-Gitters aus der kubisch raumzentrierten Muttersubstanz, die etwa der Zusammensetzung Fe_3Ni_2Al entspricht. Man würde also wohl nach Ihrer Ansicht die spontane Verarmung des Fe-Ni-Gitters an Al als natürliche Vorstufe der wirklichen Ausscheidung zu betrachten haben.

Der Aufwand an freier Energie, der *ohne* das Auftreten besonderer „chemischer" Kräfte zur Bildung von Verarmungsgebieten notwendig ist, hängt von der Größe dieser Verarmungsgebiete ab. Ist c die Zahl der Al-Atome pro cm^3, so ist der Aufwand, um ein Teilvolumen ΔV auf die Verarmungskonzentration c_a zu bringen, für $c \gg c_a$ gegeben durch

$$\Delta F = \Delta V \cdot c \cdot kT \cdot \ln c/c_a$$
$$= \Delta n \cdot kT \ln c/c_a,$$

falls Δn die ursprüngliche Zahl der Al-Atome im Verarmungsgebiet ΔV ist. Durch spontane Schwankungen können bekanntlich nur Zustände erreicht werden, deren freie Energie sich um die Größenordnung kT von der mittleren Energie unterscheidet. Da $\ln c/c_a > 1$ ist, würden also nach dieser Überlegung nur Verarmungsgebiete mit $\Delta n \infty 1$, also von atomarer Größenordnung, spontan entstehen können. Zu demselben Resultat würde man kommen, wenn man nicht mit der freien Energie rechnet, sondern rein statistisch die Schwankungen der räumlichen Verteilung einer Anzahl voneinander unabhängiger Teilchen untersuchen würde. Diese Überlegungen sind vielleicht der richtige Kern dessen, was ich in meiner Diskussionsbemerkung am Freitag sagen wollte.

Nun haben Sie in Ihrem Vortrag gar nichts gesagt über die Größe der Gebiete verschiedener Konzentration, in die sich nach Ihrer Ansicht das Material beim Härtungsprozeß aufteilen soll. Ich nehme aber an, daß Sie an Gebiete von wesentlich überatomarer Größenordnung gedacht haben, da Sie wohl annehmen, daß man diese Gebiete röntgenographisch würde nachweisen können, falls sie sich noch durch etwas anderes als die Konzentrationsverschiebung des Al voneinander unterscheiden. Gegen eine derartige makroskopische Konzentrationsschwankung spricht also die obige Überlegung, bei der, wie bemerkt, die Voraussetzung zugrunde liegt, daß die Konzentrationsverschiebungen nicht durch „chemische" Kräfte unterstützt werden.

Ich hatte den Eindruck, daß Sie in Wirklichkeit die Unterstützung der Segregation durch die Mitwirkung besonderer mit der Segregation verbundener Kraftwirkungen keineswegs ausschalten wollen. Das war wohl schon aus Ihrem Vergleich mit den Dichteschwankungen im kritischen Zustand eines flüssig-gasförmigen Systems zu schließen, wo ja auch bei der Annäherung der Moleküle aneinander VAN DER WAALSsche Anziehungskräfte eine ausschlaggebende Rolle spielen. Zur Präzisierung Ihrer Vorstellung wäre es also nötig, nach den chemischen Kräften zu fragen, die etwa die Segregation der Al-Verteilung im Fe-Ni unterstützen könnten. VAN DER WAALSsche Kräfte werden hierbei m. E. nicht herangezogen werden können; wenn 2 Al-Atome einander so nahe sind, daß sie v. D. W.sche Kräfte aufeinander ausüben, werden die sonstigen Gitterkräfte, die ihre günstigste gegenseitige Entfernung festlegen, so groß gegen die v. D. W.-Kräfte sein, daß diesen keine maßgebende Rolle zugeschrieben werden kann. Aus den experimentell beobachtbaren Wirkungen kann man ebenfalls nicht auf eine energetisch den Segregationsprozeß unterstützende Wirkung schließen; nimmt man an, daß die magnetische Härtung durch Verspannung des Gitters zustande kommt, so ist das auf alle Fälle ein Energie *verbrauchender*, nicht Energie liefernder Prozeß. Ich möchte also schließen, daß auch allgemeine unspezifische Kraftwirkungen jedenfalls nicht zu hohen und auf größere Elementargebiete ausgedehnten Konzentrationsschwankungen in festen Körpern führen können.

Dagegen liegt es nahe, die *spezifischen* Kräfte, die die Entstehung der wirklich auftretenden Makrophasen hervorrufen, als segregationsfördernd anzunehmen. Sind wir in dieser Annahme einig, so besteht der noch vorhandene Unterschied unserer Auffassungen eigentlich nur noch in der Annahme über die Zwischenstufen, die der Makroausscheidung vorangehen, und insbesondere über diejenigen Zwischenstufen, die für die magnetische Härtung verantwortlich sind. Ich habe in der Diskussion die Notwendigkeit einer chemischen Nahewirkung, die Zweckmäßigkeit der Betrachtung der ersten Assoziationsgebilde betont, aus denen sich die auszuscheidende Phase entwickelt. In Anwendung auf den Ausscheidungsfall des Fe-Ni-Al möchte ich speziell daran denken, daß das Wegdiffundieren eines oder weniger Al-Atome aus den ihnen in der Mutterphase zukommenden, einigermaßen geordneten Gitterplätzen an der betreffenden Stelle bereits eine Veränderung der Fe-Ni-Konfiguration der Umgebung im Sinne des γ-Gitters hervorruft, daß diese Umgruppierung dann auf die Wegdrängung weiterer Al-Atome eine begünstigende Wirkung ausübt usw., derart, daß die neue Phase, im allgemeineren Sinne betrachtet, durch normale Keimbildung entsteht. Diese Annahme scheint mir wesentlich plausibler als jede Annahme, die davon ausgeht, daß durch das Verschwinden eines Al-Atoms von seinem Gitterplatz das Wegdiffundieren irgendwelcher *in größerer Entfernung von dem Al-Atom angeordneter* weiterer Al-Atome begünstigt werden kann.

Zweifellos würde die Verschiebung der benachbarten Fe- und Ni-Atome, die als Folge des Wegrückens eines oder einiger weniger Al-Atome auftritt, bei hochdisperser Verteilung zu so starken Spannungsschwankungen führen können, wie sie die mechanische Spannungstheorie des Härtungsvorganges voraussetzen muß. Auch würde man dann vielleicht das Fehlen von Röntgeneffekten verstehen können, wenn man diese Stellen nur als verstreute Störstellen in einem sonst ungestörten Gitter auffaßt. [Ob die nach Bradley — Proc. Physic. Soc. **49**, 108 (1937) — auftretenden unmagnetischen α-Phasen anderer Zusammensetzung, jedoch wenig verschiedener Gitterkonstante, vielleicht bei dem Ausscheidungsprozeß eine Rolle spielen und die röntgenographische Feststellbarkeit der Ausscheidung vereiteln, wäre wohl erst nach Erscheinen der eingehenden Veröffentlichung zu diskutieren.]

Neben der Spannungstheorie der Härtung käme jedoch auch der Einfluß von Ausscheidungen auf das Spinaustauschintegral in Frage; falls das ausgeschiedene Fe-Ni-System unmagnetisch ist, würde ja das Auftreffen einer Blockwand auf jede derartige Stelle ein Verschwinden von magnetischer Wandenergie bedeuten, so daß derartige Stellen sehr stark als Haftstellen für die Wandverschiebung wirken würden.

Dr. J. L. Snoek an Professor W. Schottky.

11. XI. 1937.

Bei der Beantwortung Ihres Schreibens muß ich zunächst bemerken, daß mein Vortrag nicht in erster Linie darauf hinausging, eine fertige Theorie der magnetischen Härtung bei den Fe-Ni-Al-Stählen zu geben (welche ja gar noch nicht existiert), sondern darauf, daß die gewöhnliche Theorie der Aushärtung für sie nicht zutreffen kann, im Gegensatz zu den Fe-Co-Mo-Stählen.

Der chronologische Sachverhalt ist umgekehrt gewesen. Ich fand für die Fe-Ni-Al-Stähle ziemlich rätselhafte Resultate und wendete deshalb dieselbe Methode auch auf die soviel besser untersuchten Fe-Co-Mo-Stähle an. Bei diesen fand ich nun die qualitativen Erwartungen aufs beste bestätigt.

Es handelt sich nun also um die Frage: Hat die magnetische Härtung der Fe-Ni-Al-Stähle etwas mit der Ausscheidung der γ-Phase zu tun oder steht sie mit ihr in losem oder vielleicht sogar keinem Zusammenhang?

Beim Anfang meiner Untersuchungen war schon bekannt, daß die γ-Phase unmagnetisch war. Ich habe mich selbst auch noch von dieser Tatsache überzeugt dadurch, daß ich einen Probestab sehr lange auf hoher Temperatur (900°) ausglühte, bis die γ-Phase röntgenographisch und mikroskopisch nachweisbar war, und dann die Scherung maß. Die letztere stellte sich als recht groß heraus, womit gezeigt war, daß die neu geformte Phase wirklich unmagnetisch ist.

Dann machte ich mich daran, den Zusammenhang zwischen der Koerzitivkraft H_c und der Entmagnetisierung N_i im Laufe der Wärmebehandlung zu untersuchen. Wie Sie wissen, stellte sich heraus, daß die Scherung immer der Koerzitivkraft nacheilt, woraus ich geschlossen habe, daß diese beiden Erscheinungen auf verschiedene Ursachen zurückzuführen seien. Man kann diesen Schluß aus zwei Gründen anzweifeln. Erstens kann man annehmen, daß die γ-Phase in der allerfeinsten Verteilung nicht als Luftspalt wirkt, sondern von den Kraftlinien ohne Energieaufwand überbrückt wird. Nach allem, was wir einerseits über die Wirkung des Austauschintegrals und andererseits über die Abmessungen der BLOCHschen Wände wissen, müssen wir eine derartige. Annahme als durchaus im Widerspruch mit der Theorie ablehnen.

Die γ-Phase ist also entweder gar nicht da oder sie ist ferromagnetisch, und das ist der zweite Einwand. Auch dieser scheint mir aber unhaltbar, weil wir dann im Laufe des Entmischungsprozesses einen kontinuierlichen Übergang vom ferromagnetischen Zustand in den unmagnetischen hätten finden müssen. Dieser tritt jedoch, wenigstens beim Abschrecken und Anlassen, gar nicht auf, die Kurve für N_i fängt von einem gewissen Augenblick ab an zu steigen, und zwar für das ganze Temperaturgebiet zwischen $+20$ und $-160°$ C in gleicher Weise.

Wir schließen also: die γ-Phase ist nicht da bzw. sie erscheint so spät, daß sie nicht die Ursache der magnetischen Härtung sein kann.

Und nun gilt es zunächst, ein Mißverständnis richtigzustellen. Sie schreiben: „Man würde also nach Ihrer Ansicht die spontane Verarmung des Fe Ni Gitters an Al *als natürliche Vorstufe* der wirklichen Ausscheidung zu betrachten haben." So etwas habe ich aber durchaus nicht gemeint; man kann natürlich die magnetische Härtung im Notfall wohl als eine Vorstufe der Ausscheidung bezeichnen, wenn man sie aber als eine *natürliche* Vorstufe bezeichnen wollte, so ist das gerade gegen meine Auffassung. Ich glaube vielmehr, daß bei der magnetischen Härtung im Gitter etwas stattfindet, das mit dem Zustandsdiagramm, soweit es bisher bekannt ist (mit den Grenzen der Ein- und Zweiphasengebiete als Hauptzügen), nur in losem oder vielleicht gar keinem Zusammenhang steht.

Durch Ihr Schreiben dazu veranlaßt, habe ich meine Gedanken über diese Sachen zu präzisieren versucht mit Hilfe thermodynamischer Betrachtungen, obwohl, wie gesagt, diese Gedanken nur als eine Arbeitshypothese, nicht aber als eine gebrauchsfertige Theorie anzusehen sind.

Abb. 15 gibt die Kurve der freien Energie als Funktion der Konzentration, so wie sie etwa ein binäres System GA aufweisen kann, wenn G und A verschiedene Gittertypen haben. Die Tangente an den beiden Kurven für die γ-Phase (G) und die α-Phase (A) gibt durch ihre Berührungspunkte mit den beiden Kurven für die freie Energie die Lage der Entmischungspunkte an. Bei steigender Temperatur T nimmt die freie Energie $U - TS$ etwas ab, wie durch die gestrichelten Linien angedeutet, und man sieht sehr schön das Zusammenrücken der Phasengrenzen.

Die unterkühlte α-Phase befindet sich im Punkte X und kann daher bis zu X' sinken. Wie kann es nun sein, daß beim allmählichen Einstellen des Gleichgewichtes eine merkliche Diffusion in der α-Phase stattfindet, bevor die γ-Phase gebildet wird? Das wird nun offenbar nur möglich sein, wenn die Kurve der freien Energie für die α-Phase *ein scharfes Minimum hat, wie in Abb. 16, und weiter nach der linken Seite konkav verläuft.* Bei vollständiger Hemmung der α-γ-Umsetzung (daß sie gehemmt ist, folgt aus den sehr langen Zeiten, welche man benötigt, um sie in Erscheinung treten zu lassen) würde der Zustand X sich zuerst so ändern, als ob der γ-Zustand gar nicht bestünde. Auf diesen hypothetischen Entmischungsvorgang würden alle Rechnungen, wie sie Herr Professor Becker in Z. Metallkde **29**, Nr 8, 245 (1937) für den Fall, wo in einem Mischkristall konstanter Gittertype nur Nachbarkräfte auftreten, berechnet hat, ohne weiteres anzuwenden sein. Man sieht aus dieser Arbeit (wenn ich sie wenigstens richtig verstanden habe), daß auch in Fällen, wo nur Nahewirkungskräfte auftreten, erhebliche Konzentrationsänderungen über längere Abstände spontan eintreten können.

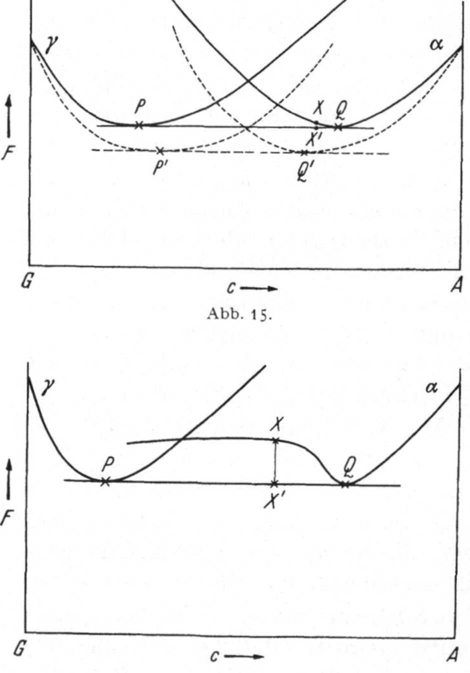

Abb. 15.

Abb. 16.

Ich möchte aber gleich bemerken, daß ich die Ansicht, daß in einem Metallgitter nur Nahewirkungskräfte zu erwarten seien, nicht teile. Erstens bewirken die Änderungen der Gitterparameter, welche eine Konzentrationsänderung begleiten, schon eine gewisse Kopplung durch den Umstand, daß scharfe Änderungen derselben über kleine Abstände energetisch ungünstig sind. Zweitens aber wissen wir, daß die Gleichgewichtseinstellung in einem solchen Gitter wesentlich mitbewirkt wird durch die Leitungselektronen, und es ist gar nicht zu übersehen, welche

Fernwirkungskräfte die letzteren bei den Diffusionserscheinungen hervorrufen können; ihre Wirkung scheint mir aber keineswegs zu vernachlässigen [s. dazu H. Fröhlich: Die spezifische Wärme der Elektronen kleiner Metallteilchen. Physica **4**, Nr 5, 406 (1937)].

Es bleibt die Frage: Wodurch läßt sich der von mir angegebene, zunächst willkürlich erscheinende, Verlauf der F-Kurve für die α-Phase näher rechtfertigen? Man kann eine solche Kurve erhalten, wenn sich bei gegebenen Zusammenstellungen ein Energieminimum vorfindet zufolge einer Überstruktur. Diese Annahme wird weiter gestützt durch die Beobachtung, daß die Phasengrenze bei weitgehend konstantem Al-Gehalt von der Eisenseite nach der Nickelseite verläuft.

Und nun kommen die Bradleyschen Arbeiten ins Spiel. Sie werden sich erinnern, daß ich bei Härtung durch monotone Kühlung sehr große Entmagnetisierungsfaktoren gefunden habe (bis 0,3, korrespondierend mit maximal 7,5 % γ-Phase). Ich schrieb diese Entmagnetisierung der γ-Phase zu, weil ich keine andere unmagnetische Phase kannte. Nach Bradley muß man jetzt mit der Möglichkeit rechnen, daß eine unmagnetische α-Phase mit Überstruktur existiert, welche sich den gewöhnlichen Beobachtungen mit Röntgenstrahlen entzieht.

Wenn dem wirklich so ist (und ich bin sehr gespannt, etwas Näheres davon zu hören), so würde dies mit meinen Beobachtungen, soweit ich jetzt sehe, durchaus nicht im Widerspruch sein, sondern es wird vielleicht möglich sein, innerhalb sehr kurzer Zeit zu einer tieferen Einsicht in die magnetische Härtungserscheinung zu kommen, als ich zuvor zu hoffen gewagt hätte.

Aber, wie gesagt, eine gebrauchsfertige Theorie existiert noch nicht.

Professor W. Schottky an Dr. J. L. Snoek.

20. XI. 1937.

Es hat mir ungemeines Vergnügen gemacht, als ich beim genaueren Studium Ihres Briefes feststellte, daß Sie meinen allgemeinen Einwänden mit einer Weiterführung Ihrer eigenen Theorie begegnen, die das größte Interesse verdient und der ich selbst meine Sympathie nicht versagen kann.

Ihre Annahme, daß vielleicht die von Bradley festgestellte zweite α-Phase als metastabile geordnete Mischphase aufzufassen ist, deren Zusammensetzung zwischen der der ursprünglichen α-Phase und der Al-armen γ-Phase liegt und deren Bildung bedeutend weniger gehemmt ist als die des stabilen γ-Gitters, finde ich außerordentlich verlockend. Die Kräfte zwischen den Atomen der verschiedenen Komponenten, die die Atome in der vermuteten α'-Anordnung aneinanderzuketten streben, könnten dann vielleicht eben als jene spezifischen Kräfte aufgefaßt werden, die als Ursache einer spontanen Segregation der Komponenten postuliert werden müssen. Damit wäre mein Kausalitätsbedürfnis befriedigt und ich hätte gegen die neue Form Ihrer Ausscheidungstheorie nichts mehr einzuwenden.

Es fragt sich noch, ob der auf S. II meines vorigen Briefes diskutierte Keimbildungsmechanismus nun einfach auf die α'-Phase an Stelle der γ-Phase übertragen werden könnte. Wenn wir uns an die von Ihnen zitierten BECKERschen Überlegungen halten, käme neben der Keimbildung auch eine nur durch Diffusionsträgheit gehemmte, sonst allerorts hemmungslos beginnende Ausscheidung der neuen Phase in Frage. Ich glaube aber, mich nicht in Widerspruch mit BECKER zu setzen, wenn ich behaupte, daß es so etwas, strenggenommen, gar nicht gibt; oder wenigstens nur in dem idealisierten Fall, daß man die Wechselwirkung mit den übernächsten Atomen vernachlässigt. Besonders beim Aufbau einer geordneten Mischphase α' aus einer geordneten Mischphase α anderer Zusammensetzung wird man sich kaum etwas anderes vorstellen können, als daß sich die phasenbildenden Kräfte erst nach einer spontan aufgetretenen richtigen Gruppierung einer größeren Anzahl von Bausteinen voll entfalten, so daß man hier einen normalen Keimbildungsvorgang anzunehmen hätte. Auch die von Ihnen erwähnten ,,Fernkräfte", verursacht durch die Änderung der Gitterabstände und durch die Zahl der Leitungselektronen, wirken sich erst von einer Mindestzahl von Keimbildungspartnern an in voller Stärke aus, unterstützen also ebenfalls den Keimbildungsmechanismus gegenüber einem allerorts ungehemmt beginnenden Ausscheidungsprozeß. Vielleicht kann man auch die von Ihnen beobachteten magnetischen Tatsachen selbst als Beweise dafür ansehen, daß die neue Phase sich nicht gewissermaßen atomdispers zu bilden beginnt, sondern Keimgrößen aufweist, die nur bei dem angenommenen autokatalytischen Wachstumsmechanismus der gebildeten Keime verständlich sind.

Wenn die Hauptschwierigkeiten überwunden sind, die der Erkenntnis eines neuen Sachverhaltes entgegenstanden, finden sich gewöhnlich hinterher die verschiedensten Beobachtungen zusammen, die die neue Auffassung bestätigen. So möchte ich Ihnen zum Schluß noch eine Mitteilung von Herrn Dr. BUMM weitergeben — vielleicht ist Ihnen das auch schon bekannt —, wonach bereits KOESTER und DANNÖHL aus gewissen Eigentümlichkeiten des Fe-Ni-Al-Zustandsdiagramms auf die Existenz einer noch unbekannten geordneten Mischphase mit α-Gitter geschlossen haben; und Dr. BUMM selbst hat auf seinen Röntgendiagrammen von Fe-Ni-Al-Legierungen Überstrukturlinien unbekannter Herkunft erhalten. Hoffen wir, daß diese Frage sich durch gemeinsame Arbeit in nicht zu ferner Zeit klären lassen wird.

Über magnetische und mechanische Nachwirkung.

Von **G. RICHTER**-Göttingen.

Mit 14 Abbildungen.

Bei einer Änderung der mechanischen oder magnetischen Beanspruchung eines Materials beobachtet man zuweilen eine zeitlich verzögerte Einstellung des neuen Gleichgewichtszustandes: die Nachwirkung. Eine analoge Erscheinung zeigt auch die dielektrische Polarisation. Während die mechanische Nachwirkung schon seit jeher bekannt war, wurde die magnetische erst vor rd. 50 Jahren fast gleichzeitig von J. A. EWING[1] und Lord RAYLEIGH[2] bei ihren magnetometrischen Untersuchungen entdeckt. Ihre Beobachtungen wurden bald darauf auch von anderen Forschern[3] mit dem Magnetometer bestätigt und näher untersucht. Dagegen führten die seitdem vielfach wiederholten Bemühungen zur Auffindung der Nachwirkung mittels des ballistischen Galvanometers lange Zeit zu keinem eindeutigen Ergebnis[4]. Bei den kurzen Meßzeiten, welche diese Methode bedingt, können nämlich leicht starke Wirbelstromeffekte die Nachwirkung vollständig verdecken, falls man nicht besondere Vorsichtsmaßnahmen trifft.

Als daher H. JORDAN[5] 1924 einen gewissen Anteil der bei einer Wechselmagnetisierung auftretenden Energieverluste der Nachwirkung zuschrieb und damit das Interesse der Fernmeldetechnik auf diese Erscheinung lenkte, konnte er zur Stützung seiner Annahme nur auf die vereinzelten, alten magnetometrischen Beobachtungen hinweisen. So ist es verständlich, daß verschiedentlich Zweifel an der Richtigkeit seiner

---

[1] EWING, J. A.: Philos. Trans. Roy. Soc., Lond. **176**, 554 u. 569 (1885) — Proc. Roy. Soc., Lond. A **46**, 269 (1889) — Electrican **25**, 222 u. 250 (1890).

[2] Lord RAYLEIGH: Philos. Mag. **23**, 225 (1887).

[3] U. a. MARTENS, F. F.: Wiedem. Ann. **60**, 61 (1897). — HOLBORN, L.: Wiedem. Ann. **61**, 281 (1897). — KLEMENČIČ, I.: Wiedem. Ann. **62**, 68 (1897). — TOBUSCH, H.: Ann. Physik **26**, 439 (1908).

[4] U. a. GILDEMEISTER, M.: Ann. Physik **23**, 401 (1907). — WWEDENSKY, B.: Ann. Physik **64**, 609 (1921); **66**, 110 (1921). — LAPP, M. CH.: Ann. Physique **10**, 278 (1927). — BOZORTH, R. M.: Physic. Rev. **32**, 124 (1928). — KÜHLEWEIN, H.: Physik. Z. **32**, 472 (1931). — KIESSLING, G.: Ann. Physik **22**, 402 (1935).

[5] JORDAN, H.: Elektr. Nachr.-Techn. **1**, 7 (1924) — s. auch Z. techn. Physik **11**, 2 (1930).

Deutung auftraten. Erst in den letzten Jahren konnte durch eingehende Arbeiten von F. Preisach[1] und H. Wittke[2], sowie durch einige Beobachtungen von P. C. Hermann[3] und A. Mitkevitch[4] ein sicherer ballistischer Nachweis für die Existenz der Nachwirkung und somit auch die Bestätigung der Jordanschen Auffassung erbracht werden.

Im folgenden soll über einige *statische* oder *Schalt*-Versuche über die magnetische Nachwirkung des Karbonyleisens[5] berichtet werden, die im engen Zusammenhang und in gegenseitiger Ergänzung mit den hier von H. Schulze[6] vorgetragenen *Wechselstrom*-Messungen zur weiteren Klärung beitragen sollen. Im Anschluß daran werde am gleichen Material die mechanische Nachwirkung betrachtet, welche eine weitgehende Verwandtschaft zur magnetischen aufweist. Eine gewisse formale Ähnlichkeit beider Nachwirkungserscheinungen miteinander wurde schon bei den oben erwähnten magnetometrischen Arbeiten bemerkt. Die erneute Prüfung dieser Analogie führte nun bezüglich eines neuen Temperatureffektes zu einer quantitativen Übereinstimmung. Es ist danach anzunehmen, daß beiden Erscheinungsgruppen wahrscheinlich ein und derselbe physikalische Vorgang zugrunde liegt.

I. Die magnetische Nachwirkung.

Wir wenden uns nunmehr zu den Ergebnissen über die magnetische Nachwirkung, die an einem durch zweistündige Glühung im Wasserstoffstrom bei 1000° C rekristallisierten und langsam abgekühlten Karbonyleisen erhalten wurden. Der Werkstoff (von W. C. Heräus, Hanau) lag meist in Form eines Bandes von $0,1 \times 15$ mm² Querschnitt vor und hatte nach der Glühung eine Anfangspermeabilität von $\mu_0 = 700$ bis 800. In dem durch die Walzverformung stark verfestigten Anlieferungszustand zeigte das Material nur einen schwachen Nachwirkungseffekt von der auch sonst bei anderen Stoffen üblichen Größenordnung. Erst nach der Rekristallisation durch die Glühbehandlung entwickelt sich die starke Nachwirkung, von der hier die Rede sein soll. Sie zeichnet sich von allem bisher Bekannten durch eine auffallende Temperatur- und Frequenzabhängigkeit aus. Ihre Ablaufsgeschwindigkeit wächst äußerst rasch mit zunehmender Erwärmung. Die folgenden Beobachtungen wurden dementsprechend bei tiefen Temperaturen (lange Beobachtungszeiten) mit dem Magnetometer, bei hohen Temperaturen

---

[1] Preisach, F.: Z. Physik **94**, 277 (1935).
[2] Wittke, H.: Ann. Physik **23**, 442 (1935).
[3] Hermann, P. C.: Z. Physik **84**, 565 (1933).
[4] Mitkevitch, A.: J. Physique Radium, März 1936, S. 133.
[5] Richter, G.: Ann. Physik **29**, 605 (1937). Wegen näherer Einzelheiten zum Teil I sei hierauf verwiesen.
[6] Siehe S. 114.

(kurze Meßzeiten) mit dem ballistischen Galvanometer ausgeführt. Die geometrischen Abmessungen der Versuchsproben und die Beobachtungszeiten waren stets so gewählt, daß Störungen durch Wirbelströme sicher nicht in Frage kamen.

Bekanntlich durchläuft die Induktion B in einem schwachen periodischen Feld H zwischen $-H_{max}$ und $+H_{max}$ eine Hysteresisschleife, welche aus zwei Parabelästen besteht, die RAYLEIGH-Schleife. In Abb. 1 stelle die ausgezogene Kurve die quasistatische Schleife dar, welche im Grenzfall unendlich langsamer Feldänderung beschrieben würde. Schaltet man nun das Feld von $H = H_{max}$ sehr rasch ab bis $H = 0$, so bleibt vermöge der magnetischen Nachwirkung die Induktion stets oberhalb der quasistatischen Kurve (gestrichelte Linie). Dabei ist unter H die in einem Punkte im Innern des Ferromagnetikums vorhandene wahre Feldstärke gemeint, die sich von dem äußeren Spulenfelde um das Feld der Wirbelströme unterscheidet. Zum Felde $H = 0$ angelangt, beobachtet man anfangs eine scheinbar erhöhte Remanenz, welche aber mit der Zeit im wesentlichen auf die Remanenz B_R der quasistatischen Schleife absinkt. Wir betrachten weiterhin nur diesen Nachwirkungsvorgang und bezeichnen mit $B_n(t)$ den zur Zeit t noch vorhandenen Anteil der absinkenden Induktion, d. h.

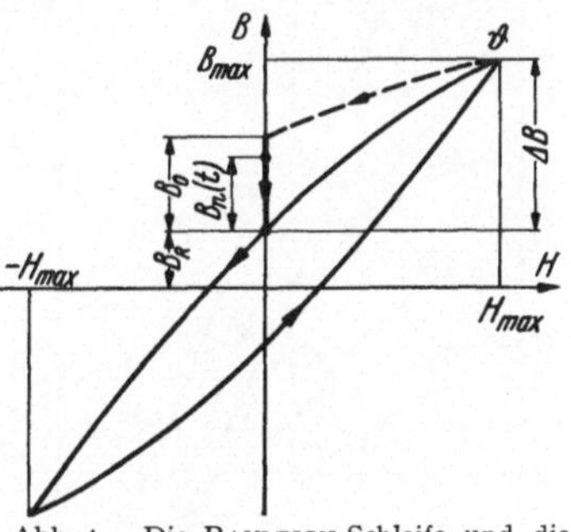

Abb. 1.   Die RAYLEIGH-Schleife und die Nachwirkung (schematisch).

den Überschuß über B_R. B_n als Funktion von t gibt die „Nachwirkungskurve". Die Zeit zähle stets vom Moment des Abschaltens des Feldes.

Die Größe und die Geschwindigkeit der Nachwirkung $B_n(t)$ hängt nun im wesentlichen von folgenden drei Parametern ab: 1. von der Gesamtänderung ΔB der Induktion beim Abschalten von der Schleifenspitze auf die Remanenz, 2. von der Zeitdauer ϑ, während der das Material vor dem Ausschalten des Feldes magnetisiert wurde, also von der Verweildauer auf der Schleifenspitze, und 3. von der Versuchstemperatur.

Zur möglichst übersichtlichen Beschreibung zerlegen wir die nach einer sehr langen Einschaltdauer ϑ zu beobachtende Nachwirkung in zwei Faktoren:

$$B_n(t) = B_0 \cdot \psi(t). \tag{1}$$

B_0 bedeutet den bis $t \to 0$ aus der Beobachtung extrapolierten Wert von $B_n(t)$, also den Gesamtbetrag der nachwirkenden Induktion. $\psi(t)$ ist die auf $\psi(0) = 1$ normierte (dimensionslose) Nachwirkungsfunktion (für $\vartheta = \infty$), welche die gesamte Zeitabhängigkeit von $B_n(t)$ enthält. Im wesentlichen liegt dann die Abhängigkeit von ΔB in dem Faktor B_0, die Temperaturabhängigkeit in $\psi(t)$ und der Einfluß der Schaltzeit ϑ läßt sich durch Kombination zweier ψ-Funktionen darstellen.

Die Feldabhängigkeit der Nachwirkung.

Einige Nachwirkungskurven, welche bei 1,6° C an einem Bündel aus 0,1 mm-Band für verschiedene ΔB erhalten wurden, zeigt Abb. 2. Der allgemeine Charakter der Zeitabhängigkeit ist der einer monoton fallenden Funktion. Verglichen mit einer mittleren, gewöhnlichen e-Funktion fällt sie anfangs schneller und später immer langsamer. Das Abbiegen der Kurven nach links bei kleinen Zeiten ist nur eine Folge des logarithmischen Zeitmaßstabes. Die Nachwirkung ist von der Größenordnung einiger Gauß. Ihre wesentliche Ablaufszeit beträgt bei 0° C etwa 100 sec und ihr „Ende" ist praktisch in einigen Minuten erreicht. Für kleine Felder nimmt $B_n(t)$ für jedes feste t proportional ΔB zu. In der Darstellungsweise nach (1) bedeutet dies ein anfängliches Anwachsen von B_0 proportional ΔB, ohne Änderung von $\psi(t)$. Später steigt B_0 immer langsamer mit ΔB, und $\psi(t)$ verläuft für große t ein wenig flacher.

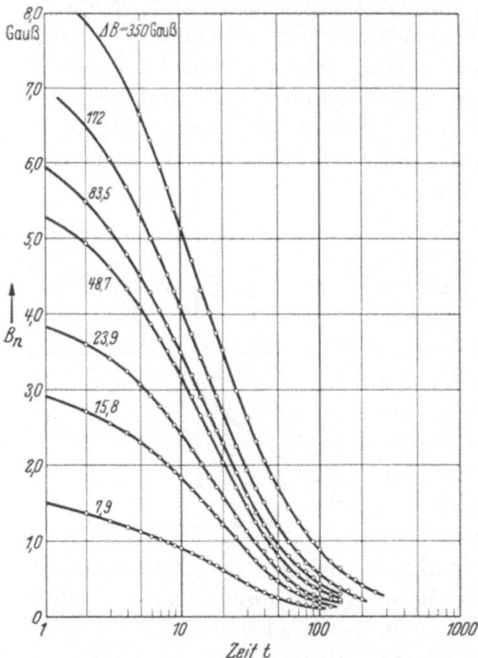

Abb. 2. Nachwirkungskurven bei verschiedener Aussteuerung ΔB. $B_n = f(t;\ \Delta B)$. Kurvenparameter: ΔB in Gauß. Bei 1,6° C magnetometrisch gemessen an einem Bündel 0,1 mm starker Bänder.

Der genauere Verlauf von B_0, sowie der der relativen Nachwirkung $B_0/\Delta B$ als Funktion von ΔB sind in Abb. 3 dargestellt. Auffällig ist das ziemlich scharfe Maximum von $B_0/\Delta B$ bei $\Delta B = 0$. An einer anderen Versuchsprobe, einem Ringkern gewickelt aus den gleichen Blechen wie der obige Stab, konnte durch eine ballistische Messung bei 55° C der bisher größte Betrag $(B_0/\Delta B)_{max} = 0,30$ beobachtet werden. Die zugehörigen Kurven sind in Abb. 3 ebenfalls eingezeichnet.

Dieser Charakter der Abhängigkeit der Nachwirkungsintensität von ΔB ist übrigens keine spezielle Eigenschaft am Remanenzpunkt, sondern man erhält das gleiche Verhalten, wenn man die Nachwirkung an einer beliebigen Stelle der Hysteresisschleife durch kleine Induktionssprünge erzeugt. Weiter ist sie, solange die Felder klein sind, unabhängig davon, ob die Schleife symmetrisch (kommutiert) oder unsymmetrisch (nichtkommutiert) zum Nullpunkt der $B-H$-Ebene liegt.

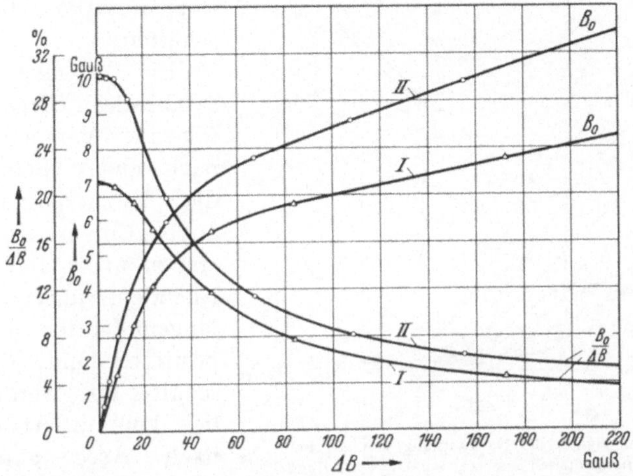

Abb. 3. Die Feldabhängigkeit der Nachwirkung. B_0 absoluter und $B_0/\Delta B$ relativer Betrag der Nachwirkung als Funktion von ΔB. I —△—△— Magnetometrisch gemessen bei 1,6° C an einem Bündel aus 0,1 mm-Band. II —o—o— Ballistisch gemessen bei 55,1 ° C an einem Ringkern aus 0,1 mm-Band.

Der Einfluß der Schaltdauer ϑ und das Superpositionsprinzip.

Bisher hatten wir vorausgesetzt, daß das magnetisierende Feld hinreichend lange Zeit auf die Probe gewirkt hat, bevor die Nachwirkung gestartet wurde. Wird es aber nur für eine kurze Zeit ϑ eingeschaltet, so erhält man einen um so kleineren Effekt, je kleiner ϑ ist. Dies erläutern die Kurven der Abb. 4, welche alle bei gleichem $\Delta B = 80$ Gauß, aber zu verschiedenem ϑ beobachtet sind. Die zugehörige Schleife lag unsymmetrisch zum Nullpunkt, weil der Feldstrom nicht kommutiert wurde (s. auch die Hilfsfigur der Abb. 4). Dieser Einfluß der Schaltdauer beruht auf der Gültigkeit des Superpositionsprinzips und läßt sich mit seiner Hilfe verstehen. Fassen wir nämlich die Feldwirkung von $t = -\vartheta$ bis $t = 0$ auf als Überlagerung eines Feldes von $t = -\infty$ bis $t = 0$ und eines gleich starken, aber entgegengesetzten Feldes von $t = -\infty$ bis $t = -\vartheta$, so ist als Nachwirkung nach ϑ sec Einschaltdauer zu erwarten:

$$B_n(t) = B_0 \cdot \psi_\vartheta(t) = B_0 \cdot (\psi(t) - \psi(\vartheta + t)). \tag{2}$$

Einige hiernach für $\vartheta = 5$, 10 und 23 sec berechnete Werte sind in Abb. 4 durch Δ eingetragen. Sie fallen in befriedigende Nähe der gemessenen Kurven für die entsprechenden ϑ. Für den Gesamtbetrag zur Zeit $t = 0$ gilt $B_n(0) = B_0(1 - \psi(\vartheta))$, d. h. daß man beim Ausschalten *den* Betrag an Nachwirkung zurückerhält, der vorher als Einschalte-

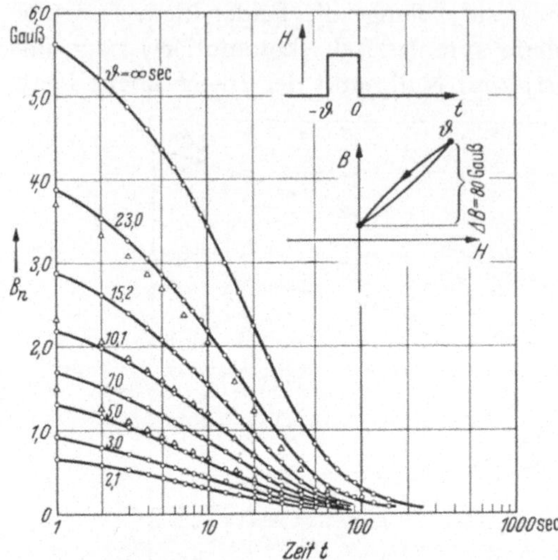

Abb. 4. Abhängigkeit der Nachwirkung von der Felddauer ϑ. Magnetometrisch gemessen bei 0,3° C am Bundel aus 0,1 mm-Band. △ berechnet nach dem Superpositionsprinzip für $\vartheta = 5,0$; 10,1 und 23,0 sec. $B_n = f(t; \vartheta)$; Kurvenparameter ϑ in sec; $\Delta B = 80$ Gauß für alle Kurven.

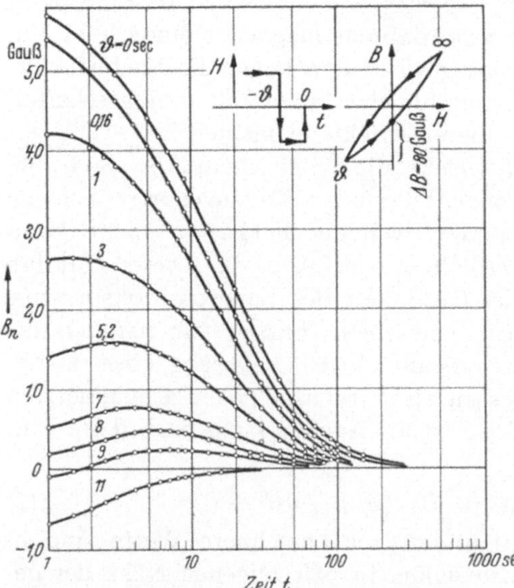

Abb. 5. Die „anomale" Nachwirkung. $B_n = f(t; \vartheta)$; Kurvenparameter ϑ in sec. Für alle Kurven $\Delta B = 80$ Gauß. Bei 0,3° C magnetometrisch beobachtet am Bundel aus 0,1 mm-Band.

nachwirkung bereits abgelaufen war. Es ist nämlich $1 - \psi(t)$ genau die Nachwirkungsfunktion beim Einschalten.

Ein besonders überraschendes Ergebnis hat folgender Versuch, bei dem nach einem Schaltvorgang die Magnetisierung ohne äußere Einwirkung von allein erst zu- und später abnimmt: Nachdem während einer sehr langen Zeit ein bestimmtes positives Feld $H_{\max}$ eingeschaltet war, werde es plötzlich kommutiert und dann nach ϑ sec ganz ausgeschaltet. Die darauffolgende Nachwirkung zeigt Abb. 5. Die beiden Hilfsfiguren erläutern nochmals den Schaltvorgang. Die Zeit zählt vom Moment des Abschaltens des kommutierten Feldes. Als Nullpunkt der Induktion gilt jetzt die untere Remanenz der quasistatischen Schleife. Zum Vergleich ist die gewöhnliche Ausschaltenachwirkung bei der oberen Remanenz als Kurve für $\vartheta = 0$ mitgezeichnet. Das wesentliche Ergebnis des Versuches besteht darin, daß bei genügend kleinen Schaltzeiten ϑ die gewissermaßen von der oberen Spitze der Hysteresisschleife herrührende positive Nachwirkung kaum durch den entgegengesetzten Feldstoß beeinträchtigt wird, obgleich man hierdurch auf der Hysteresisschleife von der oberen auf die untere Remanenz gelangt. Der Verlauf der Kurven mit ϑ zeigt eindeutig, daß man im Grenzfall $\vartheta \to 0$ bei der unteren Remanenz fast die gesamte, früher am oberen Remanenzpunkt beobachtete Nachwirkung erhält. Dies deutet an, daß die hier betrachtete Nachwirkung und die gewöhnliche Hysterese weitgehend voneinander unabhängig sind. Für größere ϑ, besonders zwischen $\vartheta = 5$ und 9 sec, sieht man den angekündigten An- und Abstieg der Induktion. Bei noch längeren Schaltdauern nimmt dann die Nachwirkung den üblichen monotonen Charakter an.

Diese Erscheinung wurde übrigens zuerst von A. MITKEVITCH[1] bei ballistischen Messungen bemerkt und als „anomale" Nachwirkung bezeichnet. Sie läßt sich wiederum mit Hilfe des Superpositionsprinzips verstehen. Den beobachteten Effekt kann man z. B. als die Überlagerung der Wirkungen des positiven Feldes $H_{\max}$ von $t = -\infty$ bis $t = -\vartheta$ und des negativen $-H_{\max}$ von $t = -\vartheta$ bis $t = 0$ auffassen. Für die resultierende „anomale" Nachwirkung ist dann (mit Rücksicht auf (2)) zu erwarten

$$B_n(t) = B_0 \cdot \psi_{\text{anom}}(t) = B_0[\psi(t + \vartheta) - \psi_\vartheta(t)] = B_0[2\,\psi(t + \vartheta) - \psi(t)], \quad (3)$$

wenn wir die kleine Remanenz von etwa 3% der Spitzeninduktion gegen diese vernachlässigen. Beide Anteile rechter Hand sind uns bekannt. Die Differenzbildung ergibt in der Tat ein An- und Absteigen des ψ_{anom}, das zwar den beobachteten Verlauf nicht quantitativ, aber doch wenigstens qualitativ und größenordnungsmäßig richtig wiedergibt. Dabei ist es wesentlich, daß die Nachwirkungsfunktion ψ keine reine Exponentialfunktion ist, denn erst wenn sie aus einer Summe von mindestens zwei solchen Funktionen besteht, kann die zeitliche Ableitung von (3) das Vorzeichen wechseln.

Der Temperatureffekt.

Wir haben bislang stets die Nachwirkung bei einer konstanten Temperatur betrachtet. Aber erst ihre außerordentliche Temperaturempfindlichkeit ist ihr eigentliches Merkmal, welches sie vom bisher Bekannten unterscheidet. Das zeigt ein Blick auf Abb. 6, die eine Reihe magnetometrisch beobachteter Nachwirkungskurven mit gleichem ΔB, aber für verschiedene Temperaturen zwischen $-12{,}6°$ und $+31{,}0°$ C wiedergibt. Der Temperatureffekt besteht ersichtlich im wesentlichen in einer Parallelverschiebung der Kurven entlang der logarithmischen Zeitachse. Das bedeutet eine mit zunehmender Temperatur sich außerordentlich steigernde Ablaufgeschwindigkeit bei gleichbleibender Form der Nachwirkungsfunktion. Während bei

---

[1] S. Zitat S. 94.

—12° C die Nachwirkung viele Minuten zu ihrem Ablauf benötigt, erfolgt sie bei 31° C schon so schnell, daß mit dem Magnetometer nur

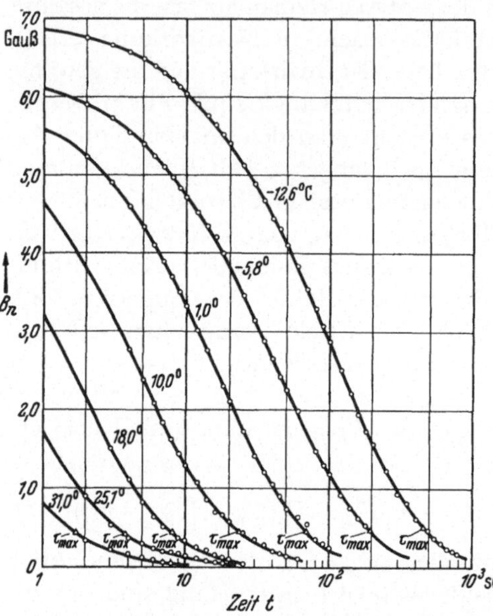

noch ein letzter Rest zu erfassen ist. Daher wurde das Gebiet der höheren Temperatur mit dem ballistischen Galvanometer weiter untersucht. Diese Meßmethode ist nun nach langen Zeiten durch die Schwingungsdauer des Galvanometers begrenzt, so daß eine Temperaturlücke zwischen Zimmertemperatur und etwa 50° C entstand, in welcher die Nachwirkung für das Magnetometer zu schnell, für das Galvanometer aber noch zu langsam verlief, um fehlerfrei gemessen zu werden. Bei 50° C ist mit Sicherheit in Bruchteilen einer Sekunde die Nachwirkung praktisch abgelaufen, und die ballistischen Ausschläge sind dann proportional den Induktionen $B_n(t)$.

Abb. 6. Nachwirkungskurven mit $\Delta B = 83$ Gauß und $\vartheta =$ „∞" bei verschiedenen Temperaturen unter 31° C. $B_n = f(t; T)$; Kurvenparameter: Temperatur in °C. Magnetometrisch beobachtet am Bundel aus 0,1 mm-Band.

Die ausgeführten Messungen (Abb. 7) zeigen den Temperatureffekt in unverminderter Wirksamkeit soweit die Beobachtung reicht. Bei 97° C ist die Nachwirkungsdauer schon auf $\approx 10^{-2}$ sec herabgesunken.

Das Ergebnis unserer Messungen in dem Temperaturintervall von rd. —12° bis 100° C läßt sich nun in sehr einfacher Weise mit Hilfe der Boltzmannschen

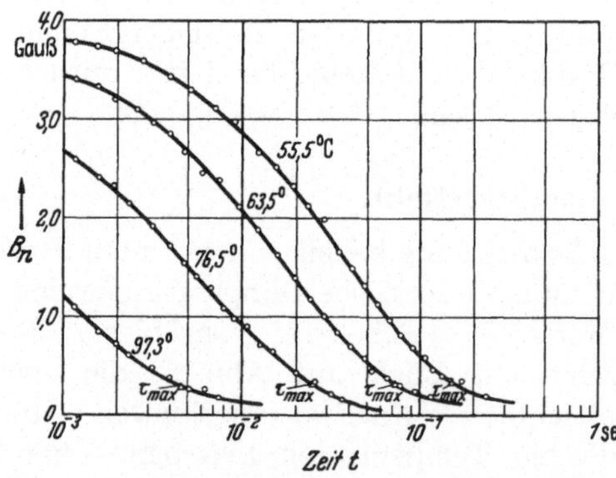

Abb. 7. Nachwirkungskurven mit $\Delta B = 80$ Gauß und $\vartheta =$ „∞" bei verschiedenen Temperaturen über 50° C. $B_n = f(t; T)$; Kurvenparameter: Temperatur in °C. Ballistisch beobachtet am Bündel aus 0,1 mm-Band.

e-Formel darstellen. Es ergibt sich nämlich, daß bei einer Temperaturänderung von T_0 auf T ($T =$ absolute Temperatur) die Ablaufsgeschwindigkeit sich einfach mit $e^{-\Theta\left(\frac{1}{T} - \frac{1}{T_0}\right)}$ multipliziert. Wird demnach die

Nachwirkung für die Temperatur T_0 durch $B_n(t) = B_0 \psi(t)$ beschrieben, so gilt für jede andere Temperatur T

$$B_n(t) = B_0(T) \cdot \psi\left(e^{-\Theta\left(\frac{1}{T} - \frac{1}{T_0}\right)} \cdot t\right). \tag{4}$$

Θ ist eine Materialkonstante von der Dimension einer Temperatur. Die Funktion ψ ändert sich (bis auf den Faktor des Arguments) in erster Näherung nicht mit T. Dagegen nimmt $B_0(T)$ mit wachsendem T ein wenig ab, im Mittel bei verschiedenen Messungen um rd. 0,3 bis 0,4% pro Grad. (Die Abnahme ist nicht so stark wie sie aus den Abb. 6 und 7 hervorzugehen scheint. Die ballistischen Messungen zu Abb. 7 wurden nämlich 8 Wochen nach den magnetometrischen angestellt und inzwischen hatte eine Alterungserscheinung die Intensität der Nachwirkung verkleinert.Über ähnliche Erfahrungen wird auch übrigens in den eingangs erwähnten magnetometrischen Arbeiten berichtet.)

Wie weit die Formel (4) der Beobachtung gerecht wird, erhellt aus Abb. 8, in der immer je zwei zusammengehörige Werte von t und $1/T$ eingetragen sind, die einem bestimmten Wert der Nachwirkungsfunktion $\psi = B_n(t)/B_0$ entsprechen. Für ψ wurde ein

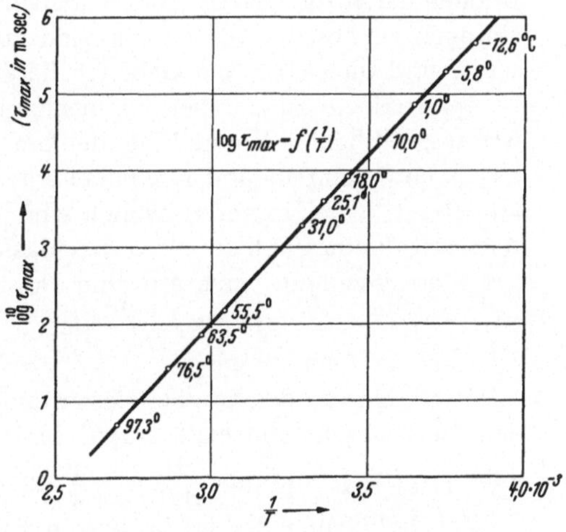

Abb. 8. Zum Temperatureffekt. $\overset{10}{\log} \tau_{max}$ als Funktion von $1/T$. Die zusammengehörigen Werte von τ_{max} und $1/T$ wurden den Abb. 6 und 7 entnommen.

für das Spätere zweckmäßiger Wert erteilt und aus den Kurven der Abb. 6 und 7 die zugehörigen Zeiten $t = \tau_{max}$ ermittelt. Sie sind dort durch Δ eingetragen und mit τ_{max} bezeichnet. Der nach (4) zu fordernde lineare Zusammenhang zwischen $\log \tau_{max}$ und $1/T$ ist nach Abb. 8 gut erfüllt. Aus der Neigung der Geraden folgt $\Theta = 1,02 \cdot 10^4$ Grad ($\pm \sim 2\%$). Weiter erhält man

$$\tau_{max} \approx 5 \cdot 10^{-15} \cdot e^{\frac{1,02 \cdot 10^4}{T}} \text{ sec.} \tag{5}$$

Hiermit ist in einfachster Weise das Wesentliche der Temperaturabhängigkeit durch die Angabe der einen Zahl Θ beschrieben. Θ ist übrigens, ganz im Gegensatz zu der Intensität B_0, wenig von der Vorbehandlung des Materials abhängig, was für den Vergleich verschiedener Messungen des Temperatureffektes von Vorteil ist.

Formale Beschreibung des Bisherigen und Berechnung der in einem Wechselfeld zu erwartenden Nachwirkungsverluste.

An dieser Stelle werde eine kurze Beschreibung des dargelegten Tatbestandes nach den Gleichungen der formalen Nachwirkungstheorie eingefügt, welche insbesondere eine Brücke von den vorstehenden statischen Versuchen zu den Wechselstrommessungen von H. Schulze[1] schlagen soll. Auf Grund des bisher Vorgetragenen hat nämlich Schulze nach den technisch üblichen Methoden der Verlustmessung die Nachwirkung des Karbonyleisens untersucht. Dabei ergab sich — wohl zum ersten Male — eine quantitative Bestätigung der Jordanschen Theorie, wonach auch die magnetische Nachwirkung rein formal mit den Gleichungen zu beschreiben ist, die sich auf dem entsprechenden mechanischen und dielektrischen Gebiete[2] bereits bewährt haben.

In Analogie zu der bei der mechanischen und dielektrischen Nachwirkung üblichen Vorstellung denken wir uns das Ferromagnetikum aus nachwirkenden und reversibel-trägheitslosen Weissschen Bezirken aufgebaut. Die Hysterese wollen wir — unter Beschränkung auf hinreichend kleine Felder — vernachlässigen, so daß die quasistatische „Hysteresisschleife" sich auf eine Doppelgerade reduziert:

$$B = \mu_0 (1 + \gamma) H . \tag{6}$$

$\mu_0 H$ soll der von den trägheitslosen und $\gamma \mu_0 H$ der von den nachwirkenden Bezirken herrührende Anteil in B sein. Unser altes B_0 ist demnach $\gamma \mu_0 H_{\max}$, und aus $\dfrac{B_0}{\Delta B} = \dfrac{\gamma}{1 + \gamma}$ ist γ experimentell zu bestimmen.

Zur Erklärung der beobachteten Erscheinungen hat man nun eine große Anzahl unabhängig voneinander nachwirkender Bezirke mit verschiedenen Zeitkonstanten τ anzunehmen. Es sei $\dfrac{1}{\tau} g(\tau)$ die relative Häufigkeitsdichte der Zeitkonstanten, und sie sei also gemäß

$$\int_0^\infty g(\tau) \frac{d\tau}{\tau} = 1 \tag{7}$$

normiert. Ihre genaue Bedeutung soll darin bestehen, daß der Anteil b der Induktion, der von allen nachwirkenden Bezirken mit einer Zeitkonstante zwischen τ und $\tau + d\tau$ herrührt, im zeitlich konstanten Feld $b_\infty = \gamma \mu_0 H g(\tau) \dfrac{d\tau}{\tau}$ beträgt. Über die zeitliche Änderung von b

---

[1] Siehe S. 114.

[2] Wiechert, E.: Ann. Physik **50**, 335 (1893) (mechanische Nachwirkung). — Becker, R.: Z. Physik **33**, 185 (1925) (mechanische Nachwirkung). — Wagner, K. W.: Ann. Physik **40**, 817 (1913) (dielektrische Nachwirkung).

bei variablem H machen wir im Sinne der üblichen Theorie[1] die folgende Annahme:

$$\frac{db}{dt} = -\frac{1}{\tau}\,(b - b_\infty)\,, \qquad b_\infty = \gamma\,\mu_0 H \cdot g(\tau)\,d(\ln\tau)\,, \tag{8}$$

wodurch die Zeitkonstante τ erst ihren bestimmten Sinn erhält. Zur Beschreibung der Nachwirkung in einem vorgegebenen Felde $H = H(t)$ hat man dieses in (8) einzusetzen und die Lösung $b(t)$ über alle τ zu summieren, um den *nachwirkenden* Induktionsanteil zu erhalten.

Im Falle unserer Ausschaltversuche ist $H = H_{\max}$ für $t < 0$ und (von Wirbelfeldern abgesehen) $H = 0$ für $t > 0$. Man erhält dann sofort für $t > 0$ mit $B_0 = \gamma\mu_0 H_{\max}$ die Lösung

$$B_n(t) = B_0 \int\limits_0^\infty g(\tau)\,e^{-\frac{t}{\tau}}\,d(\ln\tau)\,.$$

$$\psi(t) = \int\limits_0^\infty g(\tau)\cdot e^{-\frac{t}{\tau}}\,d(\ln\tau) \tag{9}$$

ist daher die Nachwirkungsfunktion. Durch geeignete Wahl von $g(\tau)$ kann sie der Beobachtung angepaßt werden. Überraschenderweise er-

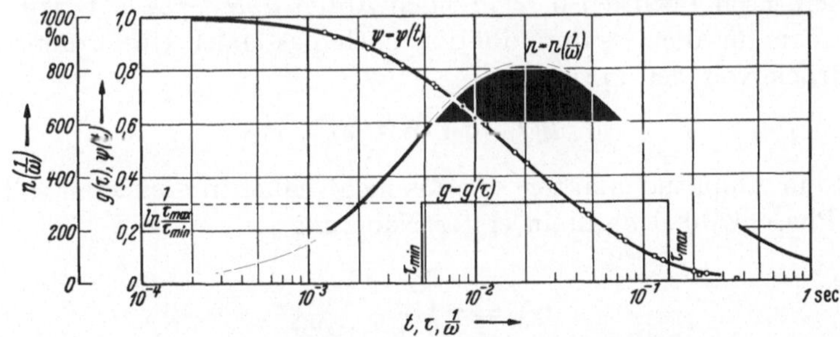

Abb. 9. 1. Nachwirkungsfunktion $\psi(t)$. Bei 55,1° ballistisch gemessen am Ringkern aus 0,1 mm-Band. o Meßpunkt; □ berechnet nach Gleichung (9). — 2. Die an $\psi(t)$ angepaßte Verteilungsfunktion $g(\tau)$. — 3. JORDANsche Verlustziffer $n\left(\dfrac{1}{\omega}\right)$ berechnet aus $g(\tau)$ nach Gleichung (12).

hält man eine gute Übereinstimmung, wenn man, gemäß Abb. 9, $g(\tau)$ außerhalb eines Intervalls $\tau_{\min} < \tau < \tau_{\max}$ identisch gleich 0 und im Innern desselben konstant, und zwar wegen (7) $g(\tau) = 1/\ln\dfrac{\tau_{\max}}{\tau_{\min}}$ setzt. Nach (9) hängt dann die Form von ψ als Funktion von $\ln t$ nur von dem Quotienten $\tau_{\max}/\tau_{\min}$ ab. Man kann diesen daher leicht der Messung anpassen. Für die Kurven der Abb. 6 und 7 ergibt sich so $\tau_{\max}/\tau_{\min} \approx 17 \pm 2$. Die früher dort auf andere Weise eingeführten

---

[1] S. Zitat S. 102.

Zeiten $\tau_{\max}$ waren so gewählt, daß sie mit den eben definierten identisch sind. Sie wurden nämlich zu dem Wert für $\psi = \psi(\tau_{\max})$ passend bestimmt.

Die gegenseitige Lage der Nachwirkungsfunktion $\psi(t)$ zur Verteilungsfunktion $g(\tau)$ ist aus Abb. 9 zu ersehen. Sie ist natürlich für jede Temperatur die gleiche, weil beide Kurven durch die Gleichung (9) in bestimmter Weise miteinander gekoppelt sind. Der Temperatureffekt läßt sich daher auch beschreiben als eine (mit der Nachwirkungsfunktion gemeinsame) Verschiebung der Verteilungsfunktion entlang der logarithmischen Zeitachse, ohne wesentliche Änderung ihrer Gestalt. Der analytische Ausdruck für diese Temperaturabhängigkeit der Zeitkonstante der nachwirkenden Bezirke wird durch Gleichung (5) gegeben.

Die Kenntnis der Funktion $g(\tau)$ erlaubt es uns nunmehr, einige Folgerungen über die mit Wechselstrom der Kreisfrequenz ω zu beobachtenden Nachwirkungsverluste zu ziehen. Wir haben zu dem Zweck in (8) nur

$$H = H_0 \cos \omega t \tag{10}$$

einzusetzen und die Lösungen über alle τ zu integrieren, was sich leicht in geschlossener Form ausführen läßt. Fügt man noch den von den trägheitslosen Bezirken herrührenden Anteil $\mu_0 H_0 \cdot \cos \omega t$ hinzu, so erhält man für die Gesamtinduktion nach passender Umformung einen Ausdruck von der Form

$$B(t) = A \cdot \cos(\omega t - \varepsilon). \tag{11}$$

A ist ein Amplitudenfaktor, der uns nicht näher interessieren soll. Für den Phasenwinkel ε gilt in erster Näherung

$$\operatorname{tg}\varepsilon = \gamma \int\limits_{\tau=0}^{\infty} \frac{g(\tau) \cdot d(\omega\tau)}{1 + (\omega\tau)^2}. \tag{12}$$

Die technische Bedeutung der Phase ε besteht darin, daß der Energieverlust durch Nachwirkung proportional $\sin\varepsilon$ ist. Da die Funktion $g(\tau)$ sowie γ aus unseren statischen Messungen bekannt sind, läßt sich $\operatorname{tg}\varepsilon$ aus (12) berechnen. Als Ergebnis ist in Abb. 9 die technisch übliche Jordansche Verlustziffer $n = 2\pi \cdot 10^3 \operatorname{tg}\varepsilon$ als Funktion von $\ln\dfrac{1}{\omega}$ aufgetragen. Die Rechnung bezieht sich auf den bei Abb. 3 erwähnten Ringkern, bei dem die größte bisher beobachtete Nachwirkung gefunden wurde. Die zugrunde gelegten Zahlen $(B_0/\varDelta B)_{\varDelta B \to 0} = 0{,}30$; $\tau_{\max} = 0{,}14\,\text{sec}$; $\tau_{\max}/\tau_{\min} = 29$ wurden einer ballistisch bei $55{,}1\,^\circ\text{C}$ gemessenen Nachwirkungskurve entnommen. Die zugehörige, also direkt gemessene Nachwirkungsfunktion ist in Abb. 9 eingezeichnet. Die $\square$ bedeuten einige, mit den obigen Werten nach (9) errechnete Punkte, die hier besonders gut mit der Messung übereinstimmen.

Für den Verlustgang mit der Frequenz erhält man eine ungefähr symmetrisch zur Verteilungsfunktion $g(\tau)$ gelegene glockenähnliche Kurve mit einem Maximum von etwa $n = 800$. In erster Näherung liegt die reziproke Kreisfrequenz des Maximums (ω_m) in der Mitte der Verteilungsfunktion

$$\frac{1}{\omega_m} = \sqrt{\tau_{\max} \cdot \tau_{\min}} \tag{13}$$

und die der Halbwerte an den Enden derselben. Wie man direkt aus (12) abliest, analysiert man mit dem Wechselstrom der Kreisfrequenz ω gleichsam die mittlere Höhe der Funktion $g(\tau)$ über $\ln\tau$ in der Umgebung der Zeitkonstanten $\tau = \dfrac{1}{\omega}$.

Anschaulich kommt der Verlustgang dadurch zustande, daß einerseits bei sehr hohen Frequenzen die nachwirkenden Bezirke wegen ihrer Trägheit praktisch stilliegen, so daß die Wechselamplitude des verzögerten Induktionsanteils und somit auch der Phasenwinkel ε verschwindet, und daß andererseits bei ganz tiefen Frequenzen die Phasenverschiebung ohnehin für alle Bezirke nach Null geht. Dazwischen liegt ein Gebiet, in dem der nachwirkende Teil der Induktion merkliche Amplitude und Phase besitzt.

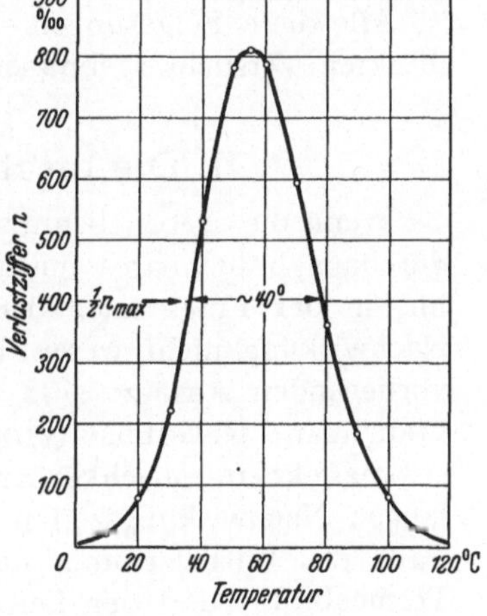

Abb. 10. JORDANsche Verlustziffer n bei $\omega_0 = 50\ \mathrm{sec}^{-1}$ als Funktion der Temperatur. o berechnet nach Gleichung (12).

Wie aus dem Früheren ohne weiteres zu ersehen ist, verschiebt sich bei einer Temperaturänderung die Verlustkurve der Abb. 9 einfach entlang der Zeitachse. Die Frequenz des Maximums als Funktion der Temperatur ergibt sich dabei (in erster Näherung nach (13), (5) und dem Wert von $\tau_{\max}/\tau_{\min}$) aus

$$\ln\omega_m = 34{,}8 - \frac{10\,300}{T}. \tag{14}$$

Hier ist für Θ der an dem Ringkern gemessene Wert $1{,}03 \cdot 10^4$ eingesetzt.

Beobachtet man den Verlustwinkel bei einer festen Frequenz ω_0 in Abhängigkeit von der Temperatur, dann findet man den in Abb. 10 für $\omega_0 = 50\,\mathrm{sec}^{-1}$ errechneten Verlauf: ein ziemlich scharfes Verlustmaximum bei der nach (14) zu $\omega_m = \omega_0$ gehörigen Temperatur und beiderseitiges steiles Abfallen mit einer „Halbwertsbreite" von etwa $40°$.

Dieses Verhalten ist auch anschaulich leicht zu verstehen: bei tiefen Temperaturen sind die nachwirkenden Bezirke „eingefroren", sie sind so träge, daß sie im Wechselfeld stilliegen. Erwärmt man sie allmählich, dann „tauen" sie auf, beginnen mit immer größerer Amplitude, aber noch mit merklicher Verzögerung gegen das Feld zu schwingen und der Verlust nimmt zu. Später steigt ihre Beweglichkeit so weit, daß die Phasenverschiebung und damit auch der Verlust wieder verschwindet.

Mit zunehmender Meßfrequenz ω_0 rückt die Verlustkurve nach Maßgabe von (14) nach höheren Temperaturen. Das Maximum wird dabei immer niedriger, weil die Intensität der Nachwirkung gleichzeitig abfällt. Die Halbwertsbreite steigt dagegen etwas an.

Alle diese Folgerungen stehen in bester Übereinstimmung mit den direkten Versuchsergebnissen von H. Schulze[1].

II. Die mechanische Nachwirkung.

Wenn die soeben benutzte formale Beschreibung sich auch als ein durchaus brauchbares mathematisches Schema erweist, so bringt sie uns in der Frage nach der eigentlichen physikalischen Ursache der Nachwirkung nicht wesentlich weiter. Die bisher in dieser Richtung vorliegenden Ansätze sind in unserem hier betrachteten Fall nicht brauchbar. R. Goldschmidt[2] versuchte die Nachwirkung als Wirbelstromeffekt in Mischkörpern zu deuten. Dem widersprechen unsere langen Nachwirkungszeiten und der starke Temperatureffekt, der im Falle des Wirbelstromes nur durch die Temperaturabhängigkeit der Permeabilität und der Leitfähigkeit gegeben ist und somit recht geringfügig sein müßte. Der von F. Preisach[3] gemachte Vorschlag, die Nachwirkung durch verspätet umklappende Hysteresebezirke zu erklären, scheitert hier an der Gültigkeit des Superpositionsprinzips, das in besonders krasser Form durch Abb. 5 belegt wird.

Eine andere Erklärungsmöglichkeit, welche eine nähere Betrachtung verdient, und die durch die obigen Schwierigkeiten nicht belastet ist, besteht in der Annahme einer Kopplung der magnetischen Nachwirkung über die Magnetostriktion mit der mechanischen Nachwirkung. Die letztere beruht bekanntlich auf dem zeitlichen Ausgleich innerer Spannungen in plastisch-deformierbaren Materialbezirken, welche in einer nur rein elastisch verspannten Umgebung eingebettet liegen. Betrachten wir nun etwa den Vorgang beim Einschalten eines Feldes. Durch die plötzliche Magnetisierung entstehen im Innern des Ferromagneti-

---

[1] Siehe S. 114.
[2] Goldschmidt, R.: Z. techn. Physik **11**, 534 (1932).
[3] S. Zitat S. 94.

kums magnetostriktive Spannungen, die eine weitere Zunahme der Magnetisierung zu verhindern suchen. Wenn nun die Magnetostriktionsspannung durch plastische Deformation der verspannten Gebiete vermöge der elastischen Nachwirkung allmählich verschwindet, dann wird die Magnetisierung nach dem Einschalten auch im konstanten Felde etwas weiter wachsen. Beim Ausschalten hat man einen ganz analogen Vorgang. Die magnetische Nachwirkung wäre hiernach ein Abbild der elastischen.

Die entgegengesetzte Möglichkeit, die mechanische Nachwirkung wenigstens zum Teil auf Grund desselben Kopplungsmechanismus auf die magnetische zurückzuführen, wird durch die weiter unten zu besprechenden Versuche ausgeschaltet. Dann müßte nämlich die erstere verschwinden, falls die letztere durch ein starkes Magnetfeld unterdrückt wird. Dies trifft jedoch nicht zu.

Unsere Vorstellung erklärt zwanglos das Bestehen des Superpositionsprinzips bei der magnetischen Nachwirkung, denn seine Gültigkeit im elastischen Fall ist lange bekannt. Andererseits müßte dann der magnetisch beobachtete Temperatureffekt auch mechanisch aufzufinden sein. Es müßte dazu die „Fließgeschwindigkeit“ der plastischen Deformation die starke Temperaturabhängigkeit zeigen. Ein solcher Effekt ist bereits am Wolfram von R. BECKER[1] beobachtet worden, so daß es naheliegt, ein analoges Verhalten auch beim Eisen anzunehmen. Zur Prüfung dieser Vermutung wurden die im folgenden zu betrachtenden Versuche über die Torsionsnachwirkung eines polykristallinen Karbonyleisendrahtes ausgeführt. Der Draht von 0,3 mm ⌀ und etwa 40 cm Länge war einige Minuten im Wasserstoff elektrisch auf Rotglut erhitzt, um ihn gerade zu richten. Bei dieser Glühung blieben noch innere Spannungen zurück, die die Ausbildung einer starken elastischen Nachwirkung begünstigten. (Zu weich ausgeglühte Drähte zeigten nur geringe Nachwirkung, was nach dem Gesagten auch zu erwarten ist.)

Unterwirft man einen solchen Draht einer zyklischen Torsionskraft und trägt die Verdrehung φ als Funktion des Drehmomentes M auf, so erhält man das (schematische) Diagramm der Abb. 11a. Die ausgezogene quasistatische Schleife gelte für den Grenzfall unendlich langsamer Änderung von M. φ_R sei die Remanenz, φ_{max} die maximale Verdrehung und $\Phi = \varphi_{max} - \varphi_R$. Bringt man nun die Belastung sehr schnell von M_{max} auf Null, dann bleibt als Nachwirkung eine gewisse Verdrillung zurück, die erst allmählich auf die statische Remanenz φ_R zurückgeht. Diesen Nachwirkungsanteil nennen wir $\varphi_n(t)$ und zählen ihn von φ_R ab. Wir setzen analog wie früher

$$\varphi_n(t) = \varphi_0 \cdot \psi(t). \tag{15}$$

---

[1] BECKER, R.: Physik. Z. **26**, 919 (1925).

φ_0 ist der Gesamtbetrag der Nachwirkung (für $t \to 0$) und $\psi(t)$ die Nachwirkungsfunktion.

Wiederholt man die gleichen Versuche, während auf den Draht ein starkes longitudinales Magnetfeld (von etwa 600 Oersted) wirkt, dann

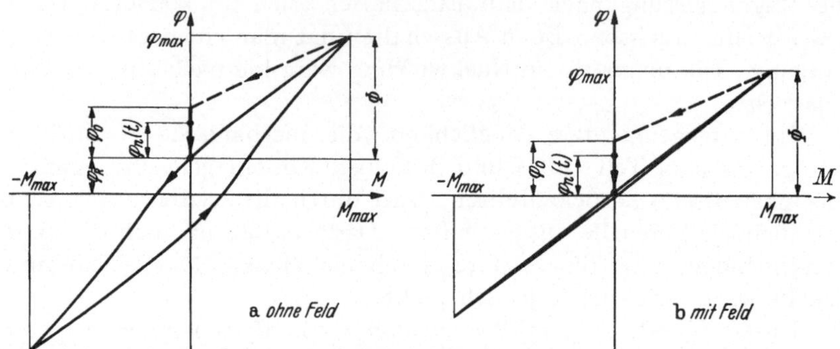

Abb. 11. Das Torsions-Last-Diagramm und die mechanische Nachwirkung, a ohne Feld und b mit Magnetfeld von etwa 600 Oersted (schematisch).

findet man das in Abb. 11b skizzierte Verhalten. Die quasistatische Schleife zieht sich fast zu einer Doppelgeraden zusammen, solange $M_{\max}$ die Elastizitätsgrenze nicht überschreitet. Die Nachwirkung aber bleibt vollkommen erhalten, sie wird sogar um einige Prozent größer (worauf jedoch hier nicht näher eingegangen werde).

Die magnetomechanische Torsionsremanenz; die Größe der Nachwirkung und das Superpositionsprinzip.

Die Remanenz φ_R der feldfreien Schleife ist die von R. BECKER und M. KORNETZKI[1] eingehend untersuchte magnetomechanische Torsionsremanenz. Sie ist rein magnetostriktiver Natur und ihr Zustandekommen völlig geklärt: Bei der anfänglichen Verdrehung $\varphi_{\max}$ entstehen im Draht in Richtungen 45° gegen die Mantellinie schraubenförmig verlaufende Zug- und Druckspannungen. Dadurch klappt die Magnetisierung eines Teils der WEISSschen Bezirke in die der 45°-Richtung nächstgelegenen Würfelkanten des Kristallgitters. Die hiermit verbundene positive Magnetostriktion ergibt eine zusätzliche Verdrehung des Drahtes. Bei der Entlastung verharrt nun ein Teil der umgeklappten Bezirke in der neuen Lage und erzeugt so die Remanenz φ_R. Im starken Feld (600 Ø) wird die Magnetisierung aller Bezirke parallel zur Drahtachse festgehalten, Umklappungen können nicht auftreten, und die Remanenz verschwindet.

In Abb. 12 sind φ_R und der Quotient φ_R/Φ als Funktion von Φ aufgetragen. Sie zeigen den aus der obengenannten Arbeit bekannten

---

[1] BECKER, R., u. M. KORNETZKI: Z. Physik **88**, 634 (1934).

Verlauf. φ und Φ sind (im Bogemaß) gemessen als Winkelverdrehung einer Mantellinie des Drahtes. Bei gut ausgeglühtem Material ist nach R. Becker und M. Kornetzki als Höchstwert von φ_R zu erwarten $(\varphi_R)_{\max} \approx 2\lambda_R \approx 9$ bis $14 \cdot 10^{-6}$; λ_R ist die größtmögliche Remanenz der gewöhnlichen Längsmagnetostriktion, die etwa 4,7 bis $7 \cdot 10^{-6}$ beträgt. An unserem Draht wurde $(\varphi_R)_{\max} = 4{,}2 \cdot 10^{-6}$ gemessen, was auf

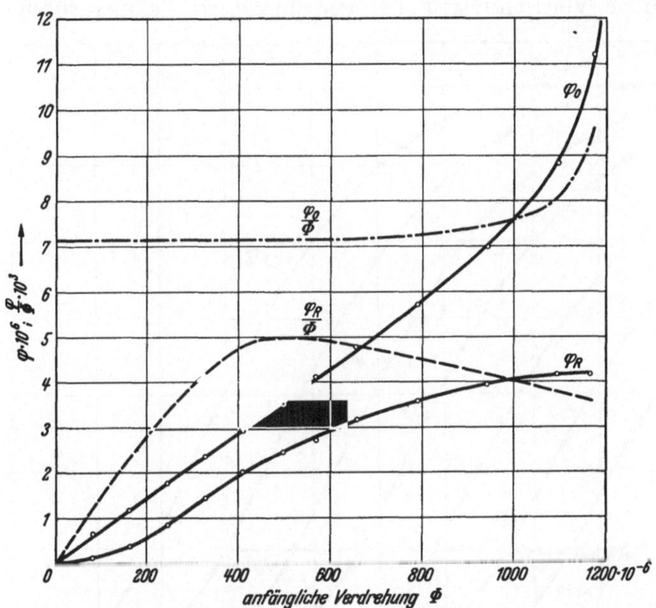

Abb. 12. Der Gesamtbetrag der Nachwirkung φ_0 und die magnetomechanische Torsionsremanenz φ_R als Funktion der anfänglichen Verdrehung Φ. (Gemessen bei 0,5° C. Magnetfeld 600 Oersted.)

innere Spannungen im Material schließen läßt. Dafür spricht auch, daß an einem anderen, besser ausgeglühten Draht $(\varphi_R)_{\max} \approx 13 \cdot 10^{-6}$ gefunden wurde.

Weiter zeigt Abb. 12 den Gesamtbetrag der Nachwirkung φ_0 als Funktion von Φ (bei 0,5° C). φ_0 steigt anfangs, entsprechend der Konstanz von φ_0/Φ, proportional mit Φ, um dann mit dem Einsetzen bleibender plastischer Verformungen bei der anfänglichen Verdrehung rasch anzuwachsen. (Die bleibenden Deformationen sind bei Abb. 12 in φ_0 und φ_R *nicht* enthalten!) Die Nachwirkungsfunktion $\psi(t)$ ist weitgehend von Φ unabhängig, nur nach starken, plastischen Beanspruchungen ändert sie sich etwas.

Über *das Superpositionsprinzip* ist hier nichts Besonderes zu bemerken, seine Gültigkeit bei der mechanischen Nachwirkung ist seit langem bekannt. Man kann in der Tat alle die im magnetischen Fall angestellten Versuche zu den Abb. 4 und 5 wiederholen. Wir gehen darauf nicht näher ein und betrachten gleich den neuen

Temperatureffekt und seine Beziehung zur magnetischen Nachwirkung.

Aus der Abb. 13, welche einige Nachwirkungskurven für die gleiche anfängliche Verdrehung Φ bei verschiedenen Temperaturen zwischen

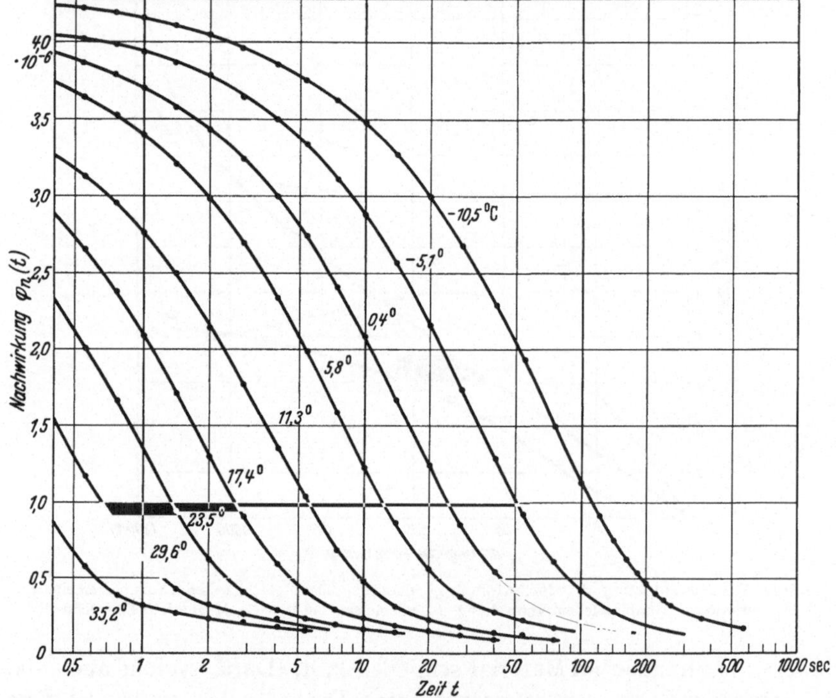

Abb. 13. Der Temperatureffekt bei der mechanischen Nachwirkung. $\varphi_n = f(t; T)$; Kurvenparameter: Temperatur in °C. Für alle Kurven ist $\Phi = 511 \cdot 10^{-6}$.

etwa $-10°$ C und $35°$ C wiedergibt, erkennt man sofort die Verwandtschaft zur magnetischen Nachwirkung. Den Temperatureinfluß kann man durch eine der Gleichung (4) genau entsprechende Formel

$$\varphi_n(t) = \varphi_0 \cdot \psi\left(t \cdot e^{-\Theta\left(\frac{1}{T} - \frac{1}{T_0}\right)}\right) \tag{16}$$

sehr gut darstellen. $\psi(t)$ ist die Nachwirkungsfunktion für die Temperatur T_0. Die charakteristische Konstante Θ ergab sich zu $\Theta_{\mathrm{mech}} = 0,98$ bis $1,00 \cdot 10^4$ Grad in genügender Übereinstimmng mit dem magnetischen Wert $\Theta_{\mathrm{mag}} = 1,02 \cdot 10^4 \pm 2\%$. Wie früher B_0, so sank auch hier φ_0 mit steigender Temperatur um etwa $0,3\%$ pro Grad. Nach

Ausweis der Abb. 14 sind weiter die absoluten Zeitwerte der mechanischen Nachwirkungsfunktion $\psi(t)$ in befriedigender Übereinstimmung mit den bei derselben Temperatur an zwei verschiedenen Versuchsproben gefundenen magnetischen ψ-Funktionen.

Diese quantitative Gleichheit des Temperatureffektes macht es sehr wahrscheinlich, daß die hier behandelten Nachwirkungserscheinungen

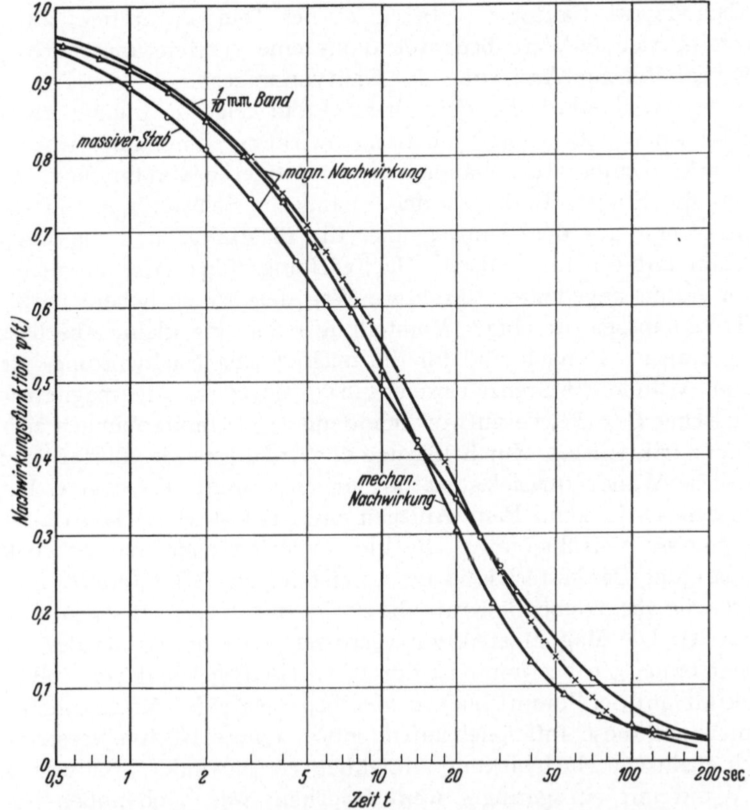

Abb. 14. Vergleich der mechanischen Nachwirkungsfunktion —△—△— mit den an zwei verschiedenen Proben gefundenen magnetischen Nachwirkungsfunktionen: 1. an einem Bündel aus 0,1 mm-Band — × — × — und 2. an einem massiven Stab von 16 mm Durchmesser —o—o—. Beobachtungstemperatur für alle Kurven: 0,4° C.

auf die gleiche physikalische Ursache zurückzuführen sind. Aus der Unempfindlichkeit der mechanischen Nachwirkung gegenüber einem Magnetfeld ist zu schließen, daß der beiden zugrunde liegende Vorgang primär nicht magnetischer Natur ist. Die charakteristische Temperatur Θ stellt daher keine spezifisch magnetische Eigenschaft des Materials dar, sondern eine rein mechanische, welche für die thermischen Gittervorgänge maßgebend ist, die die Nachwirkung hervorrufen.

Der Temperatureffekt bei der mechanischen Nachwirkung ist auf die Temperaturabhängigkeit der Fließgeschwindigkeit der plastischen Bezirke zurückzuführen. Für die letztere gibt die Auffassung von R. Becker[1] eine befriedigende Erklärung. Danach wird der Fließvorgang, d. h. das Gleiten der Gitterebenen, durch thermisch-statistische Schwankungserscheinungen ausgelöst, wodurch sich unser gerade durch den Boltzmann-Faktor $e^{-\frac{\Theta}{T}}$ beschriebener Temperatureffekt zwanglos ergibt. Unser Θ-Wert bedeutet dann eine Aktivierungsenergie von 20000 cal/Mol zur Auslösung des Gleitvorganges.

Wenn wir daher die oben betrachtete enge Kopplung zwischen mechanischer und magnetischer Nachwirkung annehmen, wäre auch die starke Temperaturabhängigkeit der letzteren verständlich. Es ist jedoch die Frage, ob die thermodynamische Schwankung der Gitterstruktur erst auf dem Umweg über die Plastizität und die Magnetostriktion auf die magnetische Nachwirkung führt oder ob nicht der weiter unten angedeutete direktere Weg das Wesentlichere trifft.

Trotzdem sei zur obigen Vorstellung noch eine kleine Abschätzung nachgetragen. Danach sind für die magnetische Nachwirkung nur die sog. 90°-Wände, die Grenzen zweier um 90° gegeneinander magnetisierter Weissscher Bezirke, verantwortlich, denn 180°-Umklappungen erfolgen magnetostriktionslos. Zur Erklärung der Anfangspermeabilität hat man sich diese Wände quasielastisch an eine bestimmte Gleichgewichtslage gebunden zu denken. Beim Anlegen eines Feldes H erleidet die Wand eine gewisse Verschiebung. Die hierbei auftretende magnetostriktive Verspannung des Materials in der Umgebung der Wand ergibt nun eine zusätzliche rücktreibende Kraft, die zu der der quasielastischen Bindung hinzutritt. Die Magnetostriktion verringert also die Größe der Wandverschiebung, die bestimmt ist durch das Gleichgewicht der treibenden Feldkraft mit der Summe aller rücktreibenden Kräfte. Man kann nun annehmen, daß diese anfänglich auftretende magnetostriktive Verspannung durch elastische Nachwirkung allmählich verschwindet. Dadurch kann die Wand um ein geringes weiterkriechen, was nach außen hin als magnetische Nachwirkung sichtbar wird. Nimmt man weiter an, daß die magnetostriktiv verspannte Umgebung der Wand nur einen geringen Bruchteil β des Volumens eines Bezirkes ausmacht, und daß diese Verspannung allmählich völlig verschwindet, dann gibt eine rohe Abschätzung für die relative Größe der Nachwirkung

$$\frac{B_0}{\Delta B} \approx \frac{2}{9} \frac{\mu_0}{\beta \cdot (\mu_0)_{\max}} \approx 1{,}6 \cdot 10^{-5} \frac{\mu_0}{\beta}.$$

μ_0 ist die Anfangspermeabilität des Materials und $(\mu_0)_{\max} \approx 14000$ die nach der bekannten Kerstenschen Formel $(\mu_0)_{\max} \approx \frac{8\pi}{9} \frac{J_s^2}{\lambda^2 E}$ $(J_s = $ Sät-

<hr>

[1] S. Zitat S. 107.

tigungsmagnetisierung; $\lambda =$ Magnetostriktion; $E =$ Elastizitätsmodul) berechnete, von CIOFFI auch wirklich gemessene, maximal mögliche Anfangspermeabilität. Zur Erklärung des größten beobachteten Wertes $B_0/\varDelta B \approx 0{,}3$ bei $\mu_0 \approx 800$ hätte man danach $\beta \approx 1/22$ anzunehmen. Inwieweit diese Zahl plausibel ist und ob die vielen gemachten Annahmen zulässig sind, läßt sich schwer beurteilen. Die Ergebnisse von H. SCHULZE, nach denen die Nachwirkung wesentlich an $180°$-Wände gebunden erscheint, sprechen gegen die eben betrachtete Deutung. Doch dürfte es nicht überflüssig sein, auch diese einmal in Erwägung gezogen zu haben.

Eine andere Möglichkeit für die Erklärung der Nachwirkung besteht in der Annahme lokaler, an Gitterfehlstellen auftretender Hindernisse, die der Verschiebung, sei es einer $90°$- oder einer $180°$-Wand, entgegenstehen. Solche Hemmungen entstehen an gestörten Gitterstellen aller Art, an denen beim Durchgang einer Wand die BLOCHsche Wandenergie plötzlich große Werte annehmen müßte. Es ist denkbar, daß durch thermisch-statische Schwankungen, welche auch der mechanischen Nachwirkung zugrunde liegen, die Störungen überwunden und eine Wandverschiebung ausgelöst wird. Hierzu paßt gut die mit dem BOLTZMANNschen e-Faktor beschreibbare Form der Temperaturabhängigkeit, welche direkt auf solche statische Vorgänge hinzuweisen scheint. Der Wert von Θ entspricht dann wieder einer Aktivierungsenergie von 20000 cal/Mol für die Überwindung der Hemmungen. Es ist bemerkenswert, daß die für die Diffusion in Metallen maßgeblichen Energien in der gleichen Größenordnung liegen. Allerdings bereitet dieser Vorstellung die Gültigkeit des Superpositionsprinzips einige Schwierigkeiten.

Zum Schluß werde nochmals betont, daß die hier näher untersuchte magnetische Nachwirkung des rekristallisierten Karbonyleisens eine besondere Art derselben darzustellen scheint, die sich vor der sonst bekannten JORDANschen Nachwirkung durch ihre Intensität und insbesondere durch ihre starke Frequenz- und Temperaturabhängigkeit auszeichnet.

Versuche zur magnetischen Nachwirkung bei Wechselstrom.

Von HERBERT SCHULZE-Berlin-Siemensstadt [1].

Mit 7 Abbildungen.

Wir haben in unmittelbarem Zusammenhang mit den Versuchen von RICHTER[2] ebenfalls Karbonyleisen untersucht. Als RICHTER die ersten Befunde über das außergewöhnliche Verhalten des Karbonyleisens in bezug auf Nachwirkung festgestellt hatte, haben wir unsere zunächst auch an anderen Werkstoffen begonnenen Untersuchungen mit Wechselstrom in stärkerem Umfang an Karbonyleisen weitergeführt. Der folgende Bericht über unsere Versuchsergebnisse stellt einen Auszug aus mehreren ausführlichen, demnächst erscheinenden Veröffentlichungen dar[3].

Zuerst wurde ebenfalls der rekristallisierte Zustand untersucht; der Werkstoff wurde der gleichen Glühbehandlung unterzogen, also auch bei 1000° C in technischem Wasserstoff 2 Stunden geglüht. Bevor über die Ergebnisse der Untersuchung dieses Zustandes berichtet wird, soll kurz einiges über die Versuchsführung gesagt werden.

Versuchsführung.

a) Werkstoff. Der Werkstoff lag in Bandform im harten Zustand vor; die Walzverformung betrug etwa 90%. Das Band wurde zunächst spiralförmig aufgewickelt, dann der Glühbehandlung unterzogen und nach Abkühlung in eine ringförmige Kunststoffkapsel gebracht. Diese wurde mit einer Wicklung versehen, durch die ein Meßstrom bestimmter Frequenz geschickt wurde, der ein Wechselfeld von etwa 10 mOe lieferte. Ein Zusammenbacken beim Glühen wurde durch Bestreichen mit einer wässerigen Aufschwemmung von MgO vermieden.

b) Meßverfahren, Verlusttrennung. Bei der Wechselmagnetisierung geben Verluste im Eisen Anlaß zu einem Phasenunterschied zwischen dem sinusförmigen Feld und der Induktion. Der Verlustwinkel setzt sich aus drei Verlustanteilen zusammen, die auf Verluste durch Hysterese, Wirbelströme und Nachwirkung zurückgeführt werden. Das Maß für die Nachwirkung ist der von JORDAN eingeführte Nachwirkungsbeiwert n. Für das Verständnis des Folgenden ist es nicht notwendig,

---

[1] Teilweise gemeinsam mit M. KERSTEN.   [2] Siehe S. 93.
[3] SCHULZE, H.: Wiss. Veröff. Siemens **XVII, 2**, 39—73 (1938).

die Definition von n [1] genau zu kennen. Es genügt zu wissen, daß n proportional ist dem von der Nachwirkuug herrührenden Anteil $R_n/\omega L$ des Verlustwinkels $R/\omega L$ der Spule und somit ein Maß für den Verlustanteil darstellt, der nach Abtrennung der Hystereseverluste und Wirbelstromverluste vom gemessenen Gesamtverlust übrigbleibt und der zuerst von JORDAN auf das Zurückbleiben der Induktion hinter dem magnetisierenden Wechselfeld, also auf Nachwirkung, zurückgeführt wurde. Der mit dem ballistischen bzw. magnetometrischen Verfahren gemessenen nachwirkenden Induktion $B_n(t)$* entspricht der Nachwirkungsbeiwert n des Wechselstromverfahrens.

Als Meßgerät haben wir eine MAXWELL-Brücke benutzt, die als unmittelbare Meßergebnisse Verlustwiderstand und Induktivität liefert. Gemessen wurden diese in Abhängigkeit von der Frequenz im Bereich von 60 bis 5000 Hz bei verschiedenen Temperaturen. In dem oben angedeuteten Sinne kann man aus den Verlusten den auf Nachwirkung zurückführbaren Anteil abtrennen; aus der gemessenen Induktivität erhält man die Permeabilität.

Die Messungen erstreckten sich über den Temperaturbereich von $-190°$ bis $+200°$ C.

I. Rekristallisierter Zustand.

a) Nachwirkung. Unsere Untersuchungen der Nachwirkung umfassen auch ihre mechanische Beeinflussung, also die Abhängigkeit von Verformung, Kristallerholung und Rekristallisation und den Einfluß verschiedener magnetischer Zustände, insbesondere der remanenten Magnetisierung und der technischen Entmagnetisierung. Zunächst behandeln wir den rekristallisierten, jungfräulichen Zustand, also den gleichen magnetischen und mechanischen Zustand, den RICHTER untersucht hat. In Abb. 1 sind die bei 11 Temperaturen gemessenen Nachwirkungswerte n für die einzelnen Meßfrequenzen als Parameter über der Temperatur aufgetragen. Auffällig ist an diesem Bild sofort die Frequenzaufspaltung, also die starke Frequenz- und Temperaturabhängigkeit der Nachwirkung. Betrachten wir zunächst eine dieser Kurven, die an Resonanzkurven erinnern, und zwar die mit der Frequenz 60 Hz gemessene. Gehen wir von Zimmertemperatur aus, so erhalten wir bei Erhöhung der Temperatur eine Zunahme der Nachwirkung und nach Erreichung eines Höchstwertes von $650°/_{00}$ bei $96°$ C einen zur Temperatur dieses Höchstwertes symmetrischen Abfall ($n = 650°/_{00}$ entspricht dem Verlustwinkel $R_n/\omega L = 10\%$, der als außergewöhnlich hoch zu bezeichnen ist). Der gleiche Verlauf wiederholt sich

---

[1] JORDAN, H.: Elektr. Nachr.-Techn. **1**, 7 (1924) — vgl. auch W. DEUTSCHMANN: Elektr. Nachr.-Techn. **9**, 427 (1932).

* Vgl. S. 95.

bei allen Frequenzen. Die Maxima liegen aber für höhere Frequenzen bei höheren Temperaturen, und sie werden gleichzeitig niedriger. So ist der maximale Nachwirkungsbeiwert für die Frequenz 1000 Hz nur noch $370^0/_{00}$ und schließlich $250^0/_{00}$ für die Frequenz 5000 Hz. Man kann extrapolieren, daß etwa bei der Frequenz 60000 Hz kein Maximum zu erwarten wäre[1].

Die in Abb. 1 dargestellten Ergebnisse sind in Übereinstimmung mit den Befunden von RICHTER. Setzt man nämlich in die von ihm an-

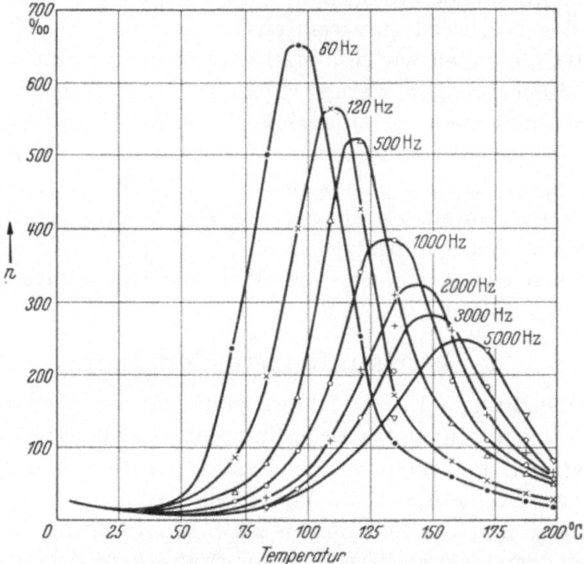

Abb. 1. Nachwirkungsbeiwert n des rekristallisierten, magnetisch jungfräulichen Karbonyleisens für die angegebenen Frequenzen (in Hz) als Funktion der Meßtemperatur.

gegebene Beziehung zwischen der Kreisfrequenz ω und der Temperatur T, bei der das Maximum für diese Frequenz ω liegt, die gemessenen Werte ein, so ergibt sich hier die Beziehung

$$\ln\omega = 34{,}7 - \frac{10\,600}{T/^\circ\mathrm{K}}\,. \tag{1}$$

Aus den ballistischen und magnetometrischen Messungen fand RICHTER für die beiden Zahlenfaktoren dieser Beziehung fast genau die gleichen Werte ($34{,}8^\circ$ bzw. 10300° K).

Da später auf die magnetische und mechanische Beeinflussung der Nachwirkung besonders eingegangen wird, sei hier darauf hingewiesen, daß die Änderungen der Kurven der Abb. 1 durch Änderung des Zu-

---

[1] Die experimentelle Nachprüfung dieser Erwartung stößt allerdings wegen der hohen Wirbelstromverluste bei 60 kHz auf erhebliche Schwierigkeiten.

standes in den meisten Fällen nur in einer Verkürzung oder Vergrößerung des Ordinatenmaßstabes bestehen, während die Lage der Kurven über der Temperaturachse sich nur unwesentlich ändert.

Zunächst wollen wir nun die Ergebnisse an dem rekristallisierten Karbonyleisen betrachten, die man durch Erweiterung der Messungen auf tiefe Temperaturen erhält. Der gemessene Verlauf wird in Abb. 2 durch die ausgezogene Kurve wiedergegeben. Auf die beiden anderen Kurven (strichpunktiert = im remanenten, gestrichelt = im entmagnetisierten Zustand gemessen) wollen wir hier nicht näher eingehen. Bei Zimmertemperatur wurde bei allen Frequenzen ein Nachwirkungsbeiwert von $17^0/_{00}$ gemessen. Bei der Temperatur $-75\,^\circ$ C ergab sich ein Nachwirkungsbeiwert von $56^0/_{00}$, und bei der Temperatur der flüssigen Luft

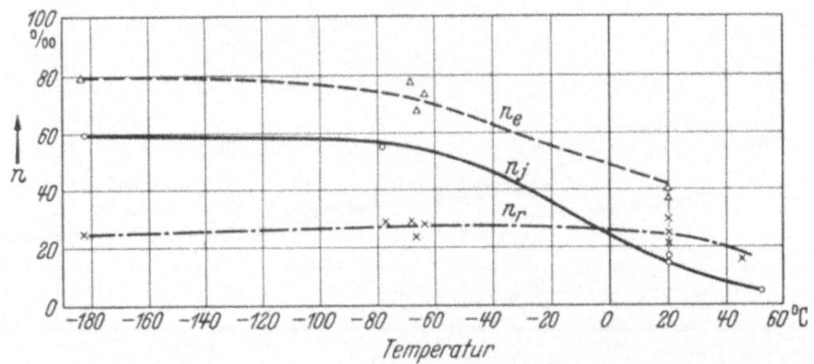

Abb. 2. Nachwirkungsbeiwert n des rekristallisierten, magnetisch jungfräulichen Karbonyleisens (ausgezogene Kurve) bei tiefen Temperaturen. (Die strichpunktierte Kurve n_r wurde im remanenten Zustand, die gestrichelte Kurve n_e wurde im entmagnetisierten Zustand gemessen.)

war $n = 60^0/_{00}$. Bei diesen Temperaturen konnte innerhalb der Frequenzen 60 bis 5000 Hz keine Frequenzabhängigkeit festgestellt werden. Diese Ergebnisse sind nach den Erfahrungen bei höheren Temperaturen zunächst nicht zu erwarten. Extrapoliert man die in Abb. 1 dargestellten Befunde, auf die Temperatur der flüssigen Luft, so müßte dort die Nachwirkung so langsam verlaufen, daß sie nicht mehr in Erscheinung tritt. Diese letzten Befunde zeigen, daß bei tiefen Temperaturen noch eine andere Nachwirkungsart als die durch (1) dargestellte auftritt. Wir müssen unterscheiden zwischen einer frequenzunabhängigen und einer stark frequenzabhängigen Nachwirkung. Die erste Art ist die bekannte, oft untersuchte JORDANsche Nachwirkung; sie liefert über den ganzen Temperaturbereich einen Untergrund des Kurvenbildes. Im Bereich höherer Temperaturen lagert sich über diesen Untergrund die Kurvenschar der frequenzabhängigen Nachwirkung, die hier wohl erstmalig beobachtet wurde.

b) Permeabilität (Frequenz- und Temperaturabhängigkeit). Die Befunde über das außergewöhnliche Verhalten der Nachwirkung des rekristallisierten Karbonyleisens werden ergänzt durch die Messung der

Frequenz- und Temperaturabhängigkeit der Permeabilität. Wenn in einem ferromagnetischen Stoff ein Teil der Induktion infolge Nachwirkung dem erregenden Felde verzögert folgt, so hat man bei Messung der Permeabilität bei niederen Frequenzen höhere Permeabilitätswerte zu erwarten als bei höheren, da mit steigender Frequenz die trägen Anteile der Induktion vermindert zur Permeabilität beitragen. Die besprochenen großen Nachwirkungswerte ließen deshalb eine erhebliche Frequenzabhängigkeit der Permeabilität im Zusammenhang mit der Nachwirkung erwarten. Die gemessenen Permeabilitätswerte sind in

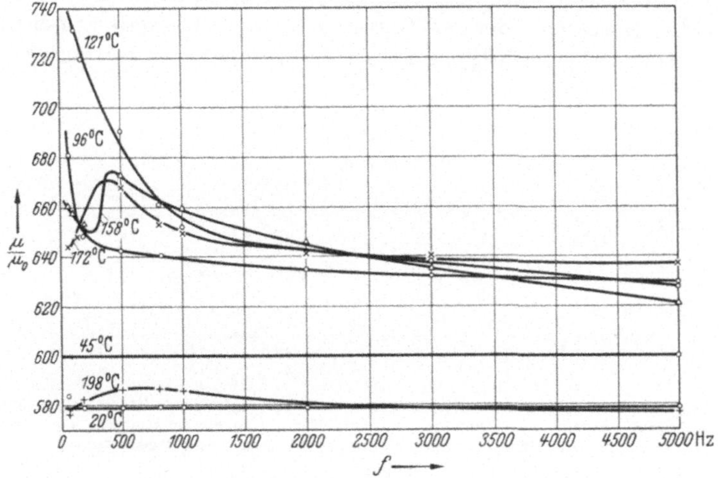

Abb. 3. Anfangspermeabilität des rekristallisierten, magnetisch jungfraulichen Karbonyleisens für die angegebenen Temperaturen als Funktion der Meßfrequenz (in Hz).

Abb. 3 für verschiedene Temperaturen wiedergegeben. Bei unterdrücktem Ordinatennullpunkt ist die Permeabilität über der Frequenz aufgetragen.

Bei Zimmertemperatur wurde eine Anfangspermeabilität von $580\,\mu_0$[1] bei allen Frequenzen gemessen; μ_a ist also frequenzunabhängig. Bei der Temperatur 96° C sinkt die Permeabilität von $690\,\mu_0$ bei 60 Hz auf $630\,\mu_0$ bei 5000 Hz ab. Die Differenz zwischen der Permeabilität bei der Frequenz 60 Hz und der Permeabilität bei 5000 Hz ist am größten bei der bei 121° C gemessenen Kurve. Bezeichnen wir diese Differenz mit $\Delta\mu$, so ist in diesem Falle $\Delta\mu = 15\%$.

Als charakteristisch für einen bestimmten Werkstoffzustand können wir den größten gemessenen Wert $\Delta\mu_{\max}$ von $\Delta\mu$ annehmen, der beispielsweise für den hier zuerst betrachteten magnetisch jungfräulichen, rekristallisierten Zustand, also bei etwa 120° C auftritt.

---

[1] μ_0 = Permeabilität des leeren Raumes.

Bei höheren Temperaturen erhält man einen bemerkenswerten Verlauf der Permeabilität in Abhängigkeit von der Frequenz. Die z. B. bei 158° C gemessenen Werte liegen fast alle niedriger als die bei 120° gemessenen Permeabilitäten, außerdem erhält man nach einem Abfall zwischen 60 und 250 Hz einen Wiederanstieg auf einen Höchstwert bei etwa 400 Hz, an den sich wieder ein monotoner Abfall anschließt. Diese Erscheinung, die sich in entsprechender Weise bei höheren Temperaturen wiederholt, fügt sich nicht ohne weiteres in das bekannte „klassische" Modell der Nachwirkung von K. W. WAGNER[1] ein, da nach diesem Modell nur ein monotoner Abfall der Dielektrizitätskonstante bzw. Permeabilität mit steigender Frequenz zu erwarten ist. Zur Deutung des hier gefundenen Verlaufs der Permeabilität müßten in dieses Ersatzschaltbild außer den Kapazitäten und Widerständen noch Induktivitäten und somit Schwingkreise aufgenommen werden.

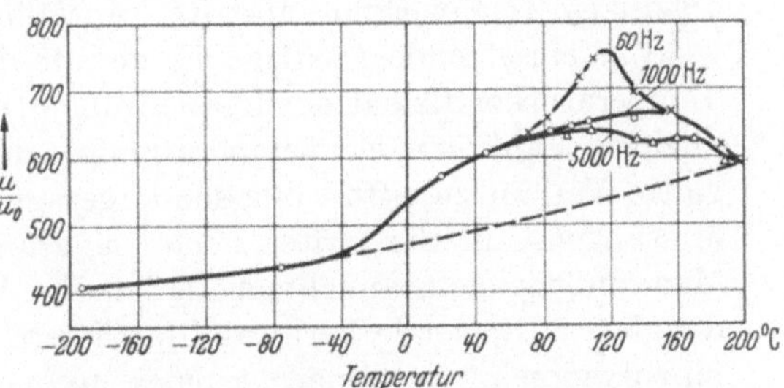

Abb. 4. Anfangspermeabilität des rekristallisierten, magnetisch jungfraulichen Karbonyleisens fur die angegebenen Frequenzen als Funktion der Meßtemperatur. (Die gestrichelte Kurve entspricht dem Verlauf der frequenzunabhängigen Permeabilität bei Abwesenheit der frequenzabhangigen Nachwirkung.)

Unsere Befunde lassen sich besser übersehen, wenn man die Permeabilität über der Temperatur aufträgt, wie es in Abb. 4 geschehen ist. Dieses Bild entspricht der Abb. 1 für die Nachwirkung. Es ist sofort auffällig, daß auch hier, wie bei der Nachwirkung, eine Frequenzaufspaltung vorhanden ist. Man hat für die einzelnen Frequenzen wieder Maxima, und diese sind für die höheren Frequenzen ebenfalls wieder niedriger als für die tiefen Frequenzen.

Man kann den gesamten Verlauf der Permeabilität auf das Zusammenwirken dreier Umstände zurückführen. Bei tiefen Temperaturen hat man einen Anstieg der auf den trägheitsfreien Anteilen der Induktion beruhenden Permeabilität, der einem bestimmten Temperaturkoeffizienten entspricht. Die gestrichelte Kurve ist der zunächst nur vermutete glatte Verlauf bei höheren Temperaturen für den Fall, daß keine frequenzabhängige Nachwirkung auftritt. Dieser glatte Verlauf der „trägheitsfreien Permeabilität" ist wahrscheinlich gemacht durch Erfahrungen an anderen Werkstoffzuständen und auch bei anderen Werkstoffen. Er läßt sich in unserem Fall sogar experimentell verwirklichen (vgl. S. 126).

Entsprechend Abb. 1 für die Nachwirkung tragen von einer bestimmten Temperatur an, die identisch mit der sein sollte, bei der die

---

[1] Näheres siehe z. B. F. PREISACH: Z. Physik **94**, 277 (1935).

frequenzabhängige Nachwirkung auftritt, die trägen Anteile der Induktion mit zur Permeabilität bei. Mit steigender Temperatur muß die „träge" Permeabilität anwachsen, weil die „magnetische Viskosität" kleiner wird. Dieser Erscheinung ist überlagert die Verminderung des trägen Anteils mit steigender Temperatur, wie sie sich bei der Nachwirkung in Abb. 1 in einem Niedrigerwerden der Maxima zeigt. Da bei Temperaturerhöhung mehr träge Teile ausfallen, als vermöge der kleinerwerdenden „Viskosität" frei werden, muß die auf dem trägen Teil beruhende Permeabilität schließlich wieder kleiner werden. Die Kurven für die angeschriebenen Frequenzen 60, 1000 und 5000 Hz liegen annähernd bei denselben Temperaturen, bei denen die frequenzabhängige Nachwirkung auftritt. Auffällig ist allerdings der schon bei $-50°$ C einsetzende Anstieg. Er könnte dadurch bedingt sein, daß der Temperaturkoeffizient der frequenzabhängigen Permeabilität eine komplizierte Funktion der Temperatur ist; daß also nicht der gestrichelte glatte Verlauf zutrifft. Wie schon gesagt wurde, ist das nach anderen Messungen, auf die später noch eingegangen wird, unwahrscheinlich. Man muß vielmehr annehmen, daß zu den Wandverschiebungen[1], welche die glatt ansteigende Permeabilität liefern, von $-50°$ C an noch andere hinzukommen, die zunächst einen frequenzunabhängigen Permeabilitätszuwachs veranlassen.

Wir wollen jetzt vorläufig den rekristallisierten Zustand verlassen und den Einfluß mechanischer und magnetischer Änderungen auf Nachwirkung und Permeabilität betrachten. Wir ändern zuerst den mechanischen Zustand, halten aber dabei den magnetischen fest, d. h. alle Messungen werden im jungfräulichen Zustand vorgenommen. Im zweiten Fall greifen wir einen bestimmten mechanischen Zustand heraus und untersuchen den Einfluß remanenter Magnetisierung und technischer Entmagnetisierung.

II. Jungfräulicher Zustand, mechanische Beeinflussung.

Es liegt nahe, verschiedene mechanische Zustände zu untersuchen, um die Frage zu klären, ob die frequenzabhängige Nachwirkung eine Eigenschaft des Karbonyleisens überhaupt ist oder nur in einem bestimmten mechanischen Zustand auftritt. Die wesentlichsten Meßergebnisse für verschiedene mechanische Zustände sind in vereinfachter Darstellung in Abb. 5 zusammengefaßt. Auf den oberen Teil der Abbildung kommen wir später zurück.

In der Abb. 5 gibt die linke erste Spalte das Ergebnis der Messungen am harten Ausgangszustand wieder. Das gewalzte Band — die Walzverformung betrug 90% — stellt den Ausgangswerkstoff für unsere

---

[1] Zum Begriff der „Wandverschiebungen" vgl. S. 5.

Anlaßglühungen dar. In diesem Zustand erhält man nicht die Kurvenschar der frequenzabhängigen Nachwirkung. Man findet im harten Zustand also nur JORDANsche Nachwirkung. Die Anfangspermeabilität beträgt bei 120° C 170 μ_0; man stellt hier, ebenso wie für die Nachwirkung, auch für die Permeabilität keine Frequenzabhängigkeit fest. In der zweiten Spalte ist das Meßergebnis an einem Band wiedergegeben, das bei 450° C 2 Stunden in Wasserstoff geglüht worden ist. Auch hier hat man nur JORDANsche Nachwirkung und mißt keine Frequenzabhängigkeit der Permeabilität. Bei dieser Glühbehandlung hat Kristallerholung stattgefunden, wie man aus dem Anwachsen der Permeabilität auf 300 μ_0 sieht und wie wir an Röntgenaufnahmen[1] an der Verschär-

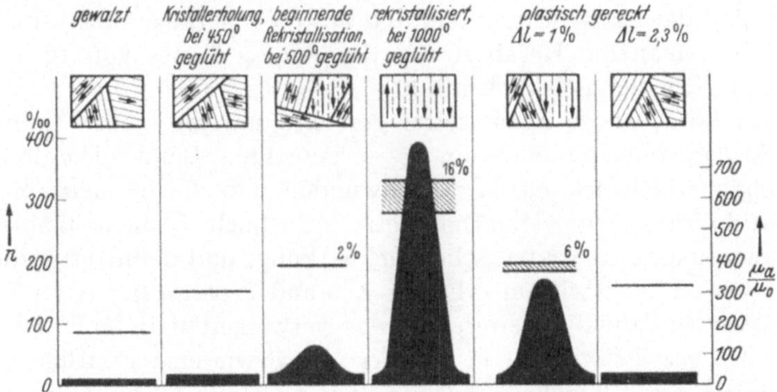

Abb. 5. Nachwirkung und Anfangspermeabilität des magnetisch jungfräulichen Karbonyleisens in verschiedenen mechanischen Zuständen in schematischer Darstellung. Für die Nachwirkung bedeuten die Rechtecke JORDANsche Nachwirkung, die Glockenkurven deuten frequenzabhängige Nachwirkung an (mit 1000 Hz gemessen). Die Permeabilitäten wurden mit 1000 Hz bei 120° gemessen; die Höhe der schraffierten Fläche bedeutet den frequenzabhängigen Anteil $\Delta \mu_{max}$ in Proz.

fung der Linien festgestellt haben. Der in der dritten Spalte dargestellte Zustand unterscheidet sich vom zweiten nur dadurch, daß hier bei 500° C 2 Stunden in Wasserstoff geglüht wurde. Die gezeichnete Resonanzkurve soll andeuten, daß hier die frequenzabhängige Nachwirkung auftritt. Diese Kurve bedeutet in vereinfachter Darstellung eine ähnliche Kurvenschar, wie sie in Abb. 1 gezeigt wurde. Ihre Höhe ist gleich dem Maximum der Nachwirkung bei 1000 Hz. Den Vergleich mit dem zuerst dargestellten jungfräulichen Zustand kann man sofort anstellen, wenn man die Kurve in Spalte 4 betrachtet. Diese Kurve bedeutet die zuerst wiedergegebene Kurvenschar des rekristallisierten Zustandes, der also durch eine zweistündige Anlaßglühung bei 1000° C erhalten wurde.

---

[1] Herr Dr. BUMM war so freundlich, die Durchstrahlaufnahmen anfertigen zu lassen.

Die Röntgenaufnahme zeigt, daß bei der Glühung bei 500° C Kornneubildung aufgetreten ist; das bedeutet also, daß mit beginnender Rekristallisation die frequenzabhängige Nachwirkung auftritt und bei Vervollständigung der Rekristallisation anwächst. Auch im teilweise rekristallisierten Zustand ist die Permeabilität frequenzabhängig, $\Delta \mu_{max}$ ist etwa 2% (vgl. S. 118). Im teilweise rekristallisierten Zustand ist die Nachwirkung $^1/_7$ der Nachwirkung im vollständig rekristallisierten Zustand, während $\Delta \mu_{max}$ $^1/_8$ des Wertes im rekristallisierten Zustand beträgt.

Einfluß plastischen Reckens. Durch plastisches Recken muß man nach diesen Befunden eine Herabsetzung der Nachwirkung erzielen können. Das rekristallisierte Band wurde um 1% gereckt; Spalte 5 zeigt, daß die Nachwirkung dadurch um 60% herabgesetzt wurde, und betrachtet man die Herabsetzung des $\Delta \mu_{max}$-Wertes von 16 auf 6%, so zeigt sich der gleiche Einfluß.

Das Band wurde noch weiter gereckt, und die rechte Spalte gibt das Meßergebnis an dem um 2,3% gereckten Band. Die frequenzabhängige Nachwirkung ist verschwunden und die frequenzabhängige Permeabilität auch. Man hat jetzt nur noch frequenzunabhängige Nachwirkung, also Jordansche Nachwirkung, und damit etwa die gleichen Verhältnisse wie im erholten Zustand (Spalte 2).

Bevor wir auf die weiteren, etwas verwickelten Befunde eingehen, soll kurz gezeigt werden, in welcher Weise wir eine Deutung unserer Meßergebnisse versucht haben. Solange unsere modellmäßigen Vorstellungen nicht unmittelbar experimentell geprüft werden können, sind diese Deutungsversuche allerdings nur als eine Arbeitshypothese anzusehen, die sich schon bald nach Beginn unserer Versuche als recht fruchtbar für deren weitere Durchführung erwiesen hat.

Ohne nähere Begründung sei der wesentliche Inhalt unserer Arbeitshypothese kurz zusammengefaßt.

Man nimmt bekanntlich an, daß die Anfangspermeabilität auf zwei Arten von Wandverschiebungen beruht, den „90°-Wandverschiebungen" und den „180°-Wandverschiebungen", d. h. den Wandverschiebungen zwischen spontan magnetisierten Gebieten, deren Magnetisierungsrichtungen sich um 90° bzw. um 180° unterscheiden[1]. Der größte Teil der Anfangspermeabilität läßt sich nach Becker nahezu quantitativ auf die 90°-Verschiebungen zurückführen[2]. Über den Anteil der 180°-Verschiebungen an der Anfangspermeabilität bestehen bisher keine klaren Vorstellungen. Es handelt sich dabei um die reversiblen 180°-Wandverschiebungen vor dem Einsetzen des Barkhausen-Sprunges, also vor dem Erreichen der kritischen Feldstärke. Wir nehmen an, daß die

---

[1] Vgl. z. B. S. 6 u. S. 7.
[2] Becker, R.: Physik. Z. **33**, 905 (1932).

Hysterese im RAYLEIGH-Gebiet von feindispersen Gitterstörungen herrührt, über die die 180°-Wände irreversibel hinweggeschoben werden. Dabei ergeben diese Wandverschiebungen in ihrem reversiblen Teil einen Beitrag zur Anfangspermeabilität[1].

Unsere Arbeitshypothese besteht nun in der Annahme, daß die frequenz- und temperaturabhängige Nachwirkung nur mit den 180°-Wandverschiebungen verknüpft ist, und daß der Elementarvorgang dieser Nachwirkung in thermischen Schwankungen der 180°-Wände zu suchen ist[2]. Dabei denken wir nur an die wenig gehemmten 180°-Wandverschiebungen, deren kritische Feldstärken bereits im RAYLEIGH-Bereich, also wesentlich unter der Koerzitivkraft liegen. Als Hemmungen dieser Wandverschiebungen kommen in erster Linie feindisperse Gitterstörungen, beispielsweise infolge eingelagerter Verunreinigungen (z. B. Sauerstoff und Kohlenstoff) in Betracht.

Auf die Art der thermischen Schwankungen der 180°-Wände wollen wir vorläufig gar nicht eingehen, da wir für unsere weiteren Betrachtungen zunächst nur vom ersten Teil unserer Arbeitshypothese Gebrauch machen, also von der Annahme, daß die frequenz- und temperaturabhängige Nachwirkung irgendwie mit den 180°-Wandverschiebungen verknüpft ist. Diese Annahme bedeutet, daß die Höhe der Glockenkurven der Nachwirkung ungefähr proportional ist der jeweils wirksamen Gesamtfläche aller 180°-Wände.

Zur Erklärung unserer Versuchsergebnisse nehmen wir also an, daß die Gesamtfläche der 180°-Wände entsprechend den gemessenen Höhen der Glockenkurven (zwischen 0 und 650⁰/₀₀) stark abhängt vom metallischen und — wie noch gezeigt wird — vom magnetischen Werkstoffzustand. Zur Begründung dieser Anschauung muß zunächst auf die Entstehungsursache der 180°-Wände eingegangen werden.

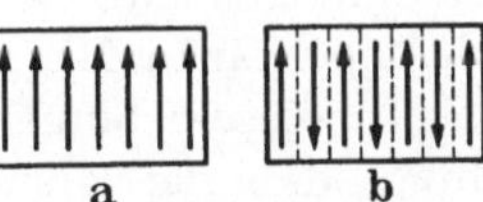

Abb. 6. Teilbereiche eines Ferromagnetikums ohne 180°-Wände (a) und mit 180°-Wänden (b).

Wir betrachten ein Teilgebiet unseres jungfräulichen Karbonyleisens, das infolge irgendwelcher Eigenspannungen eine geringe homogene Verzerrung aufweist, so daß eine der drei [100]-Achsen für die spontane Magnetisierung bevorzugt ist. Für den magnetischen Zustand eines solchen Teilgebietes sind nun zwei Grenzfälle denkbar. Entweder ist der ganze Teilbereich entsprechend Abb. 6a *parallel* spontan magnetisiert, oder er ist entsprechend Abb. 6b in mehr oder weniger einzelne gegeneinander *antiparallel* magnetisierte WEISSsche Bezirke „zerfasert". Im ersten Fall befinden sich in dem Teilgebiet keine 180°-Wände, im

---

[1] Vgl. Vortrag M. KERSTEN, Abschnitt 6, S. 61.

[2] Daß thermische Schwankungen als Ursache der hier beobachteten Nachwirkungsart anzusehen sind, hat auch RICHTER — allerdings ohne Angabe des hier vorgeschlagenen Modells — angenommen.

zweiten Fall sind, je nach dem Grade der Zerfaserung, mehr oder weniger 180°-Wände vorhanden. Eine der Ursachen, die zu einer derartigen Zerfaserung führen können, ist z. B. die folgende[1]. Da mit fortschreitender Zerfaserung der Entmagnetisierungsfaktor N, also auch die durch das entmagnetisierende Feld bedingte Energie $(2NJ_s^2)$, abnimmt, dagegen die gesamte Oberflächenenergie $\gamma \cdot F$ der Gesamtfläche F der 180°-Wände zunimmt, muß es für jede Temperatur einen stabilen Zustand mit einem bestimmten Grad der Zerfaserung und einer bestimmten Gesamtfläche der 180°-Wände geben. Ob sich dieser stabile Zustand wirklich einstellt, hängt natürlich wieder von weiteren Umständen, von der Temperatur und der Keimbildung ab.

Wir nehmen an, daß eine derartige Zerfaserung und Entstehung von 180°-Wänden nur in verhältnismäßig sauberen Kristallen ohne grobe Eigenspannungsschwankungen möglich ist, bei denen die Abmessungen der Teilgebiete entsprechend Abb. 6a und 6b sehr groß gegen die Dicke δ der 180°-Wände angenommen werden dürfen. Werden dagegen diese zerfaserten Teilgebiete des rekristallisierten Karbonyleisens durch eine plastische Verformung in zahlreiche kleine Teilgebiete mit stark schwankenden, groben Eigenspannungen aufgeteilt, so verschwinden auch die meisten 180°-Wände mindestens dann, wenn die Abmessungen der noch als homogen verspannt anzusehenden Bereiche nicht mehr sehr groß sind gegen die Wanddicke δ. An die Stelle der 180°-Wände treten dann 90°-Wände oder bei hinreichend starken Eigenspannungen auch Übergangsschichten zwischen beliebigen Richtungen der spontanen Magnetisierung.

In diesem Sinne erklären wir uns den in Abb. 5 dargestellten Befund, daß die Höhe der n-Maxima mit fortschreitender Verformung wieder fällt. Die in Abb. 5 eingezeichneten Skizzen sollen andeuten, wie ein Teilgebiet des Ferromagnetikums zunächst infolge der plastischen Verformung von engbenachbarten Gleitebenen durchzogen ist und erst nach merklicher Kornneubildung die Entstehung von 180°-Wänden ermöglicht wird, die dann durch Verformen wieder zum Verschwinden gebracht werden.

Es muß an dieser Stelle allerdings betont werden, daß unsere Beobachtungen über den Einfluß der Rekristallisation noch nicht dazu zwingen, die 180°-Wände als Ursache der Nachwirkung zu betrachten. Diese Arbeitshypothese ist erst durch die weiteren Befunde über den Einfluß des magnetischen Werkstoffzustandes nahegelegt worden. Diese stellen wir nur deshalb an den Schluß des Berichtes, weil sie wesentlich verwickelter sind als der übersichtliche Einfluß der Rekristallisation und Verformung.

---

[1] Weitere Ursachen siehe z. B. F. Bloch: Z. Physik **74**, 295 (1932) — L. Landau u. E. Lifschütz: Sowjet Phys. **8**, 153 (1935).

Abb. 7 zeigt in der gleichen vereinfachten Darstellungsweise wie Abb. 5 den Einfluß verschiedener magnetischer Zustände auf die Höhe der Glockenkurven der Nachwirkung und auf die Permeabilität von rekristallisiertem Karbonyleisen. Der metallische Zustand ist hier also festgehalten, lediglich der magnetische Zustand wird verändert.

Ganz links ist noch einmal der Befund für den jungfräulichen Zustand wiedergegeben. Die Skizze über der Kurve soll wieder andeuten, daß aus den angeführten Gründen eine gewisse Zahl von 180°-Wänden entstanden ist, die für die hohe Nachwirkung maßgebend sind.

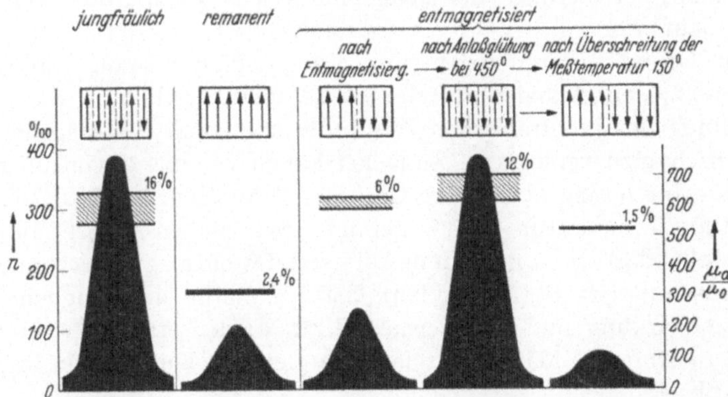

Abb. 7. Nachwirkung n und reversible Permeabilität μ des rekristallisierten Karbonyleisens in verschiedenen magnetischen Zuständen in schematischer Darstellung. (Glockenkurven: frequenzabhängige Nachwirkung; horizontale Geraden: Permeabilität. Höhe der schraffierten Fläche: Anteil der frequenzabhängigen Permeabilität $\Delta \mu_{max}$ in Proz.) (4. Spalte: Entmagnetisierter Zustand nach Anlaßglühung bei 450° (2 Std. H_2) vor Überschreitung der Meßtemperatur 150° C; 5. Spalte: nach Überschreitung der Meßtemperatur 150° C.)

Als nächster Zustand folgt die remanente Magnetisierung, die nach kurzzeitiger magnetischer Sättigung des Karbonyleisens zurückgeblieben ist. Die Messungen sind im Remanenzpunkt der Hystereseschleife genau in der gleichen Weise durchgeführt worden wie vorher im jungfräulichen Zustand. Für diesen Zustand ergibt sich gegenüber dem jungfräulichen Ausgangszustand ein starker Abfall der Nachwirkung auf etwa den vierten Teil. Auch die reversible Permeabilität und besonders deren Frequenzaufspaltung $\Delta \mu_{max}$ sind stark abgesunken.

Wir führen diesen Befund im Sinne unserer Hypothese auf die Ausrichtung der spontanen Magnetisierung bei der Sättigung zurück. In den einzelnen Teilbereichen bleibt diese Ausrichtung auch bei der Remanenz nahezu erhalten, so daß die meisten 180°-Wände beseitigt sind (vgl. schematische Skizze in Abb. 7).

Man sollte nun zunächst erwarten, daß nach der üblichen technischen Entmagnetisierung im Wechselfeld die Nachwirkung in der ursprünglichen Größe wieder zum Vorschein kommt. Tatsächlich bringt

diese Entmagnetisierung (dritter Zustand in Abb. 7) jedoch nur eine
geringe Erhöhung der Nachwirkung gegenüber dem Zustand der Remanenz. Dieser Befund läßt sich einigermaßen zwanglos wohl dadurch
erklären, daß die spontane Magnetisierung der einzelnen homogen verspannten Teilbereiche nach dem Entmagnetisieren entweder in der einen
Richtung oder in der anderen Richtung ihrer energetischen Vorzugslage
liegenbleibt. Das würde bewirken, daß nach dem Entmagnetisieren
wesentlich weniger 180°-Wände vorhanden sind als im jungfräulichen
Zustand. Zur thermischen Neubildung von Wänden, also zur nachträglichen „Zerfaserung" der Teilgebiete reicht offenbar die Meßtemperatur nicht aus.

Auf Grund unserer Arbeitshypothese schien es nun von großem
Interesse zu sein, lediglich durch eine Temperaturerhöhung die Wieder-
herstellung des jungfräulichen Zustandes und somit der ursprünglichen
Kurvenschar zu versuchen. Zunächst haben wir uns davon überzeugt,
daß dies durch eine kurzzeitige Glühung (5 Minuten bei 800°) oberhalb
der Curie-Temperatur 760° C gelingt. Wir haben jedoch außerdem
festgestellt, daß schon nach dem Anlassen des entmagnetisierten Karbonyleisens auf 450° C (2 Stunden) fast genau die ursprüngliche Höhe
der Nachwirkung und der Permeabilität wieder erreicht wird (vierte
Kurve in Abb. 7). Man erhält fast die gleichen Kurven wie in Abb. 1
und Abb. 3.

Wir führen diesen Befund darauf zurück, daß sich bei 450° C infolge der erhöhten Reaktionsgeschwindigkeit wieder eine größere Anzahl
von 180°-Wänden durch thermische Zerfaserung bildet. Überraschenderweise unterscheidet sich aber der neue Zustand vom ursprünglichen
jungfräulichen Zustand. Es scheint, daß die neu erzeugte größere Zahl
von 180°-Wänden nur im Sinne einer Unterkühlung, infolge der stark
verminderten Reaktionsgeschwindigkeit bei niedrigeren Temperaturen,
erhalten bleibt.

Wir stellen nämlich sowohl nach der Glühung bei 450° wie nach
der kurzzeitigen Glühung über dem Curie-Punkt (5 Minuten, 800°) fest,
daß die frequenzabhängige Nachwirkung nicht stabil ist. Wird nach
diesen Glühbehandlungen bei Temperaturen bis 150° C gemessen, so
erhält man zunächst die ursprünglichen Nachwirkungskurven (vgl.
Spalte 5); wird aber 160° C überschritten, so wird die Nachwirkung
rasch kleiner und ist bei +200° C fast vollständig verschwunden. Man
mißt darauf auch bei niedrigeren Temperaturen wesentlich kleinere
Werte (letzte Kurve in Abb. 7). Es ist bemerkenswert, daß gleichzeitig
die Permeabilität auf die Beträge absinkt, die in Abb. 4 durch den gestrichelten Verlauf angegeben sind.

Wir wollen auf diese thermische Labilität nicht näher eingehen. Sie
muß noch näher untersucht werden; es ist zu klären, ob eine längere

Glühung über dem Curie-Punkt wieder einen stabilen Zustand liefert oder ob etwa ein Zusammenhang mit der α-γ-Umwandlung des Eisens vorhanden ist. Daß es nicht in jedem Falle notwendig ist, die A_3-Umwandlung zu überschreiten, um einen stabilen Zustand herzustellen, zeigen die am teilweise rekristallisierten Zustand (bei 500°, vgl. Spalte 3 Abb. 5) erhaltenen Ergebnisse. Es wurde hier im jungfräulichen Zustand weder Labilität noch Alterung bemerkt. Auch der Einfluß der Glühatmosphäre, die beispielsweise den Gehalt an Verunreinigungen verändern kann, muß noch untersucht werden.

Diese Beobachtungen über den unterschiedlichen Einfluß der verschiedenen magnetischen Zustände auf die Nachwirkung werden vervollständigt durch Befunde über das Verhalten des Jordanschen Hysteresebeiwertes. Es sei kurz erwähnt, daß Jordansche Nachwirkung und Hysterese durch remanente Magnetisierung herabgesetzt und durch Entmagnetisierung erhöht werden[1]. Auf diese und weitere Befunde, insbesondere über das Verhalten der Hysterese im Temperaturbereich der Nachwirkungsmaxima, wird an anderer Stelle näher eingegangen werden[2].

Zum Schluß wollen wir wenigstens andeutungsweise etwas näher auf den zweiten Teil unserer Arbeitshypothese zurückkommen, also auf die Annahme, daß thermische Schwankungen der 180°-Wände als Ursache der Nachwirkung in Betracht kommen. Modellmäßig stellen wir uns das so vor, daß bei genügend hoher Temperatur schon vor Erreichen der einzelnen kritischen Feldstärken ein Teil der irreversiblen Wandverschiebungen thermisch angeregt wird. Beispielsweise können Barkhausen-Sprünge thermisch angeregt werden, deren kritische Feldstärke sogar den Scheitelwert des magnetischen Wechselfeldes übersteigt. Die von Richter unmittelbar aus den Versuchsergebnissen abgeleitete Verteilungsfunktion $(\varphi \ln (\tau))$ der Zeitkonstanten der nachwirkenden Bezirke stellt nach unserer Hypothese das kontinuierliche Frequenzspektrum dieser thermischen Schwankungen der 180°-Wände dar. Diese Verteilungsfunktion wäre also entsprechend dem Frequenzspektrum des Schrot-Effektes zu deuten, der bekanntlich ebenfalls auf thermischen Schwankungen beruht.

Zur Erklärung der Nachwirkungsmaxima, also des von Richter genauer ermittelten begrenzten Umfangs $\tau_{max}/\tau_{min} \sim 30$ dieses Frequenzspektrums[3] müßte man im Sinne unserer Hypothese annehmen, daß die für die thermischen Schwankungen maßgebenden feindispersen Gitterstörungen im Karbonyleisen besonders gleichmäßig verteilt sind. Nur unter dieser Voraussetzung wäre es möglich, daß bei bestimmten

---

[1] Vgl. R. Goldschmidt: Z. techn. Physik **11**, 454 (1930).
[2] Schulze, H.: Wiss. Veröff. Siemens **XVII, 2**, 39 (1938).
[3] Siehe S. 103.

Temperaturen und Frequenzen etwa gleichzeitig an *allen* Stellen der 180°-Wände die Schwankungen die Wahrscheinlichkeit bzw. Häufigkeit erreichen, die den Versuchsergebnissen entsprechen würde.

Dieser Werkstoffzustand wird bei unserem rekristallisierten Karbonyleisen vielleicht dadurch erzielt, daß die Gitterstörungen durch Sauerstoff, Kohlenstoff und ähnliche Verunreinigungen ihrem Betrage und ihrer räumlichen Dichte nach eine verhältnismäßig gleichmäßige Verteilung aufweisen. (Es ist bekannt, daß gerade bei Eisen solche Verunreinigungen besonders stark das magnetische Verhalten im Gebiet der Anfangspermeabilität beeinflussen.)

Sollte diese Anschauung zutreffen, so könnte die normale Jordansche Nachwirkung auf andersartige, örtlich stark schwankende Gitterstörungen zurückgeführt werden. Dieser normale Werkstoffzustand würde bewirken, daß bei jeder Temperatur in einem großen Temperaturbereich jeweils für einen Teil der 180°-Wände eine merkliche Schwankungswahrscheinlichkeit besteht.

Es muß ausdrücklich bemerkt werden, daß dieser zweite Teil unserer Arbeitshypothese durch weitere Überlegungen und Versuche noch näher verfolgt werden müßte. Wir haben einige befriedigende Abschätzungen über die praktisch möglichen, mit kT vergleichbaren Schwankungsenergien vorgenommen, müssen jedoch die Frage dieser thermischen Schwankungen noch als ungeklärt betrachten. Insbesondere wäre zu untersuchen, ob das Superpositionsprinzip[1] mit unseren modellmäßigen Annahmen hinreichend zwanglos in Einklang zu bringen ist.

---

[1] Siehe S. 113.

Der Zerfall der Mischkristalle in den Co-Ni-Cu-Legierungen im festen Zustand[1].

Von **G. Masing**-Göttingen.

Mit 6 Abbildungen.

I.

Die Beziehungen zwischen dem magnetischen Verhalten der metallischen Werkstoffe und ihrem metallographischem Feinbau sind so enge, daß es berechtigt erscheint, über ein rein metallographisches Thema im Rahmen der dem Ferromagnetismus gewidmeten Tagung zu berichten, trotzdem ferromagnetische Fragen im folgenden kaum berührt werden.

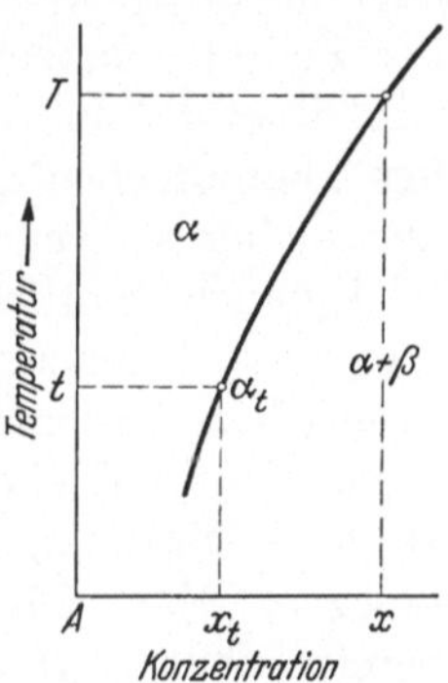

Abb. 1. Schema einer Ausscheidung aus einem übersättigten Mischkristall.

Wenn man eine Legierung der Zusammensetzung x (Abb. 1) von der Temperatur T, bei der sie als homogener α-Mischkristall vorliegt, abschreckt und eine genügende Unterkühlung erreicht, liegt sie bei tieferen Temperaturen zunächst als übersättigter Mischkristall vor. Beim „Altern" bei geeigneten tieferen Temperaturen wird dann die Übersättigung aufgehoben; im Endzustand des Gleichgewichts besteht die Legierung, etwa bei der Temperatur t, aus dem Mischkristall α_t der Sättigungskonzentration x_t und aus den ausgeschiedenen Kristallen einer zweiten β-Phase.

Die einfachste und natürlichste Vorstellung über den Ablauf dieses Ausscheidungsvorganges ist, daß zunächst sich Keime von β bilden, daß dann in ihrer Nähe sich die Sättigungskonzentration x_t einstellt, und daß diese Keime dann weiterwachsen, indem in den α-Mischkristallen Diffusion stattfindet und auf diese Weise in die an B verarmten Nachbargebiete der Keime das nötige B nachgeliefert wird. Aus dieser Vorstellung ergibt sich, daß die Konzentration der α-Mischkristalle sich im Verlauf der Ausscheidung stetig von x bis x_t ändert.

---

[1] Vgl. E. Volk, W. Dannöhl u. G. Masing: Die Entmischungsvorgänge in Co-Cu-Ni-Legierungen im festen Zustand; erscheint demnächst in Z. Metallkde.

In den mittleren Stadien des Ausscheidungsvorganges müssen nach Art der Zonenkristalle alle dazwischenliegenden Konzentrationen vertreten sein.

Im Röntgenbild ist demnach zu erwarten, daß zunächst im abgeschreckten Metall die Gitterparameter der x-Konzentration beobachtet werden, daß dann, entsprechend der Konzentrationsänderung bis x_t eine Verbreiterung dieser Linien etwa bis zu der x_t entsprechenden Lage eintritt und zuletzt nur noch die x_t-Linien vorhanden sind.

Es gibt Fälle, wo die Röntgenuntersuchung ein solches Bild ergibt[1]. Es kommt aber bekanntlich auch vor, daß der Röntgenbefund ein ganz anderer ist. Im Verlauf der Ausscheidung sieht man nebeneinander die den Konzentrationen x und x_t entsprechenden Linien, die sich in ihrer Lage nicht verschieben, wohl aber in ihrer Intensität, so daß die x_t entsprechende Linie immer stärker wird und zuletzt nur noch allein zu sehen ist[2]. Eine Schwärzung zwischen der Anfangs- und der Endlage der Linien ist nicht mit Deutlichkeit wahrzunehmen. Der Befund ist aber natürlich nicht scharf genug, um das Auftreten geringer Mengen der Zwischenkonzentrationen zu verneinen.

Dieser Befund des unstetigen oder, wie man ihn wohl öfter nennt, des „heterogenen" Verlaufs einer Ausscheidung ist überraschend und als solcher schwer zu verstehen.

Einen wesentlichen Fortschritt brachte deshalb die nach und nach von verschiedenen Seiten gemachte Feststellung an Hand der mikroskopischen Untersuchung, daß der Ausscheidungsvorgang in diesem Falle nicht auf einmal in der ganzen Probe stattfindet, sondern sehr ausgesprochen zonenweise, und zwar meistens ausgehend von den Korngrenzen. Man sieht dann im Schliffbild sehr deutlich zwei Teile, eine bereits völlig zerfallene Randzone in der Nähe der Korngrenzen und eine zweite in der Mitte der Kristallite, ohne sichtbare Anzeichen einer Ausscheidung[3].

Der „heterogene" Röntgenbefund ist dann einfach darauf zurückzuführen, daß beide Teile, die Randzone und die Mitte der Kristallite,

[1] Sachs, G.: Metallwirtsch. **8**, 671—680 (1929). — Gayler, M. G. V., u. G. D. Preston: J. Inst. Met., Lond. **48**, 197—219 (1932 I). — Schmid, E., u. G. Wassermann: Metallwirtsch. **9**, 421—424 (1930). — Stenzel, W., u. J. Weerts: Metallwirtsch. **12**, 353—356, 369—374 (1933). — Ganz gleichartig verhalten sich nach neueren Versuchen von E. Schmid u. G. Siebel: Aluminium-Magnesiumlegierungen. Metallwirtsch. **13**, 765—768 (1934). — Wassermann, G.: Z. Metallkde. **22**, 158—160, 160—162 (1930).

[2] Ageew, N., M. Hansen u. G. Sachs: Z. Physik **66**, 350—376 (1930). — Wiest, P.: Metallwirtsch. **12**, 47—48 (1933). — O'Neill, H., u. G. S. Farnham: J. Inst. Met., Lond. **52**, 75—84 (1933 II). — Köster, W., u. W. Dannöhl: Z. Metallkde. **28**, 248 (1936).

[3] Köster, W., u. W. Dannöhl: a. a. O. — Dehlinger, U.: Z. Metallkde. **27**, 209 (1935).

gleichzeitig beobachtet werden. Man durchleuchtet gewissermaßen zwei Proben gleichzeitig.

Eine in vieler Beziehung wertvolle Ergänzung der Röntgenbefunde hat in den letzten Jahren die magnetische Untersuchung gebracht[1]. Aber auch diese Methode ist *ausgesprochen makroskopisch*; der „heterogene" Charakter der Ausscheidung, wie er durch diese Methode zuweilen aufgezeigt wird, ist ähnlich zu erklären wie der Röntgenbefund.

In den typischen Fällen des „heterogenen" Zerfallverlaufs ist stets durch die mikroskopische Untersuchung festgestellt worden, daß im Werkstoff nebeneinander etwa die Anfangs- und die Endstadien des Zerfalls vertreten sind. In keinem Fall ist deshalb der heterogene Verlauf der Ausscheidung bisher als elementarer Prozeß nachgewiesen worden. Wie der Verfasser an Hand der Kurven des thermodynamischen Potentials gezeigt hat[2], ist der mehrphasige Zerfall eines Mischkristalls bei starker Übersättigung grundsätzlich möglich. Es besteht jedoch auf Grund der bisherigen experimentellen Ergebnisse keine Veranlassung, einen solchen Elementarzerfall anzunehmen. Es spricht nichts dagegen, für die Ausscheidung selbst bei mäßigen Übersättigungen den anfangs geschilderten normalen stetigen Verlauf anzunehmen.

Damit verschiebt sich das Problem ganz erheblich. Es handelt sich nicht mehr um den primären Mechanismus der Ausscheidung, sondern um die Frage, warum und wieso die Ausscheidung an den Korngrenzen soviel schneller verläuft als im Innern des Kristalles. Mikroskopische Beobachtungen zeigen hierbei, daß die zerfallene Zone von den Grenzen aus in das Innere des Kristalls weiterwächst. Der Zerfall findet also jeweils an ihrer Front statt. Diesen Befund bezeichnet U. DEHLINGER[3] als „autokatalytische Beschleunigung des Zerfalls", indem er in Berührung mit *den* Stellen bevorzugt einsetzt, wo er vorher schon angefangen hatte. Es handelt sich darum, diese Autokatalyse zu verstehen.

Es unterliegt keinem Zweifel, daß die ersten Beobachtungen des „heterogenen" Zerfalls auf den primären Vorgang zurückgeführt wurden; in den meisten Darstellungen des Tatbestandes wird von ihm als von einem „Elementarfall" gesprochen, während es sich um einen verhältnismäßig groben Effekt handelt. Es scheint deshalb dringend erwünscht, die Bezeichnungs- und Darstellungsweise so zu wählen, daß jene Verwechslung nicht mehr stattfinden kann.

II.

Während die theoretischen Schwierigkeiten bisher darin bestanden haben, daß bei der Ausscheidung aus übersättigten Mischkristallen ein

---

[1] GERLACH, W.: vgl. z. B. Z. Metallkde. **28**, 80 (1936); **29**, 102, 124 (1937).

[2] MASING, G.: Z. angew. Chem. **49**, 907 (1936).

[3] Vgl. z. B. Z. Metallkde. **29**, 401 (1937).

Vorgang, den man als stetig anzunehmen hätte, im Röntgenbild und mit Hilfe der magnetischen Analyse unstetig (heterogen) erschien, liegen im vorliegenden Falle, bei den Co-Ni-Cu-Legierungen, die Verhältnisse gerade umgekehrt: das Röntgenbild zeigt einen stetigen Ablauf eines Entmischungsvorganges, wo man einen unstetigen zu erwarten hätte.

Die untersuchten Legierungen liegen auf dem Schnitt mit 25 % Ni und sind in Abb. 2 durch Kreise gekennzeichnet. Die ausgezogene Kurve stellt die Löslichkeitsgrenze bei etwa 1100°, die gestrichelte bei etwa 500° dar. Die geraden Linien geben die ungefähre Lage einiger Konoden bei den jeweils angegebenen Temperaturen wieder.

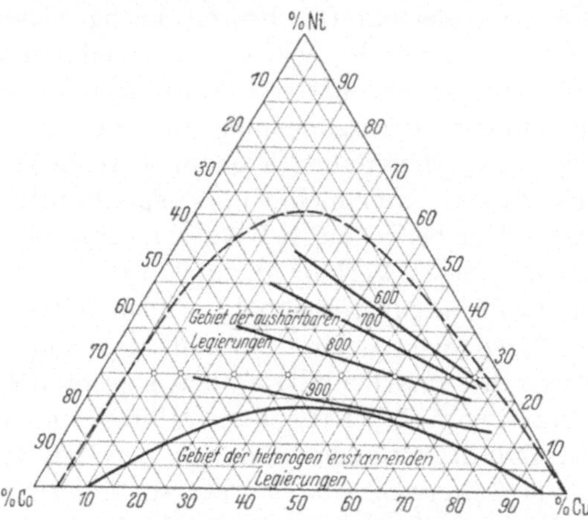

Abb. 2. Konstitutionsdiagramm der Cu-Ni-Co-Legierungen.

Abb. 3 gibt die Röntgenaufnahmen der Legierung mit 45 % Cu nach verschiedenen thermischen Vorbehandlungen wieder. In Abb. 3a sieht man die etwas verbreiterten Punkte der (222)-Reflexe des homogenen übersättigten Mischkristalls, in Abb. 3e etwa den Endzustand bei 750° nach erfolgter Entmischung. Aus den Abb. 3b und c sieht man, wie diese Entmischung im Verlauf der Anlaßbehandlung fortschreitet. Man sieht, daß das durchaus stetig erfolgt. Nach 1 Stunde Erhitzung auf 600° (Abb. 3b) ist der Reflexpunkt des Mischkristalls verbreitert.

Nach 4 Stunden Erhitzung bei 600° (Abb. 3c) ist diese Verbreiterung schon so groß geworden, daß sie die Endlage der Reflexe mitumfaßt. Teilweise deuten sich dort schon neue Maxima an. Zum Teil ist die Intensität der Linie über ihre ganze Breite gleich oder zeigt in der Mitte ein schwaches Maximum. Nach $^1/_2$ Stunde Erhitzung bei 750° (Abb. 3d) ist von einer Reflexion zwischen den neuen Maxima nichts mehr zu sehen.

Es war in diesem Falle notwendig, zur Untersuchung die letzten Linien heranzuziehen und sich der Rückstrahlaufnahmen zu bedienen, da die Unterschiede der Gitterkonstanten vor und nach der Entmischung nur gering sind. In der Tat ist a für Co $= 3{,}53$ Å, für Ni $= 3{,}517$ Å und für Cu $= 3{,}608$ Å. Bei der Entmischung machen die Unterschiede nur einen Bruchteil der angegebenen, also wohl nicht mehr als 1,5 bis 2 %

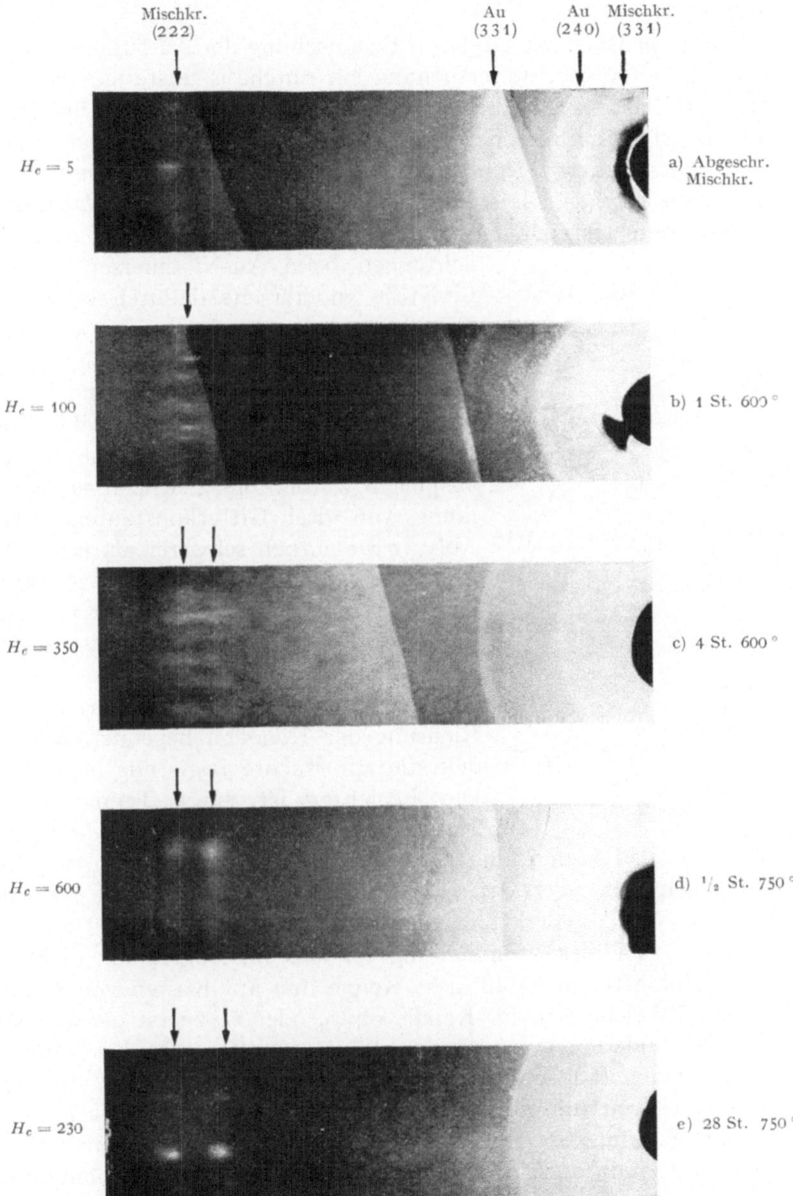

Abb. 3.   Das Röntgenbild während der Entmischung von Leg. 45 beim Anlassen bei 600° und 750°.

aus, während bei Au-Ni der Unterschied der Gitterkonstanten über 12%
beträgt.

Im Gegensatz zur analogen Entmischung der Au-Ni-Mischkristalle[1],
bei der die Röntgenuntersuchung ein durchaus unstetiges Bild ergibt,
auf der neben der Linie der Anfangskonzentration des übersättigten
Mischkristalls die Linien der beiden Endkonzentrationen wahrzunehmen
sind, sind die vom Röntgenbild gezeigten Konzentrationsänderungen
hier ganz stetig. Es ist allerdings darauf hinzuweisen (worauf mich
insbesondere Herr Dr. BUMM aufmerksam gemacht hat), daß die Beobachtungen beim Au-Ni einerseits und beim
Co-Ni-Cu andererseits dadurch schwerer vergleichbar werden, daß es sich bei Änderung
der Gitterkonstanten um Vorgänge ganz verschiedener Größenordnungen handelt. So ist
darauf hinzuweisen, daß, wenn der Vorgang
sich in Wirklichkeit ebenso wie bei Au-Ni
abspielen würde, die gleichzeitige Wahrneh-
mung von drei Gitterkonstanten etwa auf
Abb. 3c wesentlich schwerer als im Falle der
weit auseinander liegenden Reflexe wäre. An
dem stetigen Verlauf der Entmischung im
Falle der Co-Ni-Cu-Legierungen ist aber doch
wohl nicht zu zweifeln.

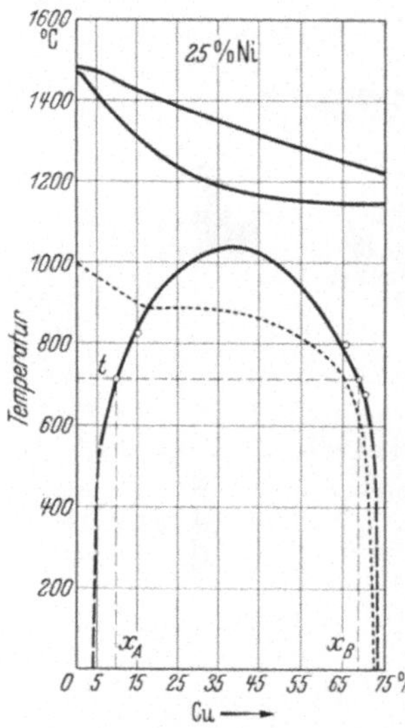

Abb. 4. Schnitt mit 25% Ni.

Betrachten wir den schematischen, in
Richtung der Konoden liegenden Schnitt, in
dem die untersuchte Legierung liegt (Abb. 4).
Die Legierung ist durch Tempern bei der
Temperatur t in zwei Mischkristalle x_A und x_B
zerfallen. Auf Grund aller bisherigen Erfahrungen mit Ausscheidungsvorgängen aus übersättigten Mischkristallen wird man sich diesen
Vorgang so vorstellen, daß zunächst Keime von x_B oder von x_A entstehen, wobei dieser Entstehungsvorgang im Augenblick nicht näher
betrachtet wird, und daß diese Keime nun auf Kosten von x wachsen
werden. Welche Art der Keime, ob x_A oder x_B zuerst als wachstumsfähige Gebilde entstehen werden, hängt ganz von den Konzentrations-
verhältnissen und den molekularen Beweglichkeiten ab. Wir nehmen
an, daß es sich um Keime x_B handelt. Während diese wachsen, kann
sich die Zusammensetzung von x, indem dieser Kristall an B verarmt,
stetig der Konzentration von x_A nähern. Die stetige Veränderung der
Gitterkonstanten nach der *einen* Seite ist also durchaus verständlich,
nicht aber gleichzeitig nach zwei Seiten.

---

[1] KÖSTER, W., u. W. DANNÖHL: a. a. O.

Man braucht jedoch nur anzunehmen, daß in den unterkühlten Mischkristallen, etwa infolge thermischer Konzentrationsschwankungen, Keime beider Art auftreten, also sowohl der Konzentration x_A als auch x_B, um jenen Befund zu erklären. Dann wird sich im Verlauf der weiteren Ausscheidung in der Umgebung eines Keimes von x_A annähernd die Konzentration x_B einstellen, und in der Umgebung eines Keimes von x_B umgekehrt etwa die Konzentration x_A. Im übersättigten Mischkristall wird dann ein Konzentrationsausgleich durch Diffusion zwischen den obigen Grenzkonzentrationen einsetzen, wobei auch alle Zwischenkonzentrationen durchlaufen werden müssen. Dem muß eine stetige Verschiebung der DEBYE-Linien entsprechen.

Es liegt nahe, einen derartigen Entmischungsvorgang im Zusammenhang mit der von U. DEHLINGER und R. BECKER angeschnittenen Frage der „negativen Diffusion" zu betrachten. In der Formulierung von U. DEHLINGER handelt es sich etwa um folgendes[1]. Man nehme an, daß infolge von thermischen Schwankungen in einem unterkühlten Mischkristall kleine Konzentrationsunterschiede bestehen. Wenn in ihm ferner etwa VAN DER WAALSsche Anziehungskräfte geeigneter Art bestehen, werden diese Konzentrationsunterschiede das Bestreben haben, sich zu vergrößern, im Konzentrationsgefälle wird also eine Wanderung der Atome in Richtung von niedrigeren zu höheren Konzentrationen einsetzen. Wenn dieser Vorgang noch den Namen „Diffusion" beanspruchen soll, so muß er sich stetig über — den molekularen gegenüber — große Gebiete abspielen. Es ist fraglich, ob ein solcher stetiger Vorgang thermodynamisch möglich ist und er sich nicht alsbald in eine Reihe diskreter Zerfallsvorgänge von molekularen oder beinahe molekularen Abmessungen auflösen wird. In solchen Zusammenhängen wird die „negative Diffusion" von R. BECKER betrachtet[2], wobei dieser Name dann für den Vorgang allerdings ganz unberechtigt ist. Man sollte einen solchen Vorgang, der in diesen typischen Ausbildungsformen dadurch gekennzeichnet ist, daß die Unterkühlung so stark ist, daß Keime bereits molekularer Abmessungen beständig sind, lieber etwa als „keimlosen Zerfall" bezeichnen. Diese Bezeichnung werden wir im folgenden benutzen.

Wenn auch der eben geschilderte stetige Befund des Röntgenversuchs durch Annahme eines entsprechend stetigen Ablaufs des Entmischungsvorganges, wie oben angegeben, erklärt werden kann, wobei angenommen wird, daß der Röntgenbefund wirklich reell ist in dem Sinne, daß die Gebiete einheitlicher Konzentrationen im Verlauf der Ausscheidung und Diffusion so groß sind, daß sie im Röntgenlicht wahrnehmbare Gitterkonstanten liefern, erscheint es sehr wahrschein-

---

[1] DEHLINGER, U.: Z. Physik **102**, 633 (1936).
[2] BECKER, R.: Z. Metallkde. **29**, 245 (1937).

lich, daß der Zerfall der betrachteten Mischkristalle in Wirklichkeit ganz anders abläuft. Die sehr starke Unterkühlung im Verlauf der Ausscheidung bei 600°, die etwa 400° beträgt und einer Übersättigung von etwa 25% nach der einen und von 40% nach der anderen Seite entspricht, spricht dafür, daß hier alle Voraussetzungen für den Becker-schen keimlosen Zerfall gegeben sind.

Ein solcher Zerfall ist ja grundsätzlich nichts Neues und nach den Versuchen von J. Hengstenberg und Wassermann[1] vom Duralumin her bekannt. Sie konnten zeigen, daß bei der Aushärtung des Duralumins keine Veränderung der Schärfe und der Lage der Debye-Linien auftrat, daß sie jedoch Intensitätsänderungen aufwiesen, die durch eine Bildung von Gruppen von Cu-Atomen erklärt werden konnten, wenn auch die theoretische Erörterung noch nicht streng durchgeführt werden konnte. Kurze Zeit zuvor hatte G. Tammann[2] die Auffassung ausgesprochen, daß der primäre Vorgang der Aushärtung in einer Anhäufung der im Mischkristall gelösten Atome auf Gittergeraden sein müsse. Bekanntlich ist dieser Befund dann in der Weise interpretiert worden[3], daß die Röntgenanalyse diese Verschiebung der Kupferatome nicht wahrnehmen kann, da sie noch innerhalb des übersättigten Mischkristalls stattfindet und übrigens die entstehenden an Kupfer angereicherten Gruppen so klein sind, daß sie weit innerhalb des Kohärenzbereichs des Röntgenstrahls liegen und innerhalb dieses die Konzentration bei der Röntgenbeobachtung gemittelt wird. Bei gewöhnlicher Temperatur findet im Duralumin noch keine Diffusion statt. Die Lagenänderung der Kupferatome kann deshalb nur durch Affinitätskräfte hervorgerufen werden[4]. Eine Schätzung hat ergeben, daß die Zahl der Kupfergruppen aus zwei und drei Atomen, die nach *einem* Platzwechsel entstehen, genügend groß erscheint, um etwa die auftretende Härtesteigerung grundsätzlich verständlich zu machen[5]. Solche Affinitätskräfte können sich nur auf kürzeste atomare Entfernungen auswirken. Es ist deshalb anzunehmen, daß nur diejenigen Kupferatome Platzwechsel ausführen, bei denen ein Platzwechsel bereits zu einem erheblichen Energiegewinn, also zur verlangten Gruppierung führt. Es ist fernerhin verständlich, daß die so erreichte Gruppierung zeitlich beständig ist, da weitere Platzwechsel ja wesentlich nur im Sinne der gewöhnlichen Diffusion ohne Betätigung von erheblichen Affinitätskräften erfolgen sollten.

---

[1] Hengstenberg, J., u. G. Wassermann: Z. Metallkde. **23**, 114 (1931).
[2] Tammann, G.: Z. Metallkde. **22**, 365 (1930).
[3] Vgl. z. B. G. Masing: Z. Elektrochem. **37**, 414 (1931).
[4] Masing, G.: Z. angew. Chem. **49**, 907 (1936).
[5] Masing, G.: Trans. Amer. Inst. Min. Metallurg. Engr. Inst. Met. Div. **104**, 13 (1933).

In einer Legierung wie das Duralumin, das nur etwa 2 Atom-% Cu enthält, kann die Zahl der so entstehenden Kupfergruppen (Knots in der Formulierung von P. MERICA[1]) nur gering sein. Wenn jedoch die Legierung, wie im Falle der betrachteten Co-Cu-Ni-Legierung, 45% Cu enthält, wobei der Zerfall in der Hauptsache durch Verschiebung der Kupferatome erfolgt, muß ein analoger Vorgang zur Bildung von einer sehr großen Anzahl kleiner Gruppen atomistischer Dimensionen, die wesentlich an Kupfer angereichert oder verarmt sind, führen, wobei nach einem solchen Vorgang der Mischkristall sogar in der *Hauptachse* aus solchen Gruppen bestehen wird.

An der beobachteten Lage der DEBYE-Linien wird sich trotzdem nichts ändern, da die Entmischung viel zu fein dispers ist, um wahrgenommen werden zu können. Der Kohärenzbereich für die Röntgenstrahlen wird so groß sein, daß innerhalb desselben eine vollständige Mittelung der Konzentration erfolgen kann.

Es ist jedoch klar, daß solche Gruppenbildungen eine starke Verschiebung der Intensitäten erwarten lassen. Es ist beabsichtigt, dieser Frage weiter nachzugehen.

Die durch einen solchen „keimlosen Zerfall" entstehenden Gruppen sind so klein, daß es noch keinen Sinn hat, von ihrer Konzentration zu sprechen. Es mögen jedoch hierbei Bezirke von 3—5—10 Atomen entstehen, die wesentlich aus Kupfer bestehen oder wesentlich frei von Kupfer sind.

Beim weiteren Tempern wird der normale Entformungsvorgang dieser Gruppen durch Diffusion einsetzen, die nun im wesentlichen ohne Betätigung von Affinität erfolgt. Die Gruppen werden also nach und nach größer werden, und ihre Durchschnittszusammensetzung wird sich nach und nach immer mehr den Grenzkonzentrationen x_A und x_B (Abb. 4) nähern. Mit der Vergrößerung der einzelnen kupferarmen und kupferreichen Bezirke wird ihre Zahl innerhalb des Kohärenzbereiches sinken, d. h. die röntgenoptische Mittelung der Konzentrationen wird immer unvollkommener werden. Neben Bezirken, die die ursprüngliche Durchschnittskonzentration und demnach die ursprüngliche Gitterkonstante aufweisen, werden im steigenden Maße Kohärenzbereiche mit abweichenden Durchschnittskonzentrationen auftreten, und zwar nach beiden Konzentrationsrichtungen hin. Man wird also im Röntgenbild eine stetige Verschiebung der Gitterkonstanten beobachten, genau dem oben geschilderten Ergebnis entsprechend.

Es liegt hier ein Fall vor, wo der Röntgenbefund nicht fein genug ist, um den Elementarvorgang zu erfassen. Wollte man auf Grund dieses Befundes den Elementarvorgang beurteilen, so könnte man sagen,

---

[1] MERICA, P.: Trans. Amer. Inst. Min. Metallurg. Engr. Inst. Met. Div. **99**, 591, 604 (1932).

daß der Röntgenversuch einen stetigen Vorgang „vortäuscht", wo dieser im Atomistischen in Wirklichkeit unstetig ist.

Da die obigen Überlegungen allgemeinen Charakter haben, ist anzunehmen, daß sie für viele Fälle der Aushärtung und des Zerfalls von übersättigten Mischkristallen eine grundsätzliche Bedeutung haben werden.

Hierbei ist zuzugeben, daß der Röntgenbefund infolge der Notwendigkeit, die letzten Linien zu benutzen, nicht so scharf ist, wie es wohl wünschenswert wäre. Es ist also noch nicht mit voller Sicherheit erwiesen, daß der zuletzt erörterte Elementarfall bei den Co-Ni-Cu-Legierungen sauber verwirklicht worden ist.

III.

Der mikroskopische Befund ist bei der Entmischung der Co-Ni-Cu-Legierungen durchaus ähnlich dem von U. Dehlinger und Bumm bei Be-Cu beobachteten[1]. Während der Erhitzung auf 600° sieht man im Schliffbild des homogenen Mischkristalls keine Veränderung. Nach einer Erhitzung der Legierung mit 25 % Cu während 2 Stunden auf 750° ist die Hauptmasse noch mikroskopisch homogen, an die Korngrenzen hat sich jedoch eine grobe heterogene Zone gebildet. Das Röntgenbild zeigt einen schon abgeschlossenen Zerfall in den Endphasen. Bei weiterem Erhitzen auf 780° wächst die grobe Entmischungszone in das Innere der Kristallite, jedoch nicht unbegrenzt. Nach einiger Zeit hört das Wachstum auf; zu gleicher Zeit machen sich in der inneren Zone mikroskopische Anzeichen der Heterogenität bemerkbar (Abb. 5).

Für den Ausscheidungsvorgang bei Be-Cu haben Dehlinger und Bumm die Vermutung geäußert, daß die Entstehung der groben heterogenen Struktur an den Korngrenzen auf Störungen infolge von Spannungen zurückzuführen sei. Das ist unwahrscheinlich, weil die Grenzen, bis zu denen sich dieses grobe Wachstum fortsetzt, bei Co-Ni-Cu im einzelnen gar nicht den Korngrenzen folgen (Abb. 6). Vielmehr erhält man den Eindruck von drusenförmigen Kristallgruppen, deren Wachstum aus anderen Gründen aufgehört haben muß. In Wirklichkeit dürfte sich der Vorgang so abspielen, daß zunächst der „keimlose Zerfall" im ganzen Kristall erfolgt. Infolge der erhöhten molekularen Beweglichkeit an den Kristallgrenzen ballen sich dort größere Keime zusammen. Diese Keime haben eine größere thermodynamische Stabilität als die molekular-dispersen Gruppen im Innern des Kristalls; deshalb wachsen die ersteren begierig auf Kosten der letzteren. Inzwischen findet im Innern auch ein langsamer Einformungsvorgang statt. Nachdem infolge dieses Vorganges die Dispersität gesunken ist, wird auch der Stabilitäts-

---

[1] Bumm, H.: Metallwirtsch. **14**, 429 (1935).

unterschied zwischen der Rand- und der Kernzone zu gering, um das weitere Wachstum der ersteren zu ermöglichen[1].

In diesem Falle kann man von einer „autokatalytischen Beschleunigung" der Entmischung an der Front der groben Randzone nicht sprechen, da die Entmischung im Innern während des Wachstums der letzteren schon abgeschlossen ist.

Wesentlich anders liegen die Verhältnisse bei solchen Legierungen, wie Au-Ni oder Ag-Cu. Hier vollzieht sich ja der Zerfall anscheinend tatsächlich nur oder hauptsächlich von den groben Randzonen aus, während das Innere noch übersättigt homogen bleibt. Hier ist es durchaus sinnvoll, von einer autokatalytischen Beschleunigung der Ent-

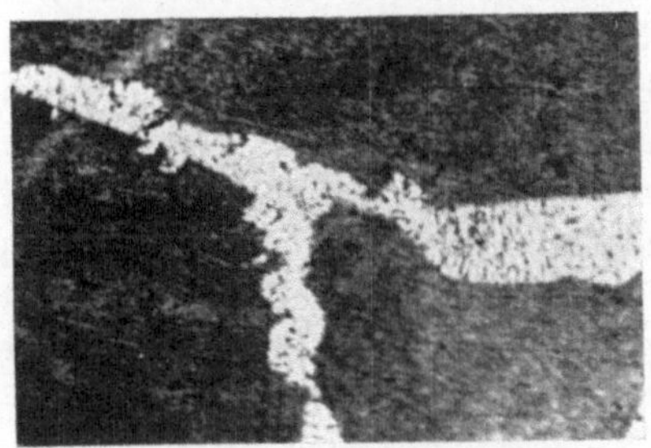

Abb. 5. 25% Cu, 4 St. auf 750° erhitzt.

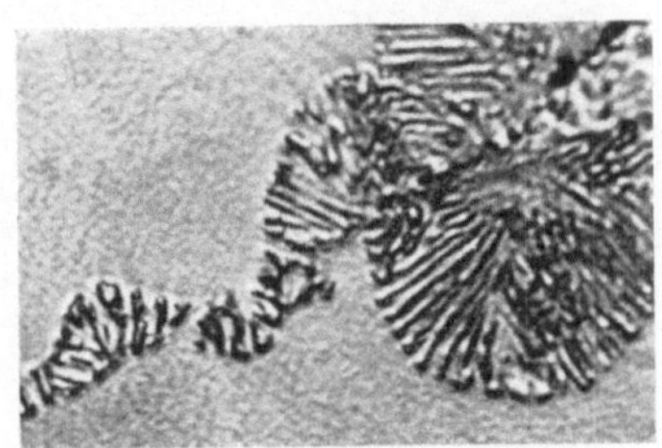

Abb. 6. 45% Cu, 4 St. auf 750° erhitzt.

mischung zu sprechen. Ihre Ursache dürfte in einer Störung infolge der die Entmischung begleitenden starken Änderung der Gitterkonstanten liegen. Das äußert sich z. B. darin, daß die sich entmischenden Kristallite nicht erhalten werden, sondern wohl durch Rekristallisation in eine Vielheit von neuen Kristalliten zerfallen. Es ist ja auch aus manchen anderen Beobachtungen bekannt, daß Diffusion einerseits eine Formänderung und andererseits Rekristallisation zur Folge haben kann.

Derartige Störungen, die in einer plastischen Verformung bestehen oder ihr gleichkommen, werden natürlich immer nur an der Stirnfläche der sich entmischenden Kristallitenfront auftreten. Eine plastische Verformung beschleunigt aber die Diffusion außerordentlich. An der Front der groben Entmischungszone wird deshalb die Entmischung viel eher eintreten als im ungestörten Innern.

Die bekannte Erscheinung, daß die „röntgenometrisch heterogene" Entmischung bei Ag-Cu-Legierungen nur auftritt, wenn diese vielkristallin sind, nicht jedoch beim Einkristall[2], ist keine Widerlegung der obigen Anschauung. Zur „Autokatalyse" gehört es, daß der Vor-

---

[1] In ähnlichem Sinne hat sich Dehlinger neuerdings geäußert, vgl. Z. Metallkde. **29**, 401 (1937).

[2] Wiest, P: Z. Physik **81**, 121 (1933).

gang irgendwo in der groben Ausscheidungsform begonnen haben muß. Die Bedingungen hierfür liegen an den Korngrenzen oder an verformten Stellen. Liegen solche gestörte Stellen nicht vor, so wird eben die „Katalyse" ausbleiben und es wird der ungestörte homogene Zerfall im Innern stattfinden. Erfahrungsgemäß verläuft die Entmischung des Einkristalls bei Ag-Cu-Legierungen tatsächlich sehr viel langsamer als die des polykristallinen Materials.

Die Hauptvoraussetzung für einen „röntgenometrisch heterogenen" Zerfall besteht demnach in einem genügenden Unterschied der Gitterkonstanten zwischen dem übersättigten Mischkristall und der heterogenen Legierung. Eine zweite Voraussetzung ist eine geeignete „Störungs"-Stelle, von der aus die grobe Ausscheidung einsetzen kann.

Wie man aus Abb. 3 sieht, bleiben im Falle der Co-Ni-Cu-Legierungen die Kristalle bei der Entmischung in ihrer ursprünglichen Orientierung erhalten. Der Vorgang ist also in diesem Falle, entsprechend dem geringen Unterschied der Gitterkonstanten, tatsächlich ungestört. Daraus ist zu schließen, daß der Entmischungstypus, wie er bei Co-Ni-Cu und Be-Cu beobachtet worden ist, einen Elementarfall darstellt, im Gegensatz zu Ag-Cu und Au-Ni, bei denen ein gestörter Fall vorliegt.

Die Analyse
der Ausscheidungshärtung
mit ferromagnetischen Messungen.

Von WALTHER GERLACH-München.

Mit 16 Abbildungen.

Bei Versuchen über die Magnetisierung in der Nähe der tiefliegenden CURIE-Punkte von übersättigten ferromagnetischen Mischkristallen stieß ich durch Zufall auf eine merkwürdige Erscheinung. Die schwache Magnetisierung in der Nähe des CURIE-Punktes war mit einem Anstieg der Koerzitivkraft verbunden. Es ergab sich, daß diese Koerzitivkraft einer in nur sehr geringen Mengen vorhandenen ferromagnetischen Phase mit hoher Koerzitivkraft und hoher CURIE-Temperatur zukommt, also offenbar mit der Ausscheidungshärtung zusammenhängt. Die darauf vorgenommenen systematischen Versuche ergaben, daß in der Tat ein Teil der übersättigten Mischkristalle schon in der Ausscheidung begriffen war. So folgte hieraus, daß ferromagnetische Messungen bei höheren Temperaturen, vor allem aber in der Nähe des oder der Curietemperaturen ein sehr brauchbares Mittel zur Analyse von Ausscheidungsvorgängen darstellen.

Ich berichte zunächst über die ferromagnetischen Grundlagen, dann über die aus solcher ferromagnetischen Analyse zu erhaltenden metallkundlichen Größen und schließlich über einige der mit ihr erhaltenen Ergebnisse.

I. Ferromagnetische Grundlagen.

a) Die Abhängigkeit der Magnetisierung (sämtliche Messungen beziehen sich auf die Magnetisierung I und nicht auf die Induktion B) von der magnetisierenden Feldstärke bei konstanter Meßtemperatur T, dargestellt in der Hysterese, liefert die spezifische technische Sättigung $I_{\infty T}$ und die Koerzitivkraft H_c (Abb. 1). Die wahre Remanenz erhält man erst nach der Scherung. Die Form des Übergangs zwischen Remanenz I_R und Koerzitivfeld H_c kann wichtige Aussagen über Spannungen mit Vorzugsrichtung machen, die wir im folgenden aber noch nicht verwerten.

b) Bei hohen Feldstärken und empfindlicher Messung der Magnetisierung zeigt sich auch bei sehr weichem Material eine ständige Zunahme der letzteren, bei Temperaturen genügend weit unter und genügend weit über der Curie-Temperatur Θ und Feldstärken bis zu

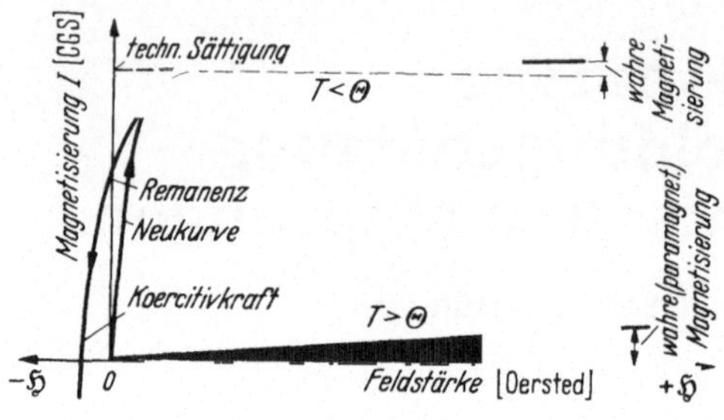

Abb. 1. „Technische" und „wahre" Magnetisierung.

einigen zehntausend Oersted linear mit der Feldstärke. Diese Magnetisierung nennt man nach P. Weiss „wahre Magnetisierung", um sie von der „technischen", welche mit der Erreichung der technischen Sättigung beendet ist, zu unterscheiden (Abb. 1). Die Größe der wahren Magnetisierung erreicht in der Nähe der Curie-Temperatur auch in Feldern bis etwa 2000 Gauß Beträge, die schon vergleichbar mit der technischen Magnetisierung bei dieser Temperatur sind. In diesem Bereich ist die wahre Magnetisierung prop H^n. Man hat Grund zu der Annahme, daß bei genügend hohen Feldern, die größer als 10^6 Oe sein dürften, bei *allen* Temperaturen die gleiche „absolute Sättigung" erreicht wird. In dieser Besprechung

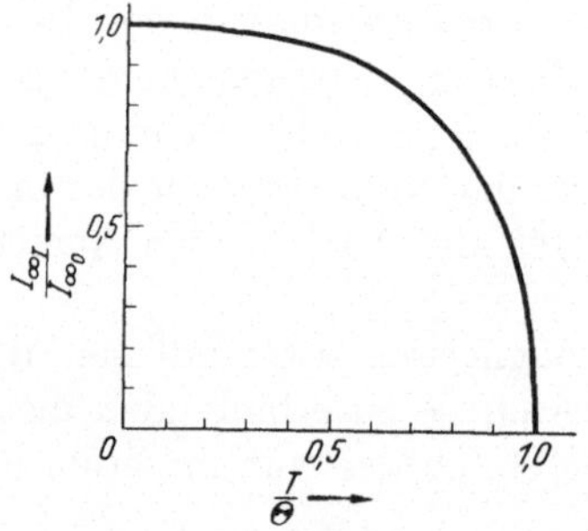

Abb. 2. Reduzierte Darstellung der Magnetisierungs-Temperaturabhangigkeit.

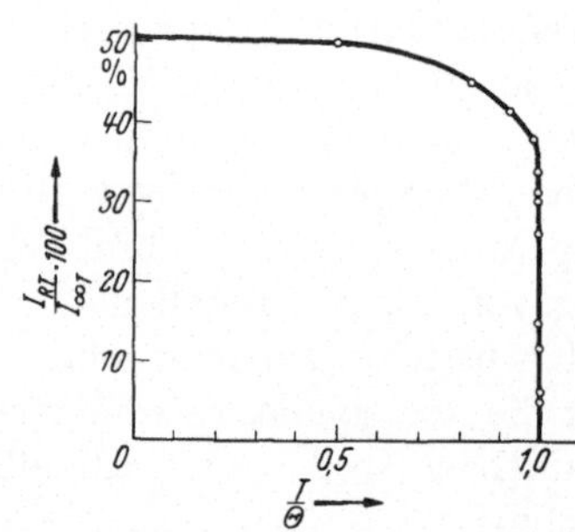

Abb. 3. Prozentische Remanenz eines langen, dünnen Nickelstabes als Funktion der reduzierten Temperatur.

interessiert uns die wahre Magnetisierung nur insofern, als sie einerseits die Bestimmung der technischen Sättigung erschwert bzw. sogar unmöglich macht, andererseits die Auffindung eines Curie-Punktes erleichtert. Die metallkundliche Auswertung der wahren Magnetisierung ist noch in Arbeit.

Bei sehr hartem Material wird die technische Sättigung erst in höheren Feldern eintreten. Es ist eine Tatsache, daß das hierzu erforderliche „Sättigungsfeld" mit steigender Temperatur immer kleiner wird. Es wird sich also stets die — soweit man weiß[1] — von der Härte *unabhängige* wahre Magnetisierung überlagern.

c) Die spezifische Sättigung nimmt mit steigender Temperatur zuerst langsam, dann schnell ab. Trägt man nicht $I_{\infty\,T} = f(T)$, sondern $I_{\infty\,T}/I_{\infty\,0} = f(T/\Theta)$ auf ($I_{\infty\,0}$ ist die „absolute Sättigung" = der technischen Sättigung bei 0° abs., Θ die CURIE-Temperatur), so erhält man für alle reinen Ferromagnetika und auch, wie ich feststellte, für die von mir untersuchten übersättigten Mischkristalle die gleiche Kurve (Abb. 2).

d) Die Remanenz I_R nimmt mit steigender Temperatur zunächst angenähert in gleicher Weise ab, wie die Sättigungsmagnetisierung, mit Annäherung an den CURIE-Punkt aber schneller, so daß die prozentische Remanenz, also $(I_{R,T}/I_{\infty,T}) \cdot 100$, zunächst annähernd konstant bleibt, dann aber (etwa von $T/\Theta = 0,9$ an) stark fällt[2] (Abb. 3).

e) Die Koerzitivkraft nimmt mit der Temperatur stets stetig ab.

f) Bringt man in das Gitter eines ferromagnetischen Kristalls Fremdatome, so wird im allgemeinen die spezifische Magnetisierung und die CURIE-Temperatur erniedrigt, in vielen Fällen linear mit der Atomkonzentration. Dies gilt für Gold-Nickel- und für Beryllium-Nickel-Mischkristalle *sowohl für die stabilen wie auch für übersättigte Mischkristalle* (Abb. 4). Der Betrag der Herabsetzung von I_∞ und Θ hängt aber von der eingebauten Atomart ab. *Er ist pro 1 Atom des zweiwertigen Berylliums genau doppelt so groß wie für 1 Atom Gold.* Allein die Bestimmung der CURIE-Temperaturen genügt also, die Zusammensetzung aller vorhandenen ferromagnetischen Phasen anzugeben.

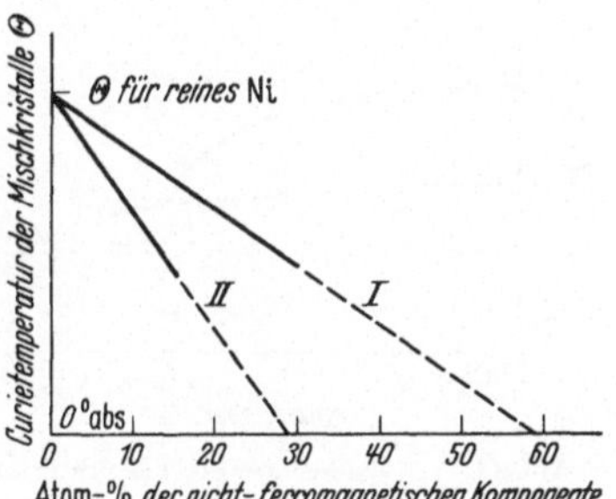

Abb. 4. Abhängigkeit der CURIE-Temperatur von dem Atomprozentgehalt der nichtferromagnetischen Komponente. I Au, II Be.

II. Allgemein metallkundliche Aussagen.

Wir wollen jetzt an einem schematischen Beispiel zeigen, welche metallkundlichen Aussagen aus den genannten Größen zu erhalten sind. Wir setzen dabei voraus, daß sich alle Eigenschaften reversibel mit der

---

[1] Aus unseren Messungen über die magnetische Widerstandsabnahme bei wahrer Magnetisierung. Z. B. E. ENGLERT: Ann. Physik **14**, 589 (1932).

[2] Dies Verhalten der Remanenz ist noch nicht gedeutet. Es scheint mit einer Änderung der Verteilung von Drehprozessen zu Klappprozessen in der Nähe der CURIE-Temperatur zusammenzuhängen. Der Abfall der prozentischen Remanenz verläuft merklich spiegelbildlich zum Anstieg der Anfangspermeabilität, beides gemessen in Abhängigkeit von der Temperatur. Es ist auch möglich, daß der Entmagnetisierungsfaktor in der Nähe der CURIE-Temperatur anwächst. Ich gehe an anderer Stelle auf diesbezügliche Untersuchungen ein.

Temperatur ändern, insbesondere, daß die Erhitzung bis zur Curie-Temperatur während den zur Messung erforderlichen Zeiten noch keine Änderung in der Zusammensetzung der Phasen liefert. Das ist der Fall für die von mir untersuchten Nickel-Gold- und Nickel-Beryllium-Legierungen, bei welchen die höchsten Curie-Temperaturen etwas über $300°$ liegen, während eine merkliche Änderung der Phasenzusammensetzung beim Anlassen auf $300°$ erst nach Stunden eintritt. Man würde nach einer bisher öfters üblichen Bezeichnungsweise sagen, daß der Übergang vom ferromagnetischen in den nichtferromagnetischen Zustand bezüglich der Größe der spezifischen Magnetisierung reversibel ist. Nach meiner Meinung ist dies aber stets der Fall. Wenn der Versuch bei Legierungen von ferromagnetischen mit nichtmagnetischen Metallen bisher öfters das Gegenteil, eine irreversible Änderung der Curie-Temperatur, ergab, so ist dies ein sicheres Anzeichen dafür, daß bei der Erhitzung über die Curie-Temperatur hinüber eine Änderung in der Phasenzusammensetzung eingetreten ist, also z. B. eine Ausscheidung: *Jede Irreversibilität in der Sättigungsmagnetisierungs-Temperaturabhängigkeit ist geradezu als ein sicherer Beweis für eine solche Änderung anzusehen.* Auf irreversible Änderung anderer magnetischer Eigenschaften als der Sättigungsmagnetisierung komme ich weiter unten noch zurück.

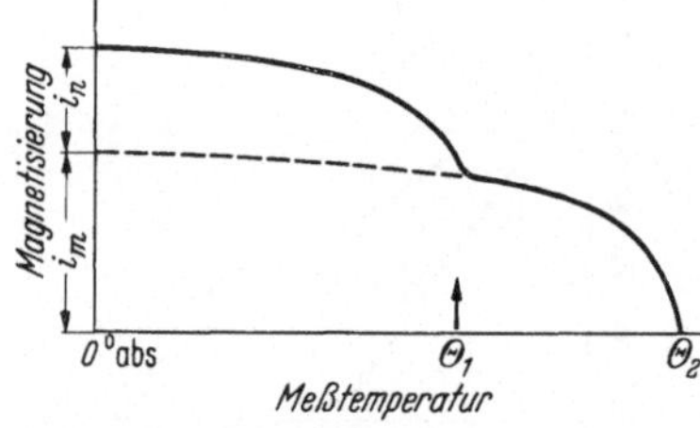

Abb. 5. Magnetisierungs-Temperaturkurve zweier Mischkristalle.

1. Ein *Mischkristall* $a\%$ $A + (100 - a)\%$ B habe bei $0°$ abs.[1] die *spezifische Magnetisierung* I_M und die Curie-*Temperatur* Θ_M; 100% A ist ferromagnetisch (Magnetisierung $I_A > I_M$; Curie-Temperatur $\Theta_A > \Theta_M$); 100% B ist nicht ferromagnetisch. Durch irgendeine Behandlung werde aus dem homogenen Mischkristall eine heterogene Legierung, wobei in Übergangszuständen auch mehr als zwei Phasen vorhanden sein können. Die Sättigungsmagnetisierung in Abhängigkeit von der Meßtemperatur liefere die Kurve der Abb. 5 (ausgezogene Kurve); sie sagt gemäß c), daß zwei ferromagnetische Phasen mit den Curie-Temperaturen Θ_1, Θ_2 vorhanden sind. Da der Teil zwischen Θ_2 und Θ_1 die theoretische Form hat, so kann man die I, T-Kurve dieser Phase bis zum absoluten Nullpunkt nach Abb. 2 extrapolieren (gestrichelte Kurve). Die Differenz zwischen der gemessenen Kurve und der extrapolierten zwischen Θ_1 bis $0°$ abs. habe ebenfalls die theoretische Form. Dann *liefern* gemäß f) (Abb. 4) *die beiden* Curie-*Temperaturen die Zusammensetzung der beiden ferromagnetischen Phasen* $n\%$ $A + (100 - n)\%$ B

---

[1] Wegen der $I/I_0 = f(T/\Theta)$-Abhängigkeit ist auf $0°$ abs. extrapolierbar, vorausgesetzt ist aber Einheitlichkeit (s. das Folgende).

und $m\% \, A + (100 - m)\% \, B$. Die Abschnitte i_n, i_m auf der Ordinate liefern ihr *Mengen*. Da nämlich nach f) die Magnetisierung I_n, I_m bekannt ist, die man erhielte, wenn die *ganze* Probe die Zusammensetzung n bzw. m hätte, ist das Verhältnis i_n/I_n bzw. i_m/I_m die gesuchte Menge. Da man weiter die Zusammensetzung der Probe ($a\%$) kennt, ergibt sich aus a, n, m die Zusammensetzung einer gleichzeitig vorhandenen nichtferromagnetischen Phase oder — was man nicht unterscheiden kann — die Zahl der A- und B-Atome, die sich noch nicht zu einer einheitlichen Phase zusammengeschlossen haben.

2. Die Messung der *Koerzitivkraft* liefert dann bei Θ_1 eine Unstetigkeit. *Oberhalb* von Θ_1 mißt man nur die Koerzitivkraft der B-armen Phase und kann gemäß e) den Wert bei $0°$ extrapolieren[1]. Unterhalb

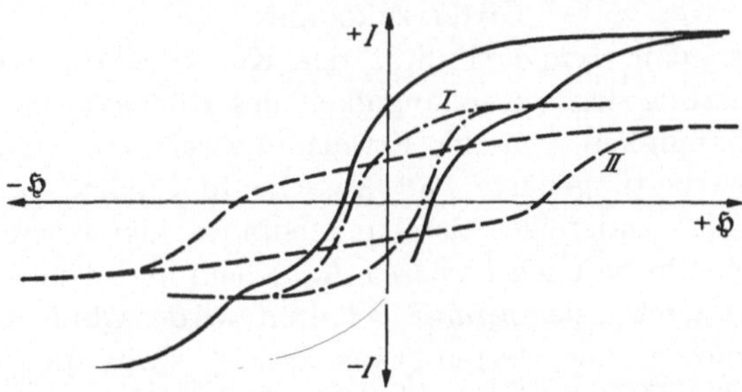

Abb. 6. Hystereseschleife einer Probe, aus einer weichen (I) und einer harten (II) Komponente bestehend.

von Θ_1 liefert die gemessene Koerzitivkraft aber weder die der harten noch die der weichen Phase, vielmehr ist der gemessene Wert von H_c ganz wesentlich durch die Koerzitivkraft der weichen Phase bestimmt, selbst wenn deren Menge *kleiner* ist als die der harten Phase (Abb. 6); auch sind in diesem Falle der Zusammensetzung der Probe aus zwei ferromagnetischen Körpern mit verschiedenen Hysteresekurven, also verschiedener Abhängigkeit der Permeabilität μ vom Feld H, die Scherungsverhältnisse derart, daß auch die Koerzitivkraft von ihnen beeinflußt wird, und außerdem sind sie schwierig zu übersehen.

3. Die *Koerzitivkraft-Temperaturkurve* ist nicht immer reversibel. Man weiß, daß ein kaltbearbeitetes Nickel eine erhöhte Koerzitivkraft hat, welche mit der Erholung der elastischen Eigenschaften durch Anlassen wieder teilweise zurückgeht[2]. Wird eine Nickel-Beryllium-Legierung thermisch bis zum heterogenen Endzustand ausgehärtet, so ändert eine Erwärmung bis zu $320°$ C auch während längerer Zeit die bei der

---

[1] Die allgemeine Form $H_{c,\,T}/H_{c,\,0°} = f(T/\Theta)$ ist nicht bekannt. Für die verschiedenen Mischkristalle dieser Untersuchung sind die Kurven der des reinen Nickels sehr ähnlich.

[2] Eine ausführliche Untersuchung dieser Erholung an reinem Nickel von Herrn Dr. H. Bittel: Ann. Physik **31**, 219 (1938).

Aushärtung entstandene hohe Koerzitivkraft *nicht*. Wird dagegen die Probe vor der thermischen Aushärtung hart gewalzt oder gehämmert, so bekommt sie allein hierdurch schon eine beträchtlich erhöhte Koerzitivkraft. Jetzt genügt bereits eine kurze Erwärmung auf 100°, um diese Kaltbearbeitungs-Koerzitivkraft wieder herabzusetzen. Sie verschwindet aber nicht wieder vollständig, sondern fällt zuerst schnell, dann langsam auf einen Endwert. Diese neue konstante, d. h. von einer Erwärmung bis zu ungefähr 300° C unbeeinflußte Koerzitivkraft muß also einer durch die Kaltbearbeitung eingetretenen Ausscheidungshärtung zukommen (deren Vorhandensein ich durch die Verschiebung der Curie-Temperatur auch nachwies). Es kann als sicher angesehen werden, daß diese magnetische Härte bei Zimmertemperatur einer Verspannung im an Beryllium verarmten Gitter zukommt.

Wenn also eine Irreversibilität der Koerzitivkraft auftritt, so ist durch die Messung der Zeitabhängigkeit des Rückganges der Koerzitivkraft in Abhängigkeit von der Erwärmungszeit und -temperatur zwischen Kaltbearbeitungshärte und Ausscheidungshärte zu trennen.

Eine gänzlich andere Art der Irreversibilität der Koerzitivkraft tritt auf, wenn eine Probe nach *beendeter* Ausscheidung noch sehr lange Zeit auf der *Ausscheidungstemperatur* gehalten wird. Ohne daß sich dann an den Magnetisierungswerten etwas ändert, sinkt die Koerzitivkraft allmählich ab. Da die mechanisch erzeugte magnetische Härte bei solchen Temperaturen schon verschwindet, bei welchen noch keine Ausscheidung erfolgt, die Abnahme der magnetischen Härte der ausgeschiedenen Probe aber erst bei den wesentlich höher liegenden Ausscheidungstemperaturen eintritt, so ist es wahrscheinlich, diese letztere Abnahme der Koerzitivkraft mit einer auf die Ausscheidung folgenden *Strukturänderung* in Verbindung zu bringen. Ich möchte vorschlagen, hierin ein Anzeichen der Verbesserung des Gitterzustandes der ausgeschiedenen Phasen, unter Umständen verbunden mit einem Zusammenwachsen der Ausscheidungsteilchen, zu sehen.

4. Ein Hinweis auf eine Fehlerquelle sei noch gestattet: Eine Abnahme der magnetischen Härte bedingt auch eine Abnahme der zur technischen Sättigung erforderlichen Feldstärke, so daß bei Vornahme der Messungen in nur einem Feld nach der Erhitzung eine höhere Magnetisierung beobachtet wird. Es ist zur Entscheidung, ob eine wirkliche Irreversibilität oder nur eine leichtere Sättigung vorliegt, daher immer die Annäherung an I_∞ mit wachsender Feldstärke aufzunehmen.

5. Jede Änderung in der Phasenzusammensetzung einer ferromagnetischen Legierung liefert eine Änderung der Curie-Temperatur, unter Umständen das Auftreten einer neuen Phase mit anderer Curie-Temperatur. Es ändert sich folglich für die bei der Raumtemperatur $T°$ abs.

vorgenommenen Messungen die reduzierte Temperatur T/Θ, und *allein infolge hiervon ändern sich alle magnetischen Größen*, als da sind Sättigungsmagnetisierung, Sättigungsfeld, Koerzitivkraft, Remanenz, Anfangspermeabilität, auch ohne daß eine wirkliche Änderung des magnetischen Moments und der magnetischen Härte eingetreten ist. Jeder Schluß, der auf einer Änderung dieser Größen bei Raumtemperatur beruht, ist also grundsätzlich falsch. Nur Aussagen über die auf 0° abs. oder auf gleiches T/Θ bezogenen Werte haben physikalische und metallkundliche Bedeutung.

Wenn z. B. gesagt wird, daß Mischkristalle von Nickel mit steigender Menge einer zweiten nichtmagnetischen Komponente bei Raumtemperatur dieselbe Koerzitivkraft haben, so bedeutet dies, daß die höher konzentrierten Mischkristalle eine *höhere* Koerzitivkraft haben. Denn diese haben eine tiefere CURIE-Temperatur, die Raumtemperatur liegt also der CURIE-Temperatur näher und daher ist die *bei Raumtemperatur gemessene* Koerzitivkraft an sich klein. Ich gebe aus meinen Messungen an Nickel-Beryllium-Mischkristallen hierzu einige Beispiele. In der Tabelle sind zwei Paare von Messungen zusammengestellt von Proben, die bei Raumtemperatur (10° C) fast die gleiche Koerzitivkraft, aber wegen ihrer verschieden hohen CURIE-Temperatur bei $-185°$ C ganz verschieden hohe Koerzitivkraft haben.

Tabelle.

Material	CURIE-Temperatur	H_c bei 10° C	H_c bei $-185°$ C
Nickel (techn.), hart gewalzt. . . .	335° C	29,5 Oe	38,5 Oe
Nickel + 2,5 % Be, halb ausgehärtet .	150° C	29,0 Oe	61,0 Oe
Nickel + 1,75 % Be, hart gewalzt . .	150° C	7,8 Oe	14,8 Oe
Nickel + 2,5 % Be, hart gewalzt . .	etwa 70° C	6,6 Oe	22,0 Oe

6. Die Bestimmung der *wahren Remanenz* verlangt genaue Kenntnis der Scherung. Diese ist aber weder unterhalb von Θ_1 — wegen der Mischung — noch oberhalb von Θ_1 — wegen der unbekannten Form der Ausscheidung — genau bekannt. Man könnte umgekehrt versuchen, aus der gemessenen Remanenz den Formfaktor für die Teilchen mit hoher CURIE-Temperatur zu bestimmen.

7. Bei gewissen mechanischen oder thermischen Behandlungen von ferromagnetischen übersättigten Mischkristallen wird eine Abhängigkeit der Sättigungsmagnetisierung von der Temperatur gemäß Abb. 7, Kurve II beobachtet: Sie unterscheidet sich von der normalen I, T-Kurve durch den zu langsamen Abfall der Magnetisierung. Eine solche Kurve bedeutet, daß sich aus dem einheitlichen Mischkristall (I) eine ganze Anzahl von Mischkristallen mit niederen Konzentrationen bildeten, daß also eine ganze Anzahl von CURIE-Temperaturen zwischen

10*

etwa T_1 und T_2 liegen. Charakteristisch für diesen Fall ist die experimentelle Tatsache, daß zwischen T_1 und T_2 *scheinbar* überhaupt keine Sättigung erreicht wird: Es überlagert sich über die Sättigung der noch

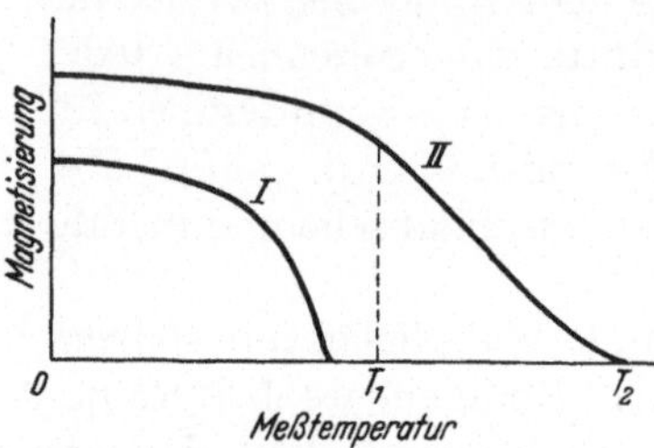

Abb. 7. I normale I, T-Kurve; II I, T-Kurve zahlreicher Komponenten mit verschiedenen Curie-Temperaturen zwischen T_1 und T_2.

ferromagnetischen Komponenten die *wahre Magnetisierung der* Komponenten, welche gerade bei der Meßtemperatur ihre Curie-Temperatur haben. Dies sei belegt durch zwei gemessene Beispiele.

Abb. 8 zeigt die Magnetisierungs-Temperaturkurve eines heterogenen Mischkristalls mit zwei einheitlichen sehr harten (H_c bei Z.T. 160 Oe) Komponenten. Die obere Kurve gibt die Magnetisierung in Abhängigkeit von der Temperatur, die untere Kurve mit Kreuzen stellt die

Änderung der Magnetisierung bei einer Steigerung der magnetischen Feldstärke (dI/dH) von 1500 auf 1800 Oersted dar: Bei Raumtemperatur ist die technische Sättigung noch nicht ganz erreicht; mit steigender Temperatur wird dI/dH kleiner. Bei etwa 200°C steigt dI/dH

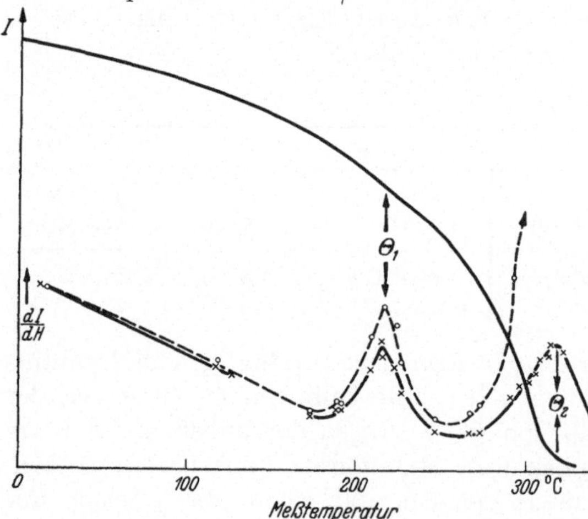

Abb. 8. Technische Sattigungsmagnetisierung und wahre Magnetisierung in Abhangigkeit von der Temperatur: zwei einheitliche Mischkristalle verschiedener Konzentration.

scharf an: Bei etwa 215°C liegt die Curie-Temperatur der einen Phase. Zwischen 270° und 280°C ist dI/dH wieder klein, die zweite Phase ist in den genannten Feldern nahe gesättigt (Koerzitivkraft, bei diesen Temperaturen 55 bzw. 35 Oe); es steigt aber oberhalb 280° zu einem zweiten scharfen Maximum an. Der zweite Curie-Punkt liegt bei etwa 310°C.

Es kann kaum einem Zweifel unterliegen, daß die hohen dI/dH-Werte bei tiefen Temperaturen durch noch nicht erreichte technische Sättigung bedingt sind und daß die beiden Maxima der bei den beiden Curie-Temperaturen der zwei Phasen besonders starken *wahren Magnetisierung* zuzuordnen sind. Die gewisse Willkür, die in der Wahl der Feldverstärkung von 1500 auf 1800 Oe liegt, ist grundsätzlich ohne Bedeutung. Wählt man 1200 bis 1500, so sind die

Werte bei tiefen Temperaturen wesentlich höher, weil man dann noch weiter von der technischen Sättigung entfernt ist, während die Maxima bei gleicher Lage ziemlich die gleiche Größe haben; wählt man Felder bei etwa 3000 Oe, so ist nur der Wert bei tiefer Temperatur noch kleiner.

Die in der Kurve gegebenen Absolutwerte von dI/dH sind natürlich noch von der Menge der Phasen abhängig. Die prozentualen Werte $1/I_T \cdot (dI/dH)_T \cdot 100$ sind in der mit Kreisen gekennzeichneten Kurve eingetragen. Bis zum Beginn des zweiten Anstiegs unterscheiden sich . beide Kurven nicht, dagegen wird das zweite Maximum relativ wesentlich höher, das liegt daran, daß der I_T-Wert des ersten Maximums zum größten Teil der ferromagnetischen Magnetisierung des zweiten Mischkristalls mit der hohen Curie-Temperatur zugehört und nur ein kleiner Teil der wahren Magnetisierung des ersten Mischkristalls.

Nach den I, T-Kurven beträgt das Verhältnis der *Magnetisierungen* bei 0° abs. für die beiden Mischkristalle $M_1 : M_2 = 1 : 10$. Unter Berücksichtigung ihrer spezifischen Magnetisierung ergibt sich das Verhältnis der Mengen von $M_1 : M_2 = 1/380 : 10/500 = 1 : 7,6$. Beobachtet wird $(dI/dH)_{M_1} : (dI/dH)_{M_2} = 2,5 : 3,5$; oder umgerechnet auf gleiche Mengen (mit dem Verhältnis $1 : 7,6$) $= 5,4 : 1$.

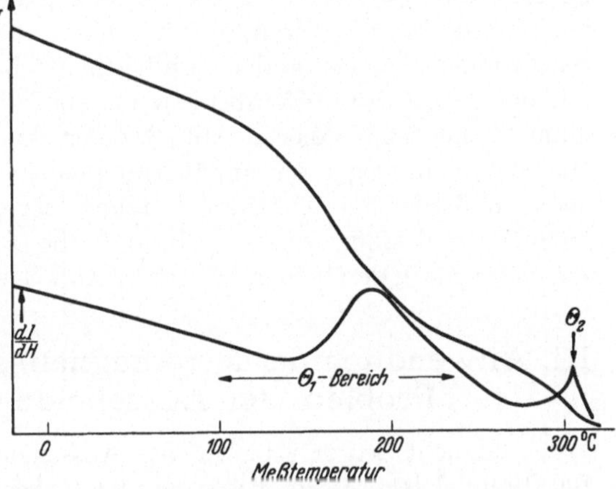

Abb. 9. Technische Sattigungsmagnetisierung und wahre Magnetisierung in Abhangigkeit von der Temperatur: uneinheitliche Mischkristalle mit Θ_1-Bereich und ein einheitlicher Mischkristall mit Θ_2.

Dies Ergebnis würde heißen, daß die wahre Magnetisierung des ersten Mischkristalls mit der tiefen Curie-Temperatur rund 5 mal größer wäre als die mit der hohen Curie-Temperatur. Ich glaube aber nicht, daß dieser Rechnung ein physikalischer Sinn zukommt. Da gerade bei der Curie-Temperatur die wahre Magnetisierung nicht der Feldstärke proportional ist, wird auch die tiefe Temperatur einen besonderen Einfluß haben. Weitere Messungen hierüber sind in Arbeit, welche das Ziel haben, die Vorgänge der Magnetisierung bei der Curie-Temperatur zu klären — es sind die Untersuchungen, von denen ich im Anfang sprach. Hier genügt es, daß man aus dem Maximum der dI/dH bei höheren Feldstärken die Curie-Temperatur und aus seiner Schärfe besonders die Einheitlichkeit der Zusammensetzung erkennen kann.

Letzteres wird besonders deutlich durch eine zweite Messung gleicher Art an einer Probe, welche nicht aus zwei einheitlichen ferromagnetischen Mischkristallen besteht, sondern — ähnlich wie die schematische Zeichnung Abb. 7, II — aus zahlreichen Mischkristallen mit verschiedener Zusammensetzung. Abb. 9 zeigt die I, T-Kurve sowie die Temperaturabhängigkeit von dI/dH im gleichen Feldbereich wie Abb. 8. Man erkennt schon die anormale Form der I, T-Kurve; besonders deutlich sieht man aber, daß die dI/dH-Kurve der (magnetisch viel weicheren Probe als der von Abb. 8) nur wenig mit steigender Temperatur abnimmt und bei etwa 190° ein *breites* Maximum hat. Man hat also im Bereich von etwa 100° bis 200° wahre Magnetisierung und demgemäß viele Curie-Temperaturen, also Mischkristalle mit allen möglichen Konzentrationen nebeneinander. Einheitlich scheint aber der Mischkristall mit der hohen Curie-Temperatur bei 300° C. Daß dessen dI/dH-Maximum kleiner ist als das in Abb. 8, rührt von seiner kleinen Menge her. Hier darf man wegen der annähernd gleichen Curie-Temperaturen (und demgemäß gleicher Zusammensetzung der Mischkristalle) prozentual rechnen, und dann ergibt sich, daß die prozentuale Magnetisierung $1/I_T (dI/dH)_T$ in den beiden Fällen der Abb. 8 und 9 den gleichen Wert hat.

III. Anwendung der ferromagnetischen Analyse auf das Problem der Ausscheidungshärtung.

Untersucht wurden bisher die Ausscheidungshärtung von Nickel-Beryllium, Nickel-Gold, Eisen-Kupfer in bestimmten Temperatur- und Konzentrationsbereichen. Ich beschränke mich auf die Mitteilung einiger typischer Kurven und ihre Ausdeutung; Einzelheiten sind zum Teil schon veröffentlicht, zum Teil werden sie im Laufe der nächsten Monate fertig bearbeitet sein.

a) Nickel-Gold. Die einfachsten Verhältnisse zeigt die Aushärtung von Nickel-Gold-Legierungen mit hohem Goldgehalt im Temperaturbereich von 400 bis 450° C. Die von Heraeus erschmolzenen Legierungen wurden bei etwa 950° stundenlang homogenisiert und abgeschreckt. Es ergab sich die I, T-Kurve I der Abb. 10: Einheitlicher Mischkristall (50 : 50 Gew.-%) mit $\Theta_1 = 95°$ C. Sodann wurde bei rund 400° C angelassen, man erhielt Kurve II, III, IV; sie sagen aus: 1) Es entsteht ein goldarmer Mischkristall mit der Curie-Temperatur $\Theta_2 = 325°$ C; 2) die Ausgangsphase nimmt mengenmäßig ab, ändert aber ihre Zusammensetzung nur unwesentlich, denn die Curie-Temperatur Θ_1 bleibt ziemlich konstant (sie steigt nur etwa um 25° an). Wir bezeichnen diese Ausscheidung als *„einheitlich-heterogene Ausscheidung"*[1].

---

[1] D. h. wir sehen von der *kleinen* Verschiebung von Θ_1 ab.

Die Koerzitivkraft des Ausgangszustandes ist sehr klein. Mit zunehmender Ausscheidung erhält man die H_c, T-Kurven der Abb. 11:

Auf einen anfänglichen Abfall folgt ein steiler Anstieg zu einem gerade oberhalb der ersten CURIE-Temperatur liegenden Maximum, und dann ein normaler Abfall. Diese Kurven lehren: 1) Die sich ausscheidende Phase, der goldarme Mischkristall, hat eine hohe magnetische Härte; 2) die bei Raumtemperatur gemessene Koerzitivkraft ist durch die kleinere magnetische Härte der Ausgangsphase wesentlich herabgesetzt;

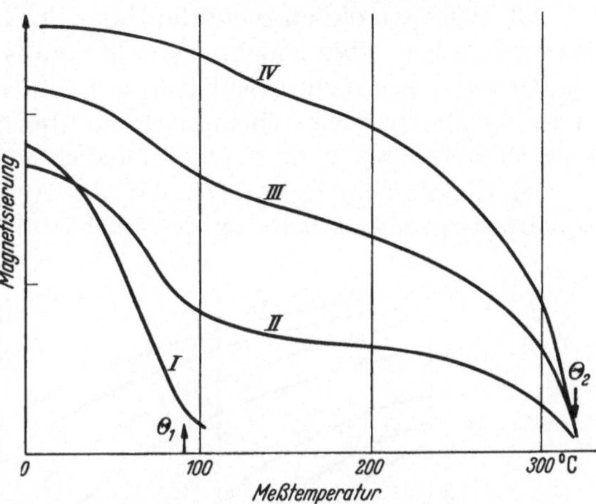

Abb. 10. Magnetisierungs-Temperaturabhängigkeit von Nickel-Gold bei fortschreitender Aushärtung.

erst nach längerer Aushärtungszeit ist auch sie erhöht, weil jetzt bei Raumtemperatur die goldarme Phase den goldreichen Mischkristall an Menge weit übertrifft.

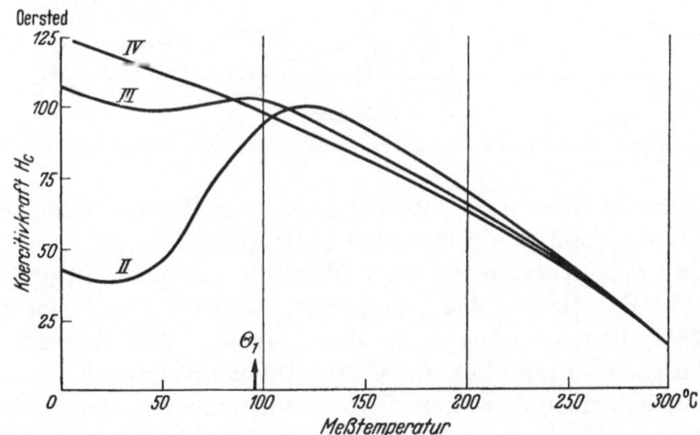

Abb. 11. Koerzitivkraft-Temperaturabhängigkeit von Nickel-Gold während fortschreitender Aushärtung.

Man sieht hier besonders deutlich die Erforderlichkeit von Messungen bei höheren Temperaturen. KÖSTER und DANNÖHL haben keinen Zusammenhang zwischen mechanischer Ausscheidungshärtung und magnetischer Härte finden können, weil sie H_c nur bei Raumtemperatur maßen. Die Extrapolation meiner H_c, T-Kurven zeigt, daß zu *Beginn*

der Ausscheidung die magnetische Härte am größten ist und daß sie
mit zunehmender Menge des stabilen Mischkristalls abnimmt.

Ob sich auch die magnetische Härte des zurückbleibenden (an Menge
abnehmenden) übersättigten Mischkristalls ändert, kann aus diesen
Untersuchungen nicht erschlossen werden, weil eine Analyse der Hystereseschleifen (wie sie schematisch in Abb. 6 dargestellt wurden) ohne
spezielle Annahmen noch nicht möglich ist.

b) Nickel-Beryllium. Die Art der Aushärtung unterscheidet sich
qualitativ-grundsätzlich von der Aushärtung der 50% Nickel-Gold-Le-

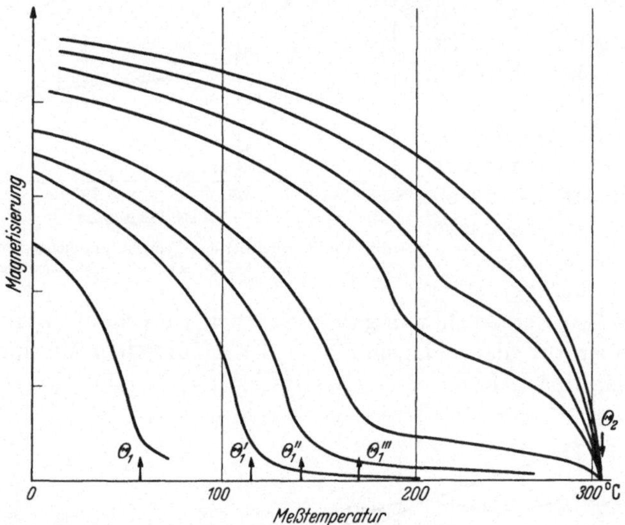

Abb. 12.   Magnetisierungs-Temperaturabhangigkeit von Nickel-Beryllium bei fortschreitender Aushärtung.

gierung. Sie ist quantitativ abhängig von der Übersättigung des Ausgangszustandes und der Ausscheidungstemperatur.

Abb. 12 gibt Kurven aus einer Meßreihe mit einer Legierung von
14 Atom-% Be, die bei 454° ausgehärtet wurde. Die Probe war bei
etwa 1050° homogenisiert und abgeschreckt. Die Kurven zeigen:
1) Der Ausgangszustand hat eine Curie-Temperatur von Θ_1 etwa 50° C.
2) Mit zunehmender Anlaßzeit tritt in zunehmender Menge eine neue
berylliumarme Phase (Curie-Temperatur Θ_2) auf, die den bei der Anlaßtemperatur gelösten Berylliumgehalt als einheitlicher Mischkristall
enthält. *Dies ist also wiederum eine heterogene Ausscheidung.* 3) Gleichzeitig verarmt aber — im Gegensatz zu Gold-Nickel — die Ausgangsphase kontinuierlich, wie man an der steigenden Curie-Temperatur
$\Theta_1 \rightarrow \Theta_1' \rightarrow \Theta_1'' \ldots$ erkennt. *Außer der heterogenen Ausscheidung findet
also auch eine „homogene" Ausscheidung statt,* die wir in diesem Fall als
„einheitlich homogen" bezeichnen, weil die I, T-Kurven des übersät-

tigten Mischkristalls normale I, T-Kurven bleiben, also eine einheitliche Konzentrationsabnahme dartun.

Da der Zusammenhang zwischen CURIE-Temperatur und gelöster Be-Menge bekannt ist, ergibt sich aus ersterem die Kinetik der Verarmung des übersättigten Mischkristalls: Sie geht linear mit dem Logarithmus der Anlaßzeit. Die Temperaturabhängigkeit der Verarmungsgeschwindigkeit geht nach der Formel

$$\log 1/t = Q/T + C,$$

woraus eine Aktivierungswärme von 54000 cal/Mol folgt.

Die Verarmungsgeschwindigkeit, d. h. die Abnahme der Konzentration c des übersättigten Mischkristalls mit der Zeit t hängt von seiner Übersättigung C ab. Es gilt ungefähr die Beziehung

$$\frac{\Delta \log t}{\Delta c} \sim C.$$

Abb. 13 zeigt den Temperaturverlauf der Koerzitivkraft, der zur I, T-Kurve der Abb. 12[1] gehört. Das Minimum derselben gerade bei der ersten CURIE-Temperatur und der darauffolgende steile Anstieg zeigen wiederum, daß der übersättigte Mischkristall weich ist, der sich aus-

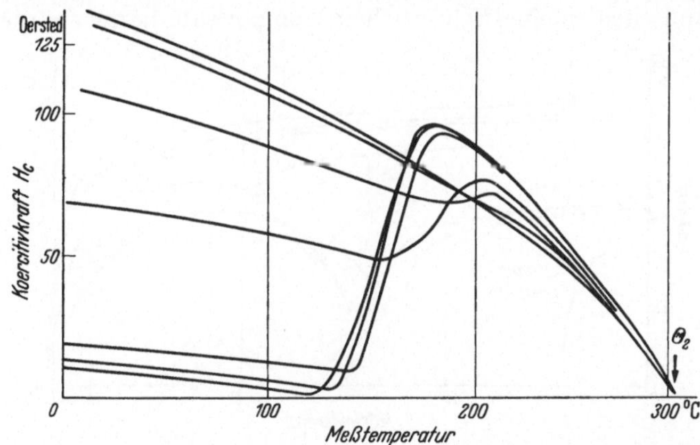

Abb. 13. Koerzitivkraft-Temperaturabhängigkeit von Nickel-Beryllium bei fortschreitender Aushärtung.

scheidende stabile Mischkristall aber sehr hart. Die größte Härte hat er im Anfang der Ausscheidung, wenn seine Menge noch sehr klein ist. Bei einer Probe wurden Hystereseschleifen bei verschiedenen Temperaturen aufgenommen; sie zeigen in Übereinstimmung mit der schematischen Darstellung in Abb. 6 die anormale Form. In Abb. 14 sind die I, T- und H_c, T-Kurven eines mittleren Ausscheidungszustandes dar-

---

[1] Abb. 12 und 13 stellen nur eine Auswahl dar. Es sind andere Proben als die in Z. Metallkde **29**, 124 (1937) beschriebenen.

gestellt, die vertikalen Striche geben die Temperaturen an, bei welchen die Hystereseschleifen in b, c, d gemessen sind: erst nach dem Maximum von H_c ist die I, T-Kurve normal.

Die Remanenzabhängigkeit von der Temperatur ist schwer zu deuten. Abb. 15 gibt die zu Abb. 12 und 13 gehörenden I_R, T-Kurven. Die

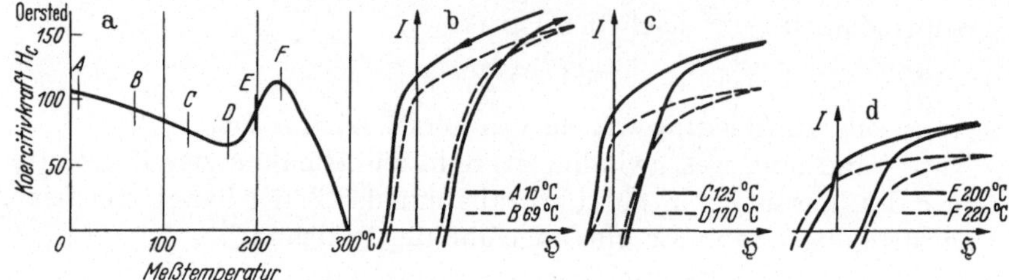

Abb. 14. Koercitivkraft und Hystereseschleifen bei verschiedenen Temperaturen.

Remanenzwerte sind den ungescherten I, H-Kurven entnommen. Wären die Proben einheitlich, so würde eine Scherung wegen des kleinen entmagnetisierenden Feldes keine nennenswerte Änderung geben. Da sie aber unterhalb der ersten Curie-Temperatur aus einer magnetisch harten und einer magnetisch weichen Komponente bestehen, die — wie

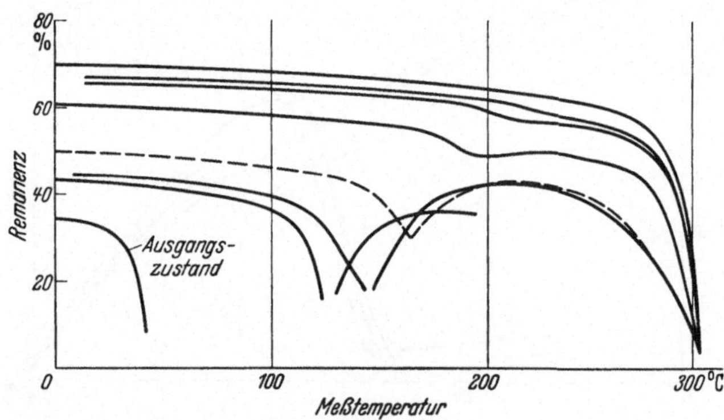

Abb. 15. Remananz-Temperaturabhangigkeit von Nickel-Beryllium bei fortschreitender Aushartung.

das Schliffbild zeigt — sich meist netzförmig durchdringen, sind die genauen entmagnetisierenden Verhältnisse nicht zu übersehen. Oberhalb der ersten Curie-Temperatur, wenn nur noch Teile des Probestabes ferromagnetisch sind, ist der Formfaktor dieser Teile unbekannt. Nimmt man an, daß der harte α-Mischkristall stets die gleiche *wahre* Remanenz hat unabhängig von seiner Menge, so sagt der beobachtete Anstieg der scheinbaren Remanenz mit zunehmender Ausscheidung aus, daß die ausgeschiedenen Bereiche zusammenhängender werden. Diese, wenn auch nur sehr qualitative Aussage ist immerhin auch ein Ergebnis.

Das Verhältnis von homogener zu heterogener Ausscheidung hängt in hohem Maße von der Aushärtungstemperatur ab; bei 500° überwiegt die homogene Ausscheidung, d. h. der Mischkristall verarmt schnell, während die Menge der stabilen α-Phase nur langsam wächst; umgekehrt überwiegt bei 350 bis 400° die heterogene Ausscheidung, d. h. es bilden sich schnell größere Mengen des stabilen α-Mischkristalls, während die erste CURIE-Temperatur langsam ansteigt. Dabei fällt die absolute Ausscheidungsgeschwindigkeit mit sinkender Anlaßtemperatur stark ab. Die magnetische Härte des α-Mischkristalls ist am größten bei tiefer Ausscheidungstemperatur.

Schließlich soll die Frage erörtert werden, ob *nur* der sich ausscheidende α-Mischkristall magnetisch hart ist oder ob auch der verarmende übersättigte Mischkristall eine erhöhte Koerzitivkraft bekommt. Diese Frage ist wichtig zur Deutung der mechanischen Härte. Die Art der Zunahme der Koerzitivkraft bei *tiefen* Temperaturen während des Beginns der Ausscheidung macht es wahrscheinlich — mehr kann man noch nicht sagen —, daß auch der übersättigte Mischkristall härter wird.

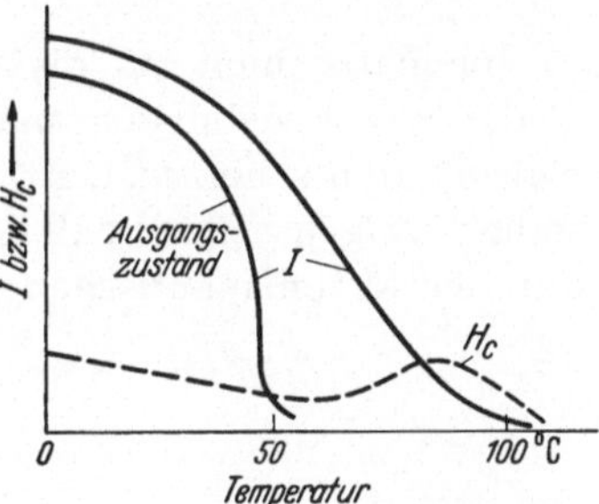

Abb. 16. Uneinheitliche homogene Ausscheidung mit erhöhter Koerzitivkraft.

In einem Fall wird aber noch eine dritte Art von erhöhter Koerzitivkraft gefunden. Geht die Ausscheidung bei 350° vor sich, so ergibt sich anfänglich mit einer kleinen Steigung der CURIE-Temperatur eine anormale I, T-Kurve, derart, wie sie Abb. 7, II schematisch zeigt. Wir bezeichnen diese Ausscheidung als „*uneinheitlich homogen*". In diesem Fall tritt ein kleines Maximum von H_c im Bereich des langsamen I-Abfalls auf (Abb. 16). Da sich hier viele CURIE-Temperaturen aneinanderreihen, sagt die geringe Höhe dieses Maximums nichts aus; es ist sogar wahrscheinlich, daß einzelne Teile mit sehr hoher Koerzitivkraft behaftet sind, nur ist diese durch andere Teile, die gerade ihre Magnetisierung verlieren, verdeckt. Wichtiger ist, daß diese kleine Erhöhung der „mittleren" Koerzitivkraft schon bei relativ tiefen Temperaturen wieder abfällt, also in diesem Fall sicher nicht dem ausgeschiedenen α-Mischkristall zukommt, sondern gerade nur den Bereichen, welche etwas verarmt sind.

Dehnt man die Aushärtungszeit nun aus, so verschwindet diese Koerzitivkrafterhöhung, gleichzeitig aber auch die anormale I, T-Kurve, und es tritt der stabile α-Mischkristall mit sehr hoher Härte auf.

Man hat also offenbar drei „Härten" zu unterscheiden: 1) die des stabilen α-Mischkristalls, 2) die des verarmenden Mischkristalls und 3) — zu Beginn der Ausscheidung bei tiefer Temperatur — eine mit der

,,uneinheitlich homogenen" Ausscheidung verbundene Härte. Aus mechanischen Messungen von Dehlinger und Lay ist bekannt, daß während der Aushärtung bei 350° zwei Maxima der mechanischen Härte auftreten: Das erste ist offenbar mit dem als 3) bezeichneten magnetischen H_c-Maximum zu identifizieren, so daß sein Ursprung in der Uneinheitlichkeit des Gitters zu suchen ist.

c) Eisen-Kupfer. Von diesen noch nicht abgeschlossenen Messungen sei im Zusammenhang mit dem Letztgesagten nur ein Ergebnis erwähnt: Das sich aus hartgeschmiedetem Draht ausscheidende Eisen ist anfänglich magnetisch sehr hart, wird aber durch längeres Anlassen schnell wesentlich weicher. Hier sind es offenbar die vom Kupfer ausgehenden Verspannungen, welche bei der Erholung des Kupfers verschwinden, die die Härte des ausgeschiedenen Eisens bedingen.

Ich habe mich auf die wesentlichsten Ergebnisse beschränkt; eine Reihe von Ergebnissen sind hier zum ersten Male, andere mit mehr Einzelheiten schon früher veröffentlicht; und im Gang befindliche Messungen zeigen schon, daß noch weitere Einzelheiten der Ausscheidung mit der ferromagnetischen Analyse aufgeklärt werden können.

Über den Aufbau und die Anwendung einiger magnetischer Meßverfahren für metallkundliche Untersuchungen.

Von HEINRICH LANGE-Düsseldorf.

Mit 13 Abbildungen.

Die erste Anwendung magnetischer Untersuchungsverfahren zur Lösung metallkundlicher Aufgaben erfolgte durch Herrn Geheimrat Prof. Dr. G. TAMMANN und seine Schule[1]. K. HONDA[2] hat diese Verfahren hier in Göttingen kennengelernt und später in Japan mit seinen Schülern sehr häufig verwendet. Auch viele Arbeiten anderer Forscher lassen sich auf die Auswirkungen der TAMMANNschen Schule zurückführen. Wenn in den vorhergehenden Vorträgen so schön dargestellt werden konnte, wie in letzter Zeit der physikalischen Forschung ein Zugang zu den Erscheinungen des Ferromagnetismus geschaffen wurde, so darf gerade hier in Göttingen auch darauf hingewiesen werden, daß erst auf Grund metallkundlicher Arbeiten die vielen magnetisch wertvollen Legierungen geschaffen werden konnten, mit deren Hilfe es der physikalischen Forschung gelang, in dieses spröde Gebiet einzudringen.

Es ist in diesem Vortrag unmöglich, die vielen Arbeiten und die mannigfachen Geräte zu würdigen, die eine Lösung metallkundlicher Fragen mit magnetischen Meßverfahren durchzuführen versuchen. Es sollen daher nur die am Kaiser-Wilhelm-Institut für Eisenforschung in Düsseldorf entwickelten Geräte besprochen werden, wobei zu betonen ist, daß es sich hierbei nicht um magnetisch neuartige Meßverfahren handelt, sondern allein um die Anwendung an sich bekannter Geräte bei metallkundlichen Aufgaben. Ihre Besprechung ist daher nur im Zusammenhang mit den Meßergebnissen statthaft.

Die ersten Arbeiten wurden mit einem astatischen Magnetometer nach F. KOHLRAUSCH und L. HOLBORN[3] ausgeführt, in dessen Magnetisierungsspulen wassergekühlte Widerstandsöfen für Messungen bei höheren Temperaturen eingebaut waren. Das Gerät hat sich bis heute als sehr zuverlässig und leicht bedienbar erwiesen, es sind daher einige

[1] GUERTLER, W., u. G. TAMMANN: Z. anorg. Chem. **42**, 353 (1904).

[2] HONDA, K.: Magnetic Properties of Matter. Tokyo: Syokwabo & Co. 1928.

[3] KOHLRAUSCH, F., u. L. HOLBORN: Ann. Physik **10**, 287 (1903).

Worte über die Anwendung des Magnetometers bei metallkundlichen Arbeiten berechtigt. Da es sich hierbei stets um ferromagnetische Messungen bei nicht allzu kleinen Feldern handelt, darf die Empfindlichkeit eines solchen Gerätes gering sein. Wichtig ist dagegen, daß alle äußeren Störungen ferngehalten werden, da die Zeitdauer eines Versuches sich über mehrere Stunden, ja Tage erstrecken kann. Es ist daher auf eine gute Astatisierung größter Wert zu legen. Die Magnetnadeln dürfen nicht zu klein gewählt werden, da es sonst schwer ist, den beiden Nadeln ein genau gleiches magnetisches Moment zu erteilen.

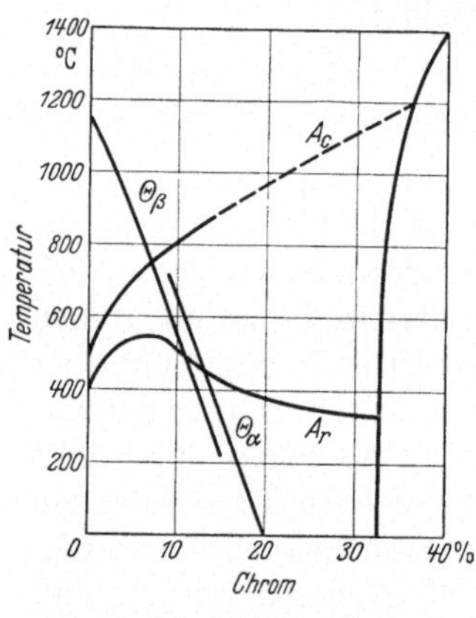

Abb. 1. Schaubild der Umwandlungsvorgänge in Kobalt-Chrom-Legierungen mit Chromgehalten von 0 bis 20% nach F. Wever und H. Lange[1].

Außerdem sollte im Gehänge zwischen den beiden Nadeln eine Feineinstellung mit Mikrometertrieb vorgesehen sein, die eine genaue Einstellung der beiden Nadeln in gleiche Richtung und damit eine sichere Astatisierung möglich macht. Zur Erleichterung der Einstellbarkeit ist es vorteilhaft, das Gehänge an einem großen Goniometerkopf mit Gradeinteilung aufzuhängen. Ein nach diesen Grundsätzen aufgebautes Instrument zeigte sich allen Anforderungen auch während der üblichen Dienstzeit durchaus gewachsen. In etwa 40 m Entfernung von diesem Gerät befand sich ein Schrottlager, auf dem mit einem Magnetkran und mit Vollbahnlokomotiven gearbeitet wurde, ohne daß hierdurch auch nur die geringste Störung der Messungen verursacht wurde.

Als Beispiel einer Untersuchung, die mit diesem Gerät durchgeführt wurde, zeigt Abb. 1 das Zustandsschaubild der Kobalt-Chrom-Legierungen an der Kobaltseite dieses Systems. Die Kobalt-Chrom-Mischkristalle treten hier in zwei Phasen auf, der bei tiefer Temperatur beständigen hexagonal-dichtgepackten α-Phase und der bei hoher Temperatur beständigen kubisch-flächenzentrierten β-Phase. Ähnlich wie bei den Eisen-Nickel-Legierungen unter 26% Ni ist der Übergang zwischen diesen beiden Phasen irreversibel, d. h. zwischen den durch die Linie A_c bestimmten Umwandlungstemperaturen beim Erhitzen und den durch die Linie A_r bestimmten Umwandlungstemperaturen beim Abkühlen liegt ein Temperaturbereich von mehreren hundert Grad, in dem bei noch so langem Verweilen keine Umwandlung stattfindet. Dies Zustandsschaubild ist für den Magnetiker darum von Bedeutung, weil, wiederum ähnlich wie bei den Eisen-Nickel-Legierungen, beide Phasen

---

[1] Wever, F., u. H. Lange: Mitt. Kais.-Wilh.-Inst. Eisenforschg., Düsseld. **12**, 353 (1930).

in ferromagnetischem Zustand auftreten können. Die Linien Θ_α und Θ_β geben die Abhängigkeit der CURIE-Temperatur von der Konzentration für beide Phasen wieder. Der parallele und nahezu zusammenfallende Verlauf der beiden Linien deutet auf ihren inneren Zusammenhang, wogegen in dem Zustandsschaubild der irreversiblen Eisen-Nickel-Legierungen nach M. PESCHARD[1], wie dies bei gleicher Bezeichnung in Abb. 2 wiedergegeben ist, keine Andeutung eines solchen Zusammenhangs zu finden ist. Dies ist damit zu begründen, daß die α-β-Umwandlung der Kobalt-Chrom-Legierungen zwar mit einer Symmetrieänderung, aber nicht mit einer Änderung des Atomabstandes und der Koordinationszahl verknüpft ist, wogegen für die Eisen-Nickel-Legierungen genau das Gegenteil zutrifft. In Übereinstimmung mit der HEISENBERGschen Theorie deutet dies darauf hin, daß der Atomabstand und die Koordinationszahl von entscheidendem Einfluß auf die Entstehung des Ferromagnetismus sind, wogegen die Symmetrie bei gleichbleibendem Atomabstand und gleicher Koordinationszahl von untergeordneter Bedeutung ist.

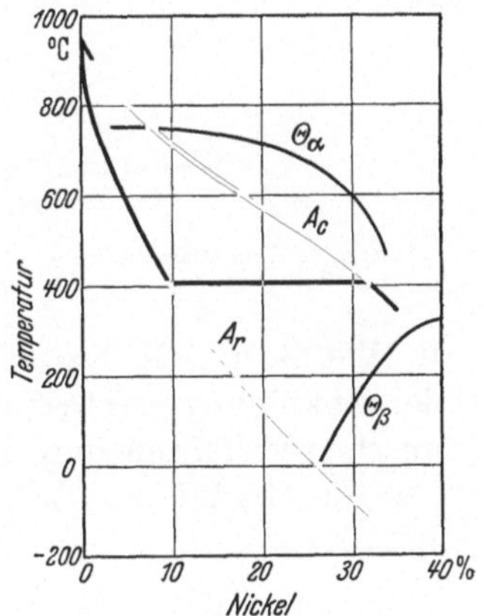

Abb. 2. Schaubild der Umwandlungsvorgänge in den irreversiblen Eisen-Nickel-Legierungen nach M. PESCHARD[1].

Der Wert des Magnetometers für metallkundliche Arbeiten beruht vor allem darin, daß es quantitativ auswertbare Messungen bei hoher Temperatur und langer Versuchsdauer möglich macht, und daß es hierbei die Aufnahme der Magnetisierungsschleife gestattet. Es dürfte das geeignetste Gerät sein, um Koerzitivkraftmessungen bei höheren Temperaturen durchzuführen. Die hierzu nötige Sättigung der Proben kann, solange sie nicht gemessen werden soll, durch kurzdauernde Stromstöße erreicht werden. Die Störanfälligkeit eines geeignet aufgebauten Instrumentes ist überraschend gering. Es hat jedoch für metallkundliche Arbeiten auch einige unvermeidbare Nachteile. Einmal ist es unmöglich, in den Magnetometerspulen längere Zeit so hohe Feldstärken zu erzielen, daß eine einwandfreie Bestimmung der Sättigungsmagnetisierung der Proben in Abhängigkeit von der Temperatur erreicht werden kann, weiter läßt sich eine Unterkühlung von Umwandlungsvorgängen infolge der begrenzten Abkühlungsgeschwindigkeit der Öfen nur in wenigen Fällen erreichen, und endlich läßt sich bei vielen Untersuchungen die erforderliche Probeform, lange, verhältnismäßig dünne Stäbe, nur sehr schwer, häufig auch gar nicht, herstellen. Um auch in diesen Fällen, in denen das Magnetometer

---

[1] PESCHARD, M.: Rev. Métallurg. **22**, Mém. S. 490, 581 u. 663 (1925).

versagt, eine magnetische Untersuchung möglich zu machen, wurden einige neue Geräte entworfen[1,2].

Das erste dieser Geräte sollte zur Untersuchung der Umwandlungsvorgänge beim raschen Abschrecken von Kohlenstoffstählen dienen.

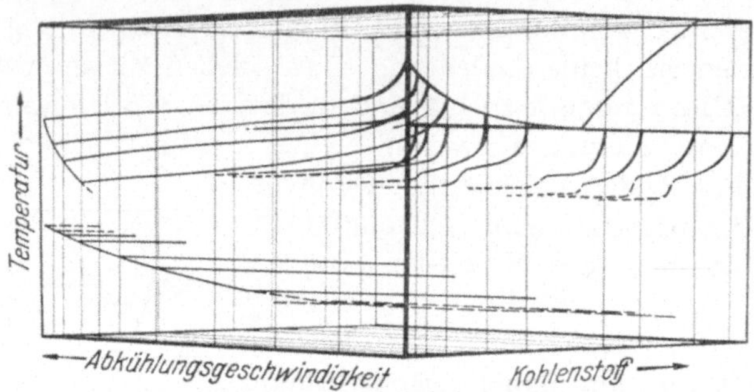

Abb. 3. Temperatur-Abkuhlungsgeschwindigkeit-Konzentration-Schaubild der Kohlenstoffstähle nach F. Wever und N. Engel[3].

F. Wever und N. Engel[3] hatten diese Vorgänge in Abhängigkeit von der Abkühlungsgeschwindigkeit und der Konzentration mit Hilfe thermischer Verfahren untersucht und das in Abb. 3 wiedergegebene Temperatur-Abkühlungsgeschwindigkeit-Konzentration-Schaubild gefunden.

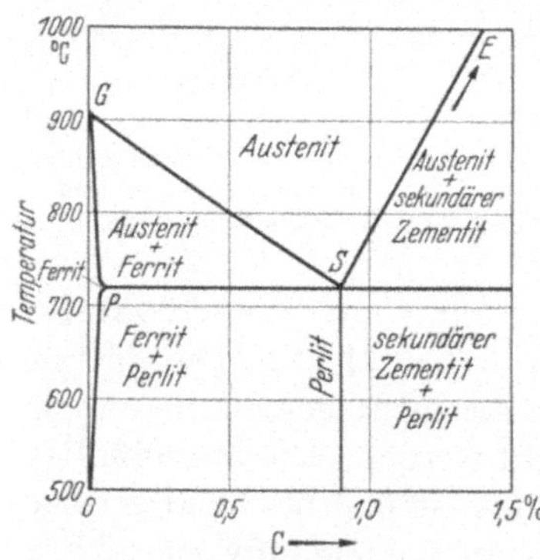

Abb. 4. Der Zerfall des Austenits nach dem Eisen-Kohlenstoff-Diagramm.

Die vordere rechte Hälfte dieses Bildes ist die Eisenseite des Eisen-Kohlenstoff-Diagramms, die in Abb. 4 zur Erklärung der Vorgänge nochmals wiedergegeben ist. Oberhalb der Linie GSE befinden sich die Stähle im Zustand der unmagnetischen kubisch-flächenzentrierten γ-Phase, dem sog. *Austenit*. Beim Abkühlen beginnt beim Überschreiten der Linie GS die Ausscheidung des unterhalb 768° ferromagnetischen *Ferrits*, des körperzentrierten kubischen α-Eisens, mit der eine Erhöhung des Kohlenstoffgehalts im Austenit verbunden ist, da der Ferrit den Kohlenstoff nicht in Lösung halten kann. Bei der Temperatur der Linie PS ist neben Ferrit nur noch Austenit vorhanden, dessen Kohlenstoffgehalt dem eutektoidischen Punkt S, dem sog. *Perlitpunkt* ent-

---

[1] Lange, H.: Mitt. Kais.-Wilh.-Inst. Eisenforschg., Düsseld. **15**, 263 (1933).

[2] Wever, F., u. H. Hänsel: Mitt. Kais.-Wilh.-Inst. Eisenforschg., Düsseld. **19**, 47 (1937).

[3] Wever, F., u. N. Engel: Mitt. Kais.-Wilh.-Inst. Eisenforschg., Düsseld. **12**, 93 (1930).

spricht. In gleicher Weise scheidet sich beim Abkühlen eines Austenits mit höherem Kohlenstoffgehalt an der Linie *ES* der *Zementit*, das Eisenkarbid Fe_3C aus, wobei sich der Kohlenstoffgehalt des Austenits so lange vermindert, bis wieder bei der Temperatur der *PS*-Linie die Zusammensetzung des Perlitpunktes *S* erreicht ist. Beim weiteren Abkühlen unter die Linie *PS* zerfällt der Austenit mit der Zusammensetzung *S* in ein feines Gemenge von Ferrit und Zementit, den sog. *Perlit*. Unterhalb 210° wird der Zementit ebenfalls ferromagnetisch. Die Abb. 3 zeigt nun, wie die in Abb. 4 dargestellten Umwandlungstemperaturen mit steigender Abkühlungsgeschwindigkeit zu tieferen Temperaturen absinken. Die einzelnen vorne stark gezeichneten und nach hinten dünner werdenden Kurven entsprechen jeweils einem Stahl mit bestimmtem Kohlenstoffgehalt und zeigen für diesen Stahl das Absinken der Umwandlungstemperaturen mit wachsender Abkühlungsgeschwindigkeit. Dort, wo diese Kurven gestrichelt sind, hören die eben erklärten Umwandlungsvorgänge ganz auf, da die Abkühlungsgeschwindigkeit zu groß geworden ist. An ihre Stelle tritt jetzt bei erheblich tieferen Temperaturen die Bildung des ebenfalls ferromagnetischen *Martensits*, die in Abb. 3 ebenfalls eingezeichnet ist. Der Martensit ist ein tetragonal verzerrter flächenzentrierter Zustand, in dem sich der Kohlenstoff in Lösung befindet. Er entspricht dem Zustand, in dem der Stahl die größte Härte besitzt.

Die Versuche von WEVER und ENGEL hatten nun ergeben, daß der Martensit einen völlig instabilen Zwischenzustand darstellt, dessen Entstehung durch eine den Gleichgewichtsdiagrammen ähnliche Darstellung, wie sie als Ergebnis der üblichen thermischen Untersuchungsverfahren erhalten wird, nicht befriedigend beschrieben werden kann. Es mußte darum zur Untersuchung der Vorgänge in unterkühlten Stählen ein neues Verfahren gefunden werden. Als solches kam nur eine isotherme Verfolgung der Umwandlungsvorgänge in Betracht. Damit wird aber eine Bestimmung des Umwandlungsablaufes auf Grund seiner Wärmetönung unmöglich. Es bleibt nur übrig, solche Eigenschaftsänderungen des Stahles zu verfolgen, die seiner Umwandlung verhältnisgleich ablaufen. Bei isothermen Versuchen ist dies für die Sättigungsmagnetisierung der Fall. Da außerdem alle bei der Austenitumwandlung entstehenden Phasen ferromagnetisch sind, ist das magnetische Meßverfahren in diesem Falle sehr empfindlich und leicht durchführbar. Große Schwierigkeiten macht dagegen die Temperaturführung. Zur völligen Unterdrückung der Perlitbildung sind bei Kohlenstoffstählen Abkühlungsgeschwindigkeiten von einigen 1000°/s notwendig. Dabei muß die Abkühlung der Probe augenblicklich und ohne Temperaturschwankungen bei der Versuchstemperatur aufgefangen werden.

Es gelang, alle diese Forderungen mit einer magnetischen Waage zu erfüllen, die in Abb. 5 der Übersichtlichkeit halber in ihrer ersten Ausbildungsform wiedergegeben ist. Der an fünf Fäden aufgehängte Waagebalken a trägt am vorderen Ende die zugleich als Warmlötstelle eines Thermoelements dienende Probe p, ein Drahtstückchen von 0,3 bis 0,5 mm Durchmesser und 2 mm Länge. Zur Dämpfung der Waage dient der Kupferkiel d und der Elektromagnet e. Die Einstelldauer bei aperiodischer Dämpfung beträgt 0,4 s; sie wird zur Zeit durch einen Umbau auf etwa 0,02 s herabgesetzt. Die Probe p liegt in dem Feld

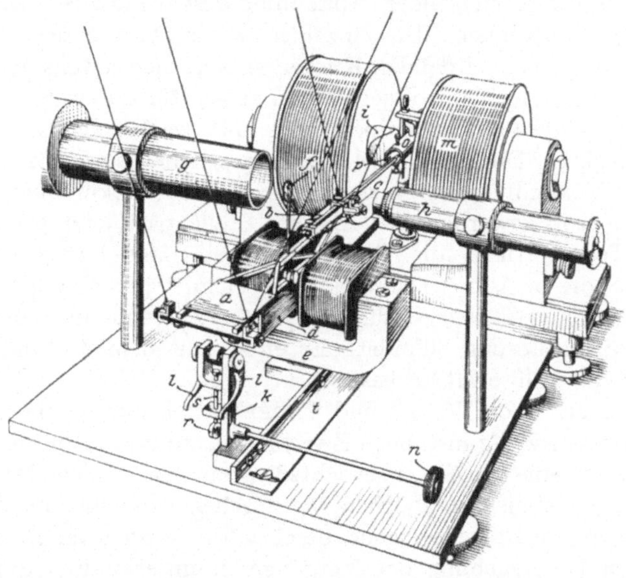

Abb. 5. Magnetische Waage zur Untersuchung der Austenitumwandlung im unterkühlten Zustand.

des Elektromagneten m von etwa 4000 Gauß, das in Richtung des Waagebalkens einen konstanten Gradienten besitzt. Durch Einbau einer stromdurchflossenen Hilfsspule an Stelle der Probe wurde nachgewiesen, daß der Ausschlag der Waage der Probemagnetisierung streng verhältnisgleich ist. Zwischen den Polschuhen i des Magneten befindet sich außerdem die in Abb. 6 wiedergegebene Abschreckvorrichtung. Auf einer doppelt durchbohrten Achse A sitzt ein drehbarer, aber seitlich nicht verschiebbarer Kolben K. Über diesen schiebt sich ein beweglicher Zylinder Z, der die beiden Öfen O_1 und O_2 sowie die Abschreckdüse D trägt. Der Durchmesser der beiden mit Wasserkühlung versehenen Öfen beträgt 2,5 cm, sie lassen Temperaturen bis 1200° erreichen. Die Probe wird bei hohen Temperaturen durch gereinigten Stickstoff gegen Verzunderung geschützt. Zu Beginn des Versuches befindet sich die Probe p

im Ofen O_1. Durch Einlassen von Druckluft in Richtung der Pfeile verschiebt sich der Zylinder Z nach links. Der Ofen O_1 gibt die Probe frei, die Düse tritt über den Schlitz in dem Kolben K, bläst infolge-

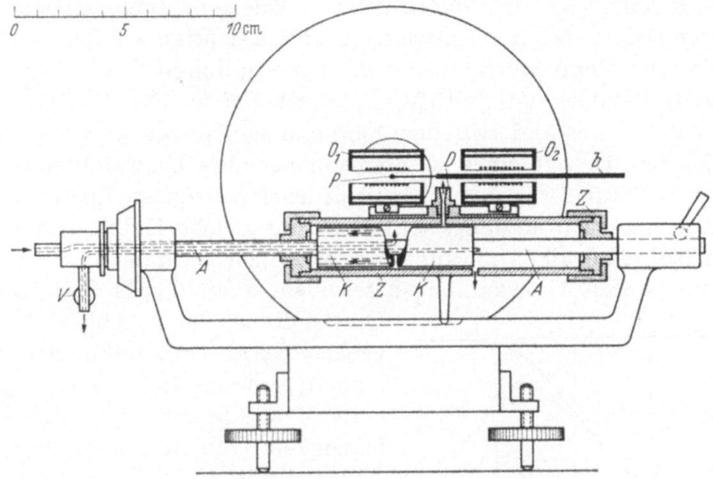

Abb. 6. Abschreckvorrichtung zur magnetischen Waage.

dessen die Probe p an und schreckt sie auf die Temperatur des Ofens O_2 ab. Es schiebt sich dann der Ofen O_2 über die Probe, die sich jetzt isotherm bei der Temperatur dieses Ofens umwandelt. Hierbei wird sie im Verhältnis der umgewandelten Menge ferromagnetisch, der Waage-balken a der Abb. 5 bewegt sich dementsprechend und die Magneti-sierung der Probe wird mit Hilfe des Zeigers f, des Beleuchtungsgerätes g und des Mikroskopes h auf einem laufenden Film aufgezeichnet. Um die Abkühlung der Probe genau bei der gewünschten Temperatur abzu-fangen, läßt sich die Geschwindig-keit der Bewegung des Zylinders Z (Abb. 6) durch Verstellen des Ven-tiles V und die Öffnungszeit der

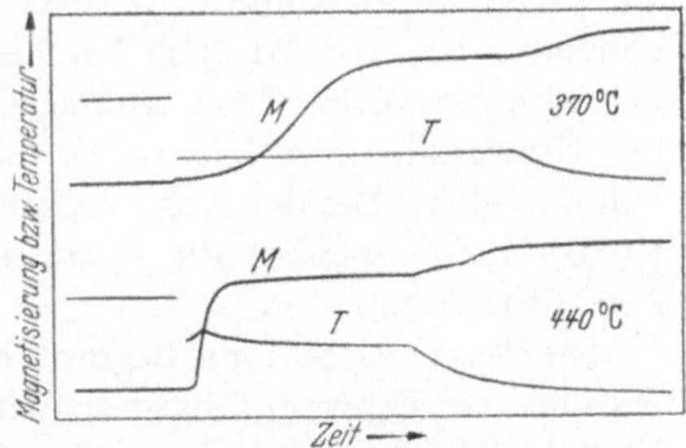

Abb. 7. Verlauf der isotherm geführten Austenit-umwandlung bei zwei verschiedenen Versuchs-temperaturen.

Düse D durch Drehen des Kolbens K regeln; außerdem läßt sich der Luftdruck in weiten Grenzen verstellen. In Abb. 7 sind als Beispiel die Meßergebnisse zweier verschiedener Versuche wiedergegeben. Die Kurven zeigen den zeitlichen Verlauf von Temperatur T und Magneti-sierung M vor, während und nach der isothermen Versuchsführung für eine Ausgangstemperatur von 780° und eine Versuchstemperatur von 370 bzw. 440°. In beiden Fällen ist die Abkühlung der Probe genau bei der Versuchstemperatur aufgefangen. Der bei 440° unmittelbar an die Abschreckung anschließende Wiederanstieg der Temperatur beruht auf der bei sehr großen Umwandlungsgeschwindigkeiten unvermeidbaren Rekaleszens. Die durch diese Rekaleszens entstehenden Fehler konnten jedoch bei der Auswertung berücksichtigt werden.

Mit dem Gerät wurde bisher die Umwandlungskinetik eines reinen Kohlenstoffstahles mit 1,16 % C untersucht[1,2]. Der Stahl zeigt im unterkühlten Zustand zwischen 700° und seinem bei etwa 200° liegenden Martensitpunkt einen zusammenhängenden Umwandlungsbereich. Wird der Zeitmaßstab der bei verschiedenen Versuchstemperaturen aufgenommenen Umwandlungsisothermen auf gleiche Halbwertszeiten bezogen, so fallen alle Umwandlungsisothermen zusammen. Es herrscht also im ganzen Umwandlungsbereich ein einheitliches Zeitgesetz der Umwandlung, das in Abb. 8 wiedergegeben ist. Die Umwandlungsgeschwindigkeit, gemessen in Prozent umgewandelte Menge je Sekunde, zeigt in Abhängigkeit von der Temperatur ein sehr steiles Maximum in der Gegend von 550°. Liegt die Ausgangstemperatur in dem Gebiet des homogenen Austenits, so wird bei Temperaturen unter 350° kein

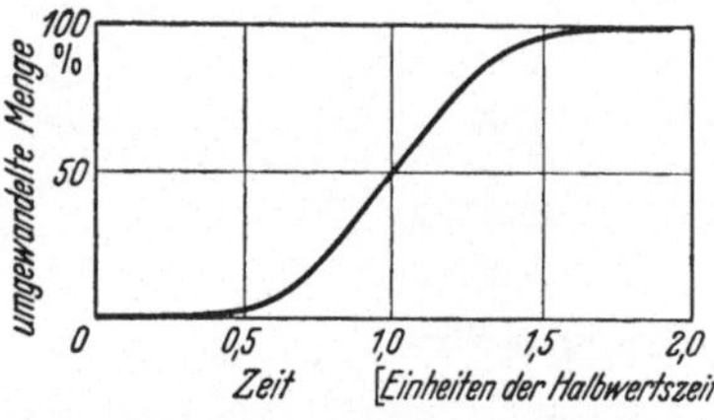

Abb. 8. Zeitgesetz der Perlitbildung.

magnetisch nachweisbares Karbid gebildet. Liegt die Abschrecktemperatur dagegen in dem heterogenen Gebiet Austenit + sekundärer Zementit, jedoch so, daß nur $^1/_5$ des vorhandenen Kohlenstoffes als Zementit gebunden ist, so wird auch bei Versuchstemperaturen unter 350° stets der gesamte vorhandene Kohlenstoff als Zementit ausgeschieden, und der Umwandlungsverlauf ist bei allen Versuchstemperaturen beträchtlich schneller. Bei der Abschrecktemperatur schon vorhandener Zementit beschleunigt also die Umwandlung und begünstigt die weitere Zementitbildung.

Die Martensitbildung beginnt bei der Martensittemperatur mit gut verfolgbarer Umwandlungsgeschwindigkeit, erfaßt jedoch zunächst nur einen kleinen Bruchteil des vorhandenen Austenits. Bei isothermen Versuchen bis zu 30° unterhalb des Martensitpunktes beträgt die Zeitdauer dieser Umwandlung etwa 8 Sekunden. Bei Temperaturen, die mehr als 30° unterhalb des Martensitpunktes liegen, konnte die Zeitdauer der Martensitbildung infolge der hohen Bildungsgeschwindigkeit nicht mehr erfaßt werden. Die Menge des sich in Martensit umwandelnden Austenits nimmt mit sinkender Temperatur zu.

[1] S. Zitat S. 160.

[2] Lange, H., u. H. Hänsel: Mitt. Kais.-Wilh.-Inst. Eisenforschg., Düsseld. **19**, 199 (1937).

Auf Grund dieser Versuche konnte für den genannten Kohlenstoffstahl das Fortschreiten der Austenitumwandlung in Abhängigkeit von Temperatur und Zeit für jede beliebige Temperaturführung und damit für jede beobachtete Abschreckkurve nachträglich ermittelt werden. In Abb. 9 ist hierzu das Umwandlungsschaubild des Austenits in Abhängigkeit von Temperatur und Zeit mit Hilfe von Kurven gleicher Umwandlungszeiten zusammengestellt. Damit wird die Brücke zu den Versuchen von WEVER und ENGEL geschlagen, mit denen die beschriebenen isothermen Versuche bisher scheinbar ohne Zusammenhang standen. So zeigt z. B. die Abb. 10 die nachträgliche Ermittlung des Um-

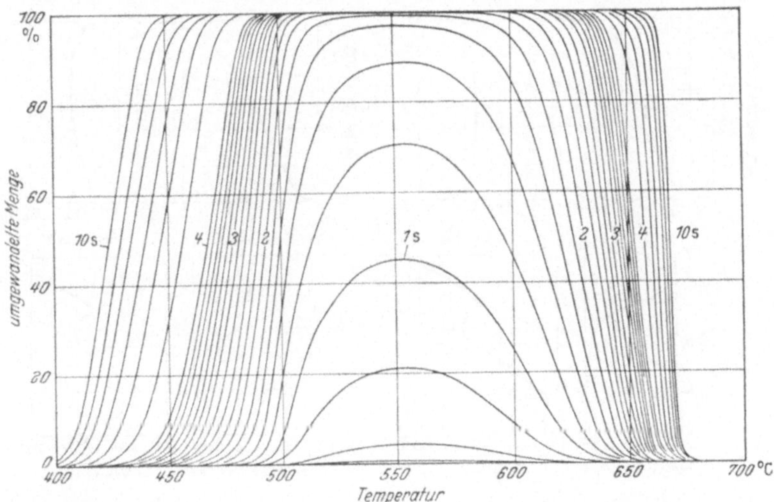

Abb. 9. Verlauf der Austenitumwandlung des Stahles P. D. 12. in Abhängigkeit von Temperatur und Zeit.

wandlungsablaufes für zwei verschiedene Abkühlungskurven (Kurven 1), bei deren Aufnahme auch der zeitliche Umwandlungsablauf (Kurven 2) auf magnetischem Wege bestimmt worden war. Mit Hilfe der Abb. 9 ergeben die beiden Abkühlungskurven 1 als Umwandlungsverlauf in Abhängigkeit von der Temperatur die Kurven 3 und als zeitlichen Umwandlungsablauf die Kurven 4, die mit den experimentell bestimmten Kurven 2 in bester Übereinstimmung stehen. Obwohl in beiden Fällen der Temperaturbereich der Umwandlung derselbe ist, genügt eine nur geringfügige Größenänderung der Probe (sie ist im Falle der Abb. 10a schätzungsweise etwa 10% größer als im Falle der Abb. 10b), um einen anderen Ablauf der Rekaleszenz und damit eine völlig andere Ausbildung der Kurven 3 zu bewirken. Durch die nachträgliche Ermittlung des Umwandlungsablaufes für eine Reihe experimentell aufgenommener Abkühlungskurven konnte nachgewiesen werden, daß durch den großen

Einfluß der Rekaleszenz auf den Umwandlungsablauf eine Reihe von Erscheinungen verursacht werden, die bisher nicht geklärt werden konnten. Der aus Abb. 3 zu entnehmende stufenförmige Abfall der Umwandlungstemperatur in Abhängigkeit von der Abkühlungsgeschwindigkeit, wie auch ein von WEVER und ENGEL wiederholt beobachteter wellenförmiger Verlauf der Perlitbildung sind auf die Wirkung der Rekaleszenz infolge der Umwandlungswärme zurückzuführen.

Als wichtigstes Ergebnis der magnetischen Untersuchung der Umwandlungskinetik des eutektoidischen Austenitzerfalles konnte die folgende Aussage festgelegt werden: Die Perlitumwandlung eines eutek-

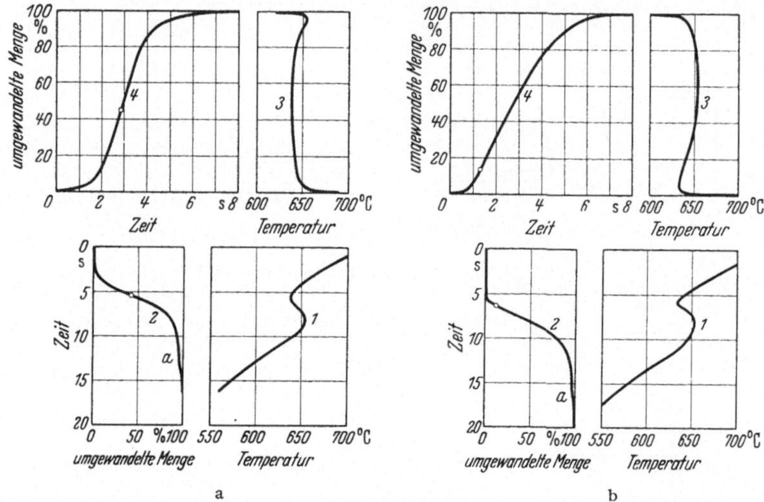

a   b

Abb. 10a und b. Zwei Beispiele zur nachträglichen Ermittlung des Umwandlungsablaufs für gegebene Abkühlungskurven.

toidischen Stahles habe bei der Temperatur T die prozentuale Menge p erreicht. Die Umwandlungstemperatur ändere sich jetzt plötzlich, und die Umwandlung laufe bei der beliebig wählbaren, aber oberhalb des Martensitpunktes liegenden Temperatur T' zu Ende. Das Weiterlaufen der Umwandlung erfolgt dann bei der Temperatur T' nach demselben Zeitgesetz wie bei der Temperatur T. Mit anderen Worten heißt dies, daß für das Weiterlaufen der Umwandlung allein die bereits umgewandelte Menge und die Umwandlungstemperatur maßgebend ist. Die bei verschiedenen Umwandlungstemperaturen auftretenden Gefügeunterschiede Perlit, Sorbit und Troostit haben also nichts mit einer Änderung des Umwandlungsvorganges zu tun, sie entsprechen allein einer mehr oder weniger groben Ausbildung der perlitischen Struktur.

Außer dieser zur Untersuchung der Stahlhärtung dienenden Waage wurde im Verlauf der Untersuchungen noch ein zweites Gerät gebaut, das hauptsächlich als Ersatz für das Magnetometer bei solchen Proben dienen sollte, die infolge ihrer Kleinheit oder auch infolge ihrer schweren Bearbeitbarkeit mit diesem Instrument nicht mehr untersucht werden konnten. Beim Aufbau dieses Gerätes wurde die weitere Forderung gestellt, daß die Messung der Proben mit Sicherheit bei Sättigungsmagnetisierung erfolgen soll und daß die Umwandlungsvorgänge ferromagnetischer Metalle auch oberhalb ihrer CURIE-Temperatur, also im paramagnetischen Zustand, beobachtbar sein sollen.

Auch dieses Gerät wurde als magnetische Pendelwaage mit der bekannten 5-Faden-Aufhängung des Waagebalkens gebaut. Um auch paramagnetische Messungen möglich zu machen, wurde der Waagebalken leicht gebaut und die Richtkraft, wie Abb. 11 zeigt, durch ein

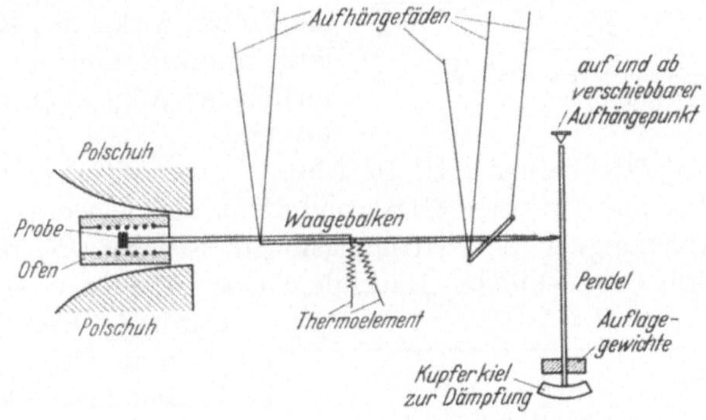

Abb. 11. Magnetische Waage zur Bestimmung der Magnetisierbarkeit stark- und schwachmagnetischer Werkstoffe in Abhängigkeit von der Temperatur.

Pendel erzeugt, auf dessen Arm die vom Magneten auf die Probe ausgeübte Kraft durch den Waagebalken übertragen wird. Der Aufhängepunkt des Pendels kann um die volle Pendellänge auf und ab verschoben werden, wodurch der Hebelarm der Kraftübertragung auf das Pendel im Verhältnis von etwa 1:20 stetig veränderlich ist. Weiter läßt sich auch das Pendelgewicht weitgehend verändern. Es ist so möglich, die Empfindlichkeit des Gerätes nahezu augenblicklich um zwei Dezimalen zu ändern. Die Probe, ein zylindrisches Plättchen von 3,8 mm Durchmesser und 2 mm Höhe, sitzt am Ende des Probenhalters, durch den ein Thermoelement geführt ist. Gedämpft wird das Gerät durch eine Wirbelstromdämpfung am unteren Ende des Pendels. Die Ablesung erfolgt über einen Drehspiegel, der von dem Waagebalken betätigt wird. Der Höchstwert des Feldes am Ort der Probe beträgt 10000 Gauß bei einem Gradienten von 855 Gauß/cm. Zur Erwärmung der Probe dient ein mit Wassermantel versehener Platinband-Widerstandsofen mit 2,5 cm Außendurchmesser. Für die Untersuchung schwachmagnetischer Werkstoffe ist es möglich, das Probevolumen auf etwa das Zehnfache des genannten zu erhöhen.

Der Vorteil dieser Anordnung gegenüber der bei magnetischen Waagen üblichen elektrodynamischen Kompensation des Ausschlages liegt in der augenblicklichen Anzeige, auf die bei metallkundlichen Messungen nicht gern verzichtet wird, und in der Möglichkeit, die Empfindlichkeit des Gerätes sehr schnell dem zu untersuchenden Werkstoff anzupassen. Die Eichung erfolgt mit Hilfe einer kleinen Hilfswaage, die eine Bestimmung der auf die Proben wirkenden Kraft durch ihre Kompensation mit Gewichten im üblichen Wägeverfahren möglich macht.

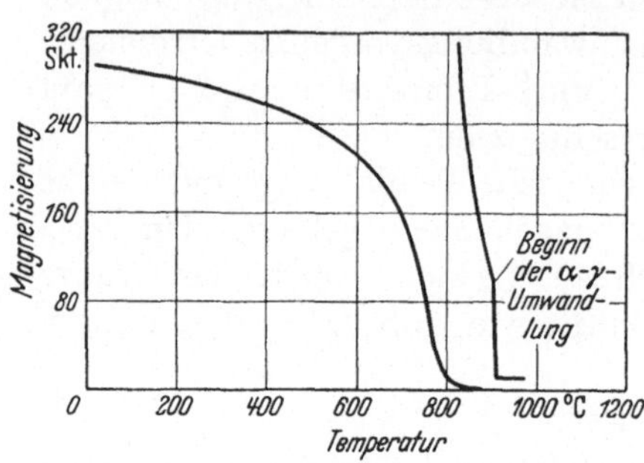

Abb. 12. Magnetisierungs-Temperaturkurve von Elektrolyt-Eisen.

Als Anwendungsbeispiel ist in Abb. 12 eine mit dem Gerät ausgeführte Messung an einer Elektrolyteisenprobe wiedergegeben. Sie zeigt die Abhängigkeit der Sättigungsmagnetisierung von der Temperatur bis zum CURIE-Punkt. Nach dem Überschreiten dieses Punktes wurde die Empfindlichkeit so weit erhöht, daß die Phasenumwandlung des Eisens vom α- in den γ-Zustand ebenfalls beobachtet werden konnte. Sie lag bei 906° und entsprach einem Ausschlag von 115 Skalenteilen. Eine weitere Untersuchung, die mit dem Gerät durchgeführt wurde, betrifft den magnetischen Zustand des mit Kohlenstoff übersättigten Nickels.

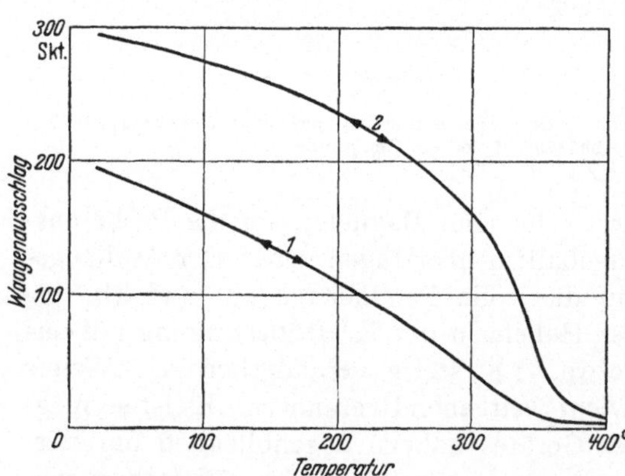

Abb. 13. Magnetisierungs-Temperaturkurven eines mit Kohlenstoff übersättigten Nickels bei hohen Feldstärken.

Nickel wurde durch längeres Schmelzen in einem Kohletiegel in flüssigem Zustand mit Kohlenstoff gesättigt und in eine Abschreckkokille vergossen. Die nachfolgende Untersuchung in der magnetischen Waage ergab die in Abb. 13 zusammengestellten Kurven. Die bei 10 000 Gauß aufgenommene Sättigungsmagnetisierung sinkt mit steigender Temperatur bis zum magnetischen Umwandlungspunkt nahezu linear ab, wie die Kurve 1 zeigt, die sich beliebig oft reversibel durch-

laufen läßt, solange die Temperatur nicht über 450° steigt. Erst nach
einer Erhitzung auf etwa 600° wurde die Kurve 2 erhalten, die der bekannten Abhängigkeit der Sättigungsmagnetisierung des Nickels von
der Temperatur entspricht. Um den merkwürdigen Verlauf der Kurve 1
aufzuklären, wurde der abgeschreckte und der bei 600° geglühte Zustand, sowie zum Vergleich auch reines Nickel, röntgenographisch unter
Verwendung von Eichsubstanzen geprüft[1]. Hierbei ergaben sich die
Gitterkonstanten der Zahlentafel 1. Aus dieser Zahlentafel folgt, daß

Zahlentafel 1. Aufweitung des Nickelgitters durch gelösten Kohlenstoff.

Probe	Gitterkonstante gemessen mit den Eichstoffen	
	Kupfer	Silber
Reinnickel	3,521 ± 0,002	3,520 ± 0,002
Mit Kohlenstoff übersättigtes Nickel	3,539 ± 0,006	3,538 ± 0,006
Dasselbe Nickel, geglüht	3,522 ± 0,001	3,522 ± 0,002

das der Kurve 1 entsprechende Nickel zweifellos eine größere Menge
Kohlenstoff in Lösung enthält. Wird angenommen, daß das Nickel-
gitter durch Kohlenstoff etwa in gleicher Weise aufgeweitet wird wie
der Austenit, dessen Gitterkonstante ja der des Nickels nahezu entspricht, so würde sich hieraus ein Kohlenstoffgehalt von etwa 1% in
dem übersättigten Nickel ergeben.

Genau dieselben Erscheinungen wurden an einer mit Kohlenstoff
übersättigten Eisen Nickel-Legierung mit 30% Ni erhalten. Auch bei
den zwischen 30 und 100% Ni liegenden Legierungen traten insbesondere
an den Grenzen dieses Konzentrationsbereiches ähnliche Erscheinungen
auf, die Kurven waren jedoch nicht mehr so gerade gestreckt wie in
Abb. 13. In der Mitte des Konzentrationsbereiches waren nur noch
Andeutungen dieser Erscheinung zu beobachten. W. GERLACH führt
in dem vorhergehenden Vortrag aus, daß ähnliche Beobachtungen bei
anderen Legierungssystemen auf einer durchaus inhomogenen Verteilung
der gelösten Atome in den Kristalliten des Lösungsmittels beruhen. Im
vorliegenden Fall ist diese Erklärung wenig wahrscheinlich. Einmal
darf auf Grund der Linienschärfe geschätzt werden, daß die Unterschiede in den Gitterkonstanten der vorhandenen Kristallite nicht größer
sind als etwa ±3 Einheiten der letzten in Zahlentafel 1 angegebenen
Stelle. Dies bedeutet aber, daß die gefundene Gitteraufweitung nicht
mit einer völlig inhomogenen Verteilung der Kohlenstoffatome auf die
Kristallite zu vereinbaren ist. Zum anderen deutet das starke Auftreten
der Erscheinung nur an den Grenzen des Legierungsbereiches zwischen

---

[1] Für die Ausführung der Messungen bin ich Herrn Dr. MÖLLER zu Dank
verpflichtet.

30 und 100% Ni und ihr weitgehendes Zurücktreten in der Mitte dieses Bereiches darauf hin, daß sie kaum durch eine inhomogene Verteilung des Kohlenstoffes begründet sein dürfte, da anderenfalls ihr starkes Zurücktreten im mittleren Bereich nicht verständlich wäre. Viel wahrscheinlicher ist, daß die Streckung der Sättigungs-Temperaturkurve auf einem Zusammenwirken des in Lösung befindlichen und starke Spannungen verursachenden Kohlenstoffes mit magnetostriktiven Erscheinungen beruht. Die Untersuchung wird in dieser Richtung weitergeführt.

Wenn diese Ausführungen ein Bild über die Anwendung einiger magnetischer Untersuchungsverfahren bei metallkundlichen Arbeiten gegeben haben, so sind zum Schluß des Vortrages noch einige Hinweise allgemeinerer Natur berechtigt. Einmal ist bei der Anwendung spezifischer Untersuchungsverfahren immer zu beachten, daß diese Verfahren notwendig durch andere bekannte Untersuchungsmethoden, in der Metallkunde also durch metallographische und thermische Methoden, ergänzt werden müssen, damit der Zusammenhang und die Einheitlichkeit des Forschungsgebietes gewahrt bleibt. Zum anderen muß im vorliegenden Fall der magnetischen Untersuchungsverfahren für metallkundliche Arbeiten noch darauf hingewiesen werden, daß es weniger auf die Ausbildung neuer Geräte ankommt, da die vorhandenen Geräte wohl für alle möglichen Bedürfnisse ausreichen dürften, als vor allem auf die Möglichkeit langdauernder und quantitativ genau auswertbarer Messungen und deren Durchführung.

Alphabetisches
Namen- und Sachverzeichnis.

Druck der Spamer A.-G. in Leipzig.